建筑预拌砂浆应用指南

张　伟　徐世君　◎编著

中国建材工业出版社

图书在版编目（CIP）数据

建筑预拌砂浆应用指南 / 张伟，徐世君编著. --北京：中国建材工业出版社，2020. 4

ISBN 978 -7 -5160 -2824 -7

Ⅰ. ①建… Ⅱ. ①张… ②徐… Ⅲ. ①水泥砂浆-指南 Ⅳ. ①TQ177. 6-62

中国版本图书馆 CIP 数据核字（2020）第 030255 号

内 容 提 要

本书结合我国预拌砂浆行业发展及应用的实际情况，以湿拌砂浆、特种干混砂浆的配制、生产、物流与施工为主线，融合了建筑领域各种预拌砂浆的基本组成材料、配比设计、基本性质、生产设备、生产过程质量控制、施工工艺，是一本较全面、系统地介绍预拌砂浆基本原理、技术、设备、应用的专业技术参考书。本书内容共 10 章，包括绪论、湿拌砂浆概述、湿拌砂浆的原材料、湿拌砂浆的配合比设计与生产检测、湿拌砂浆的物流运输及储存、湿拌砂浆的砌筑与抹面施工、特种干混砂浆技术、建筑腻子基础知识与施工、干混砂浆的生产设备介绍、建筑物外墙涂料与施工技术。

本书可作为高等院校土建材料类专业教材，作为砂浆材料、装备及质检等相关企业的培训资料，也可供预拌砂浆生产企业管理者、技术人员参考。

建筑预拌砂浆应用指南

Jianzhu Yuban Shajiang Yingyong Zhinan

张　伟　徐世君　**编著**

出版发行：中国建材工业出版社

地　　址：北京市海淀区三里河路 1 号

邮　　编：100044

经　　销：全国各地新华书店

印　　刷：北京雁林吉兆印刷有限公司

开　　本：710mm × 1000mm　1/16

印　　张：13. 75

字　　数：270 千字

版　　次：2020 年 4 月第 1 版

印　　次：2020 年 4 月第 1 次

定　　价：78. 00 元

本社网址：**www. jccbs. com**，微信公众号：**zgjcgycbs**

作 者 简 介

张伟，男，1972 年 3 月生，籍贯江苏徐州，临沂大学土木工程与建筑学院副教授。主要研究方向：水泥混凝土及其外加剂、水泥基砂浆材料及其外加剂、水泥助磨剂及混凝土掺合料等领域。在全国性建材期刊发表论文 60 多篇，获发明专利 20 多项，出版专著 1 部、编著 1 部。本人是南京市中青年行业学科技术带头人（南京市科技局 2009），江苏省委组织部“省 333 人才培养工程”第 3 层次培养对象，江苏省人力资源与社会保障厅组织的第十批“省六大人才高峰项目”资助人才。担任中国硅酸盐学会会员，中国水泥协会助磨剂分会专家委员会委员，中国水泥质量标准化委员会委员，中国硅酸盐学会固废分会理事，中国混凝土与水泥制品协会教育与人力资源委员会委员，全国高等学校建筑材料学科研究会委员，中国建筑学会建筑材料分会防护与修复材料专业委员会委员，中国硅酸盐学会房建材料分会干混砂浆专委会委员，山东硅酸盐学会副秘书长兼混凝土及外加剂专家委员会副主任委员，中国水泥网高级顾问等。

工作简历：

1991 年 9 月—1995 年 7 月，在武汉工业大学材料工程系硅酸盐工程（水泥方向）专业学习。

1995 年 8 月—1999 年 3 月，江苏小野田混凝土有限公司试验室技术员。

1999 年 4 月—2007 年 8 月，江苏省建筑科学研究院下属江苏博特新材料有限公司研发中心工程师，主要从事混凝土外加剂和高性能混凝土技术研究。

（其间：2003 年 9 月—2005 年 7 月，南京工业大学材料科学与工程学院，材料学，工程硕士）

2007 年 9 月—2010 年 1 月，南京永能建材技术有限公司工程师，水泥助磨剂研究。

2007 年 9 月—2012 年 12 月，南京工业大学材料科学与工程学院，材料学，工学博士毕业。

2010 年 2 月—2013 年 9 月，南京神和新材料科技有限公司，高级工程师，总工程师。

2013 年 10 月至今，临沂大学土木工程与建筑学院副教授。

徐世君，临沂大学土木工程与建筑学院副教授。

前　言

预拌砂浆是指区别于工地现场按经验制作的手工或机械搅拌的传统砂浆，并由专业化工厂配制生产的，用于建设工程中的各种砂浆。预拌砂浆可分为普通预拌砂浆和特种预拌砂浆。普通预拌砂浆是指用于普通建筑的砌筑、抹灰、地面的砂浆，又分为干混砂浆和湿拌砂浆。特种砂浆一般是指装饰砂浆、保温砂浆、防水砂浆、修补砂浆等具有特殊性能的砂浆。预拌特种砂浆主要是干混砂浆。20世纪50年代初，欧洲国家就开始大量生产和使用预拌砂浆，至今已有70年的发展历史。我国自20世纪90年代后期，才从欧洲引进并逐渐消化了预拌砂浆技术和关键设备。目前，预拌砂浆生产线设备已经实现了国产化，预拌砂浆技术已经日趋成熟。推广使用预拌砂浆对环境保护、提高建筑质量、发展绿色建材、加强建筑节能、缩短建筑周期等具有重要意义。到21世纪中叶，我国建设领域仍然有20~30年的中高速发展期，城市化进程不断加快，老旧危房拆迁改造以及新农村建设等对预拌砂浆的需求仍然可期，砂浆是除水泥混凝土、砖瓦以外建筑物用量最大的建筑材料，市场空间仍然十分大。

预拌砂浆在我国发展了20多年，经历了从缓慢发展到高速增长的阶段，目前广东、浙江、四川及山东部分地区已经实现了普通预拌砂浆用湿拌砂浆、特种砂浆用干混砂浆为主的“干湿并举”的市场新局面，其余部分省市特别是北方城市与地区，目前仍然以干混砂浆产品为主。湿拌砂浆，可以说是我国在预拌砂浆行业中生产模式的一个创新。湿拌砂浆技术的核心仍然是其外加剂技术，湿拌砂浆外加剂包括粉体添加剂和液体添加剂，特别是液体添加剂技术含量更高，是高科技的核心技术，这方面我国走在世界的前列。

与预拌混凝土技术相比，预拌砂浆及其施工技术内涵更广、种类更多、施工工艺更复杂，对施工人员的素质要求更高，施工更需要精细化，这个行业更需要千千万万的大国工匠。预拌砂浆很明显也是一个半成品，它需要后续的良好的施工质量来体现预拌砂浆本身的质量。编者认为，预拌砂浆从生产到物流再到机械化喷涂施工一体化总承包，是当今和未来的发展趋势，也只有这样，才可能从根本上保证预拌砂浆生产、物流和施工的工程质量。当前，预拌混凝土行业越来越多的企业进入预拌砂浆行业，湿拌砂浆的发展如火如荼，大量的混凝土技术人员需要学习预拌砂浆的基础知识，希望本书可以起到抛砖引玉的作用，为促进预拌砂浆行业又好又快地发展尽一份绵薄之力。

本书在编写过程中，得到临沂大学土木工程与建筑学院院长付厚利教授、临沂大学建筑材料研究所崔玉理教授、陈怀成博士的支持与帮助；得到河南理工大学材料科学与工程学院、矿业工程博士后流动站张战营教授，临沂宏艺科技发展有限公司博士后工作站赵洪义研究员的支持与帮助，以及山东湿拌砂浆网贾学飞总经理、山东日照春禾研究院李世敢总经理、广东浪淘砂新型材料有限公司陈均侨董事长、江苏徐州巨龙新材料科技有限公司黄文朝总经理、山东国元新材料有限公司王广才总经理及临沂三源新型建材有限公司傅进总经理等企业界的支持与帮助，在此表示感谢。天津大学建筑工程学院李志国副教授百忙之中对本书初稿审阅并提出修改补充意见，福建泉州南方路机公司销售总监周炜先生也提供了部分砂浆设备资料，在此特别一并表示感谢。

由于编者学识水平有限，若有不足之处，恳请读者批评指正。

编　者

临沂大学土木工程与建筑学院

临沂市建筑结构鉴定与加固重点实验室

临沂市海绵城市工程技术研究中心

临沂宏艺科技发展有限公司博士后工作站

河南理工大学矿业工程博士后流动站

目　　录

第 1 章　绪论……………………………………………………… 1

1.1　现场搅拌砂浆 …………………………………………………… 4
1.2　预拌砂浆之干混砂浆 …………………………………………… 4
1.3　预拌砂浆之湿拌砂浆 …………………………………………… 6
1.4　预拌砂浆主要特点 ……………………………………………… 7
1.5　预拌砂浆的基本组成 …………………………………………… 7

第 2 章　湿拌砂浆概述……………………………………………… 9

2.1　湿拌砂浆的定义 ………………………………………………… 9
2.2　湿拌砂浆的分类………………………………………………… 10
2.3　湿拌砂浆相对普通干混砂浆的优缺点………………………… 10
2.4　湿拌砂浆的前景与展望………………………………………… 12

第 3 章　湿拌砂浆的原材料 ……………………………………… 13

3.1　水泥的选择……………………………………………………… 13
3.2　掺合料——粉煤灰……………………………………………… 14
3.3　掺合料——石灰石粉…………………………………………… 15
3.4　细集料——天然砂……………………………………………… 16
3.5　细集料——机制砂……………………………………………… 20
3.5.1　机制砂产品性能……………………………………………… 20
3.5.2　干式制砂设备的发展方向…………………………………… 23
3.6　砂浆外加剂——保水剂………………………………………… 25
3.6.1　甲基纤维素醚（MC） ……………………………………… 26
3.6.2　可再分散乳胶粉……………………………………………… 27
3.6.3　引气剂………………………………………………………… 29
3.6.4　淀粉醚………………………………………………………… 29
3.6.5　聚乙烯醇……………………………………………………… 31
3.7　缓凝剂…………………………………………………………… 31
3.8　多功能型砂浆添加剂…………………………………………… 31

第 4 章　湿拌砂浆的配合比设计与生产检测 …… 34

4.1　工程施工现场的配合比设计 …… 34
4.2　湿拌砂浆的配合比设计 …… 35
4.2.1　湿拌砌筑砂浆的配合比设计 …… 36
4.2.2　湿拌抹灰砂浆的配合比设计 …… 40
4.2.3　湿拌地面砂浆的配合比设计 …… 42
4.2.4　湿拌防水砂浆的配合比设计 …… 42
4.2.5　湿拌砂浆配合比的调整 …… 44
4.3　湿拌砂浆的性能 …… 44
4.3.1　新拌砂浆的和易性 …… 44
4.3.2　硬化砂浆的性质 …… 45
4.4　湿拌砂浆的生产及出厂检测 …… 47
4.4.1　湿拌砂浆生产工艺及要求 …… 47
4.4.2　湿拌砂浆生产与工程现场的检测 …… 49
4.4.3　湿拌砂浆性能的检测仪器 …… 50

第 5 章　湿拌砂浆的物流运输及储存 …… 53

5.1　湿拌砂浆的物流运输 …… 53
5.2　湿拌砂浆的储存 …… 54

第 6 章　湿拌砂浆的砌筑、抹面与地面施工 …… 57

6.1　湿拌砂浆的砌筑施工 …… 57
6.2　湿拌砂浆的墙体抹面施工 …… 58
6.2.1　墙体界面处理 …… 58
6.2.2　挂钢丝网 …… 59
6.2.3　吊垂直、套方、抹灰饼、冲筋 …… 59
6.2.4　抹底层灰 …… 60
6.2.5　抹面层砂浆 …… 60
6.2.6　养护 …… 60
6.2.7　注意事项 …… 60
6.2.8　对于填充墙墙面抹灰空鼓、开裂和烂根分析及处理 …… 61
6.2.9　抹灰面层起泡、有抹纹、爆灰、开花原因 …… 61
6.3　湿拌砂浆机喷一体化 …… 61
6.3.1　湿拌砂浆机喷一体化的益处 …… 62
6.3.2　机喷抹灰砂浆的施工工艺 …… 62

6.3.3 机喷抹灰砂浆施工质量控制要点 …… 63
6.4 湿拌砂浆的地面砂浆 …… 65
6.5 湿拌砂浆的防水砂浆 …… 65
6.5.1 掺防水剂类的防水砂浆 …… 66
6.5.2 掺防水剂类的防水砂浆施工 …… 67
6.5.3 聚合物水泥类防水砂浆 …… 68

第7章 特种干混砂浆技术 …… 73

7.1 干混砂浆的原材料 …… 74
7.1.1 胶凝材料 …… 74
7.1.2 细集料 …… 82
7.1.3 掺合料 …… 84
7.1.4 添加剂 …… 87
7.2 干混砂浆的配比 …… 100
7.2.1 常规干混砂浆配比 …… 100
7.2.2 外墙保温粘结砂浆 …… 107
7.2.3 外墙保温干混砂浆 …… 109
7.2.4 外墙外保温板系统及施工工艺介绍 …… 114
7.2.5 抗裂砂浆 …… 117
7.2.6 界面处理剂 …… 118
7.2.7 自流平水泥砂浆 …… 120
7.2.8 装配式建筑套筒灌浆料 …… 123
7.2.9 堵漏王 …… 124
7.2.10 水泥基渗透结晶防水涂料 …… 126
7.3 水泥基墙体饰面砂浆 …… 128
7.4 其他特种砂浆——硫黄砂浆 …… 130

第8章 建筑腻子基础知识与施工 …… 132

8.1 建筑腻子的定义 …… 132
8.2 建筑腻子的作用 …… 132
8.3 建筑腻子分类 …… 132
8.4 常用建筑腻子的配方组成 …… 133
8.5 建筑腻子施工工艺 …… 139
8.6 刮涂施工注意事项 …… 140
8.7 腻子质量问题分析 …… 141
8.8 腻子使用推荐方案 …… 141

8.9　内墙腻子使用方法 …………………………………………………… 142
8.10　外墙腻子施工工艺…………………………………………………… 143

第9章　干混砂浆生产设备…………………………………………………… 145

9.1　干混砂浆的生产工艺流程 …………………………………………… 145
9.2　干混砂浆的生产工艺分类 …………………………………………… 146
9.3　机械制砂-干混砂浆生产一体化成套生产系统……………………… 148

第10章　建筑物外墙涂料与施工技术 ……………………………………… 150

10.1　薄质外墙涂料………………………………………………………… 151
10.2　复层涂料/厚层涂料 ………………………………………………… 154
10.3　彩砂涂料（真石漆） ………………………………………………… 155
10.4　胶粘砂（石）地面 …………………………………………………… 160

附录　砂浆基本性能试验方法及国家有关政策法规………………………… 164

附录1　常用的建筑砂浆基本性能试验方法 ………………………………… 164
附录2　预拌砂浆产品质量控制有关表格（供参考） ……………………… 180
附录3　国家相关部委政策文件 ……………………………………………… 187

参考文献……………………………………………………………………… 208

第1章　绪　　论

建筑砂浆是将砌筑块体材料（砖、石、砌块及混凝土等）粘结为整体的砂浆。它是由无机胶凝材料、细集料和水，有时也掺入某些掺合料和外加剂等拌和均匀而成，常以保水率、粘结强度和抗压强度作为主要的技术性能指标。建筑砂浆常用于砌筑砌体（如砖、石、砌块）结构、建筑物内外表面（如墙面、地面、顶棚）的抹面、大型墙板和砖石墙的勾缝，以及装饰材料的粘结等。广义上的建筑砂浆根据性能分为普通砂浆和特种砂浆，普通砂浆包括砌筑砂浆和抹面砂浆，特种砂浆指功能型砂浆，种类繁多可达上百个品种；狭义上的建筑砂浆根据用途分类：可分为砌筑砂浆、抹面砂浆。抹面砂浆包括普通抹面砂浆、装饰抹面砂浆、特种砂浆，特种砂浆包括防水砂浆、耐酸砂浆、绝热砂浆、吸声砂浆等。建筑砂浆根据胶凝材料分类：可分为水泥砂浆、石灰砂浆、混合砂浆。混合砂浆，指在水泥或石灰砂浆中掺加适当掺合料如粉煤灰、石灰石粉等制成，以节约水泥或石灰用量并改善砂浆的和易性，它又可分为：水泥粉煤灰砂浆、石灰砂浆、石灰粉煤灰砂浆等。

建筑砂浆，按照应用形式可以分为预拌砂浆（商品砂浆）与现场拌和砂浆，按照所用胶凝材料可以分为水泥类、石膏类、石灰类、水玻璃类、硫黄及磷酸盐类；按照使用功能大致分为结构性砂浆、功能性砂浆与装饰性砂浆。按照施工方法又可以分为手工镘抹和机械喷涂。

预拌砂浆在建筑工程中的应用起源于19世纪末的欧洲，并于第二次世界大战后的30年间在欧洲得到迅速发展。目前在欧洲、北美及日本、韩国等工业发达地区，建筑预拌砂浆的应用已经非常普及，并形成了从生产、运输、施工到检验等环节的一些列相关标准和规范，各种不同用途的预拌砂浆品种有200多种，满足现代建筑对保温、隔热、防水、轻质及耐久等不同建筑功能的需要。中国的预拌砂浆是从20世纪90年代后期开始从欧洲引进的成套干混砂浆生产线，开始了预拌砂浆的生产、运输、施工及应用。2007年6月，商务部、公安部、建设部等六部委联合发布了《关于在部分城市限期禁止现场搅拌砂浆工作的通知》，要求北京市、天津市、上海市等10个城市从2007年9月1日起禁止在施工现场使用水泥搅拌砂浆（第一批）；重庆市等33个城市从2008年7月1日起禁止在施工现场使用水泥搅拌砂浆（第二批）；长春市等84个城市从2009年7月1日起禁止在施工现场使用水泥搅拌砂浆（第三批）。目前，预拌砂浆生产线设备基本上已经实现了国产化，广东省等、浙江省等、山东省等部分地区已经实现了以湿拌砂浆为主的市场局面，其余部分省市特别是北方城市，目前仍然以干混砂浆产品为主。推广使用预拌砂浆对提高建筑质量、发展绿色建材、加强建筑节能、缩短建筑周期具有重要意义。

预拌砂浆（Factory-made mortar）是指由专业化厂家生产的，用于建设工程中的各种砂浆拌合物，按性能可分为普通预拌砂浆和特种预拌砂浆。普通预拌砂浆主要包括砌筑砂浆、抹灰砂浆、地面砂浆。砌筑砂浆、抹灰砂浆主要用于承重墙、非承重墙中各种混凝土砖、粉煤灰砖和黏土砖的砌筑和抹灰，地面砂浆用于普通及特殊场合的地面找平。特种预拌砂浆包括保温砂浆、装饰砂浆、自流平砂浆、防水砂浆等，其用途也多种多样，广泛用于建筑外墙保温、室内装饰修补等。砂浆可以是“干混的”，使用前只需要加水混合搅拌均匀即可使用，或者是“湿拌的”，供应后可以立即使用。预拌砂浆代号 F。

干混砂浆（Dry-mixed mortar），代号 D；湿拌砂浆（Wet-mixed mortar），代号 W；现场拌和砂浆（Site-made mortar），代号 S。

1. 砌筑砂浆（Masonry mortar）代号 M

干拌砌筑砂浆（Dry-mixed Masonry mortar），代号 DM；湿拌砌筑砂浆（Wet-mixed Masonry mortar），代号 WM。干拌砌筑砂浆按照砌体材料不同的吸水特点，可以分为：

高保水性砌筑砂浆（Dry-mixed High Water retentive masonry mortar），代号 DM-HR，用于加气混凝土砌块和烧结砖；

中等保水性砌筑砂浆（Dry-mixed Middle Water retentive masonry mortar），代号 DM-MR，用于普通混凝土砌块和轻质混凝土砌块；

低保水性砌筑砂浆（Dry-mixed Low Water retentive masonry mortar），代号 DM-LR，用于灰砂砖。

按照砌筑砂浆的常用强度等级，分为：DM5；DM7.5；DM10；DM15；DM20。

2. 抹灰砂浆（Rendering/plastering mortar）代号 P

干拌抹灰砂浆（Dry-mixed Rendering/plastering mortar），代号 DP；湿拌抹灰砂浆（Wet-mixed Rendering/plastering mortar），代号 WP；干拌抹灰砂浆按照基体材料不同的吸水特点，可以分为：

高保水性抹灰砂浆（Dry-mixed High Water retentive Rendering/plastering mortar），代号 DP-HR，用于加气混凝土墙面、烧结砖墙面；

中等保水性砌筑砂浆（Dry-mixed Middle Water retentive Rendering/plastering mortar），代号 DP-MR，用于普通混凝土砌块和轻质混凝土砌块墙面、轻质混凝土条板墙面、现浇混凝土墙面；

低保水性砌筑砂浆（Dry-mixed Low Water retentive Rendering/plastering mortar），代号 DP-LR，用于灰砂砖墙面。

抹灰砂浆用胶凝材料：粉刷石膏（Dry-mixed Gypsum plaster），代号 DP-G。

抹灰砂浆厚度：腻子（Dry-mixed Skin plaster），代号 DSP。

3. 地面找平砂浆（Screed mortar）代号 S

干拌地面找平砂浆（Dry-mixed Screed mortar），代号 DS；湿拌地面找平砂浆（Wet-mixed Screed mortar），代号 WS；

水泥基自流平砂浆（Dry-mixed Cementitious self-leveling floor mortar），代号 SLF；

自流平石膏（Dry-mixed Gypsum self-leveling floor mortar）：代号 SLF-G。

4. 其他

泡沫聚苯板薄抹灰外墙外保温体系专用干拌粘结砂浆，代号 DEA；泡沫聚苯板薄抹灰外墙外保温体系用干拌抹面砂浆（Dry-mixed Basecoat mortar for ETICS），代号 DBI。

瓷砖粘结剂（Dry-mixed adhesives for Tiles）代号 DTA；瓷砖勾缝剂（Dry-mixed grout for Tiles），代号 DTG。

界面处理剂（Dry-mixed Bonding mortar），在"多层"系统中形成最初粘结层，通常以薄层的形式施工，代号 DB。

彩色砂浆（Dry-mixed Coloured mortar），代号 DC。

防水砂浆（Dry-mixed Waterproofing mortar），在规定压力下防止水渗入底层的砂浆，代号 DWP。

修补砂浆（Dry-mixed Repair mortar），用于修补或替换有缺陷混凝土的砂浆，可以是结构性砂浆，或者是非结构性砂浆，代号 DR。

锚固砂浆（Dry-mixed Anchoring mortar）：代号 DA。

未在上述分类编号中列入的砂浆品种，采用下述编号规则：D-砂浆功能的英文简称—强度等级—保水性—胶凝材料品种。预拌砂浆与传统砂浆分类对应关系，见表 1-1。

表 1-1　预拌砂浆与传统砂浆分类对应关系

种类	预拌砂浆	传统砂浆
砌筑砂浆	WM M5.0、DM M5.0	M5.0 混合砂浆、M5.0 水泥砂浆
	WM M7.5、DM M7.5	M7.5 混合砂浆、M7.5 水泥砂浆
	WM M10、DM M10	M10 混合砂浆、M10 水泥砂浆
	WM M15、DM M15	M15 水泥砂浆
	WM M20、DM M20	M20 水泥砂浆
抹灰砂浆	WP M5.0、DP M5.0	1∶1∶6 混合砂浆
	WP M10、DP M10	1∶1∶4 混合砂浆
	WP M15、DP M15	1∶3 水泥砂浆
	WP M20、DP M20	1∶2 水泥砂浆、1∶2.5 水泥砂浆、1∶1∶2 混合砂浆

续表

种类	预拌砂浆	传统砂浆
地面砂浆	WS M15、DS M15	1:2.5 水泥砂浆、1:3 水泥砂浆
	WS M20、DS M20	1:2 水泥砂浆

1.1　现场搅拌砂浆

现场搅拌砂浆，即将无机粘结剂（水泥、石灰膏等）和集料（河砂、机制砂等）分别运到工地，然后按照适当的比例，如按照体积比1:2、1:2.5、1:3水泥砂浆或1:1:4、1:1:6等混合砂浆，人工混合，加水搅拌形成砂浆使用。随着社会的进步和科技的发展，传统的现场搅拌砂浆的弊端逐步显现，主要体现在以下几点：一是利用人工计量材料误差大，造成砂浆质量难以准确控制；二是现场搅拌砂浆造成工地内水泥、砂子产生大量扬尘和搅拌噪声，严重污染了城市环境；三是建筑工地自行搅拌砂浆有时会采用袋装水泥，造成水泥袋的巨大浪费，纸质的水泥袋必定会消耗大量的森林资源，对环境的一种损害，不利于散装水泥的推广应用；四是现场搅拌砂浆过程中大量使用人工操作，不仅劳动强度大、生产效率低，而且生产条件恶劣，对劳动者的健康造成极大危害，不利于文明施工和保护劳动者健康。禁止现场搅拌水泥砂浆，将大大减少城市粉尘和噪声污染，改善大气环境。随着社会的发展人们对砂浆的性能要求越来越高，传统的砂浆现场拌制方式已经不适应社会发展的需要。

1.2　预拌砂浆之干混砂浆

干混砂浆是由水泥、干燥集料或粉料、添加剂以及根据性能确定的其他组分，按一定比例，在专业生产厂计量、机械搅拌混合而成的混合物（袋装或者储运罐散装），在使用地点按规定比例加水或配套液体组分拌和到一定的稠度后使用。

干混砂浆的生产方式是将精选的细集料经烘干（当然干式机制砂不需要烘干）筛分处理后与无机胶凝材料和各种有机高分子添加剂按一定比例搅拌混合而成的颗粒状或粉状混合物，以袋装或罐体散装方式送到工地待用。这种砂浆具有质量好、生产效率高、绿色环保、产品性能优良、文明施工的特点，干混砂浆可采用高分子聚合物（可再分散乳胶粉等）和特殊的添加剂进行砂浆的改性，以提高产品质量和满足现代建筑业绿色环保的要求。生产这类砂浆，需要配套新的生产设备和物流设备，一次性投资大，生产成本较高，砂浆成本是现场搅拌砂浆的两倍以上，工程因使用干混砂浆而增加工程造价。干式机制砂和干混砂浆一体化生产工艺，如图 1-1 所示。

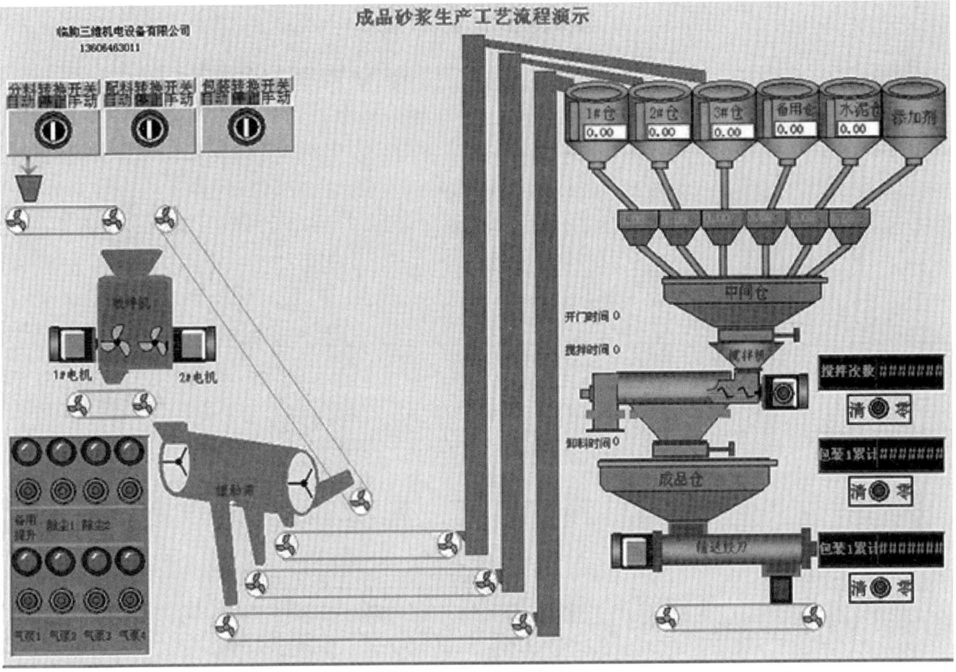

图 1-1　干式机制砂和干混砂浆一体化生产工艺

从节能的角度考虑，普通干混砂浆是将细集料烘干（当然干式机制砂不需要烘干），在使用时又加水拌和，这必定造成能源浪费。干混砂浆是散体粉状和颗粒状材料的混合物，在粉状和颗粒状材料混合后，由于其各自的颗粒径和密度不同，在储存、运输、使用过程中都可能发生粉体和颗粒物的二次分离，这种现象就是干混砂浆的“离析现象”。如果“离析现象”不能得到有效控制，将严重影响干混砂浆的成品质量和砌筑或抹灰工程质量。从环保角度考虑，在工地现场袋装干混砂浆还需要加水搅拌，有可能再次产生粉尘外溢，从而影响市容环境和工人的身体健康。当然，随着科技进步，干混砂浆在罐体运输途中的分层离析现象也有望得到解决；在工程施工现场，散装罐体砂浆采用密闭加水搅拌的工艺设备也被成功开发并工程应用。普通干混砂浆在工程现场加水搅拌后再使用，在一些省市也有相当的市场空间。干混砂浆的分类见表 1-2。

从工程实践来看，干混砂浆将来最主要的功能是生产特种干混砂浆。目前广泛应用在建筑工程中的特种干混砂浆主要有以下几类：

（1）粘结砂浆：如瓷砖粘结剂、填缝剂、保温隔热复合系统专用粘结砂浆等；

（2）抹灰砂浆：如内外墙打底抹灰、腻子、彩色装饰砂浆、隔热砂浆等；

（3）砌筑砂浆：如混凝土砌块专用薄床砂浆、保温砌筑砂浆等；

表 1-2 干混砂浆的分类

项目	干混砌筑砂浆		干混抹灰砂浆		干混地面砂浆	干混 普通防水砂浆
	普通砌筑砂浆 （G）	薄层砌筑砂浆 （T）	普通抹灰 （含机喷）砂浆 （G）	薄层抹灰砂浆 （T）		
强度等级	M5、M7.5、 M10、M15、 M20、M25、 M30	M5、M10	M5、M10、 M15、M7.5、 M20	M5、M7.5、 M10	M20、M25、 M15	M15、M20
抗渗等级	—	—	—	—	—	P6、P8、P10

（4）地坪砂浆：各种灌浆料、自流平砂浆等；

（5）其他特殊砂浆：如修补砂浆、防水砂浆、压浆剂等。

1.3 预拌砂浆之湿拌砂浆

湿拌砂浆是一种新型绿色建筑材料，是在专业生产厂内将水泥、水、砂、矿物掺合料和各种功能性添加剂按照一定的比例，在（混凝土或砂浆）搅拌站经计量拌制后，采用搅拌运输车运至使用地点，放入专用铁质容器储存（滞留罐），并在规定时间内使用完毕的砂浆拌合物。其在节约资源、保护环境、提高工程质量等方面发挥着显著的作用。这种砂浆的施工性好，批荡上墙省时省力，与传统的现场搅拌砂浆相比效率提高近一倍。一般来说，这种新型湿拌砂浆的开放时间（从砂浆生产出来到砂浆和易性可以利用的时间），可以保持 24h 以内，它可以像“牙膏”一样，可以随取随用。例如，某工地需要 $10m^3$ 开放时间为 12h 的抹灰砂浆，在符合标准的铁质存储容器中，可保持 12h 不凝结，而且其他性能指标（如保水性、强度等级、稠度等）均无显著影响。但从存储容器中提取出来的砂浆用于上墙施工后，则可以正常地凝结，不影响施工进度。这种性能优势突破了行业技术瓶颈，为湿拌砂浆普及提供了技术保障。

泵送湿拌砂浆就是在满足原来新型湿拌砂浆性能要求的基础上，达到可泵送的效果。这种砂浆可采用机械化喷涂作业，在同等手工施工作业条件下，施工效率是传统现场搅拌砂浆的 4～6 倍。这样不仅减轻了工人的劳动强度，提高了施工效率，体现了以人为本的管理理念，而且还大大降低了人工成本，缩短了施工的工期，这是湿拌砂浆发展的飞跃。机喷砂浆，主要用在抹灰砂浆和地面砂浆。

从建筑砂浆发展路线来看，应该采取“普通砂浆以湿拌砂浆为主，以干混砂浆为辅”的方针实施“干湿并举”的举措，用于砌筑工程的砌筑砂浆、用于抹灰工程的抹灰砂浆和用于建筑地面及屋面的面层或找平层的地面砂浆，因其用量大，通常走湿拌砂浆的路线；而具有一系列特殊功能的砂浆如墙地砖粘结砂浆、界面处理砂浆、填缝剂、饰面砂浆、防水砂浆、自流平地坪砂浆、混凝土修补砂浆、密封砂浆等，通常走干混砂浆的路线。预拌湿砂浆的分类见表1-3。

表1-3 预拌湿砂浆的分类

项目	湿拌砌筑砂浆	湿拌抹灰砂浆（含机喷）	湿拌地面砂浆	湿拌防水砂浆
强度等级	M5、M7.5、M10、M15、M20、M25、M30	M5、M7.5、M10、M15、M20	M15、M20、M25	M15、M20
抗渗等级	—	—	—	P6、P8、P10
稠度（mm）	50、70、90	70、90、100	50	50、70、90
保塑时间（h）	6、8、12、24	6、8、12、24	4、6、8	6、8、12、24

1.4 预拌砂浆主要特点

预拌砂浆是指在专业工厂进行配料和搅拌混合而生产的商品化砂浆。用预拌砂浆替代传统砂浆，表面上看只是生产方式的转变，实质上是砂浆配比优化设计、生产、质量检测、物流体系、施工技术和应用范围的重大突破，是施工现代化和国家文明程度的重要标志之一，是推广绿色建筑、发展绿色建材的重要手段，从观念到技术都是一场新的革命。禁止砂浆的现场搅拌，实现砂浆的商品化和施工的机械化，是促进发展循环经济、实施节能减排、实现建筑业技术进步等多方面共赢的结果。预拌砂浆的主要特点如下：

（1）预拌砂浆以商品化形式供应。

（2）预拌砂浆在工厂自动化生产，其质量稳定，并可按照不同的技术要求设计配比，灵活性高。

（3）预拌砂浆属于以无机材料为主，少部分高分子材料（保水剂、增黏剂为主）为辅的混合物，无毒无味，利于健康居住，是生态材料。

（4）建筑工地无灰尘，有利于环境保护，促进文明施工。

（5）预拌砂浆适合机械化喷涂施工，提高施工质量，提高工作效率。

1.5 预拌砂浆的基本组成

预拌砂浆的组成材料主要有胶凝材料、矿物掺合料、功能添加剂、集料（机制砂、天然砂及石英砂等）和水。

预拌砂浆胶凝材料一般有 32. 5 级或 42. 5 级常规通用水泥或白水泥、砌筑水泥 M32. 5 及煅烧 β 型石膏等。

矿物掺合料一般有粉煤灰、石灰石粉等，一般不需要用矿渣微粉。砂浆功能添加剂种类很多，主要有纤维素醚类保水剂，可分散乳胶粉类增黏剂、引气剂、消泡剂、缓凝剂、促凝早强剂、减水剂、防水剂及憎水剂等。常规的预拌砂浆除了高强度等级的地坪砂浆或自流平砂浆外，预拌砂浆中一般不需要加减水剂。

第2章　湿拌砂浆概述

随着建筑业技术进步和文明施工要求的提高，现场拌制砂浆日益显示出其固有的缺陷，如砂浆质量不稳定、材料浪费大、砂浆品种单一、文明施工程度低以及污染环境等。因此，取消现场拌制砂浆，采用工业化生产的预拌砂浆势在必行，它是保证建筑工程质量、提高建筑施工现代化水平、实现资源综合利用、减少城市污染、改善大气环境、发展散装水泥、实现可持续发展的一项重要举措。根据砂浆的生产方式，将预拌砂浆分为湿拌砂浆和干混砂浆两大类。将加水拌和而成的湿拌拌合物称为湿拌砂浆，将干态材料混合而成的固态混合物称为干混砂浆。

2.1　湿拌砂浆的定义

根据《预拌砂浆》（GB/T 25181—2019）的规定：湿拌砂浆是水泥、细集料、矿物掺合料、外加剂、添加剂和水，按一定比例，在搅拌站经计量、拌制后，运至使用地点，并在规定时间内使用的拌合物。湿拌砂浆的工作原理类似于预拌混凝土，混凝土搅拌站即可同时进行湿拌砂浆的生产。

湿拌砂浆形式上与预拌混凝土相近，都是由搅拌站生产并通过带搅拌装置的运输车运到工地现场使用。预拌混凝土运到现场很快泵送入模（或者自卸），采用振动成型；而湿拌砂浆则是先在现场暂时储存，再通过工人手工操作或机喷将砂浆敷设到基层材料上。所以，砂浆使用过程的要求与预拌混凝土既相似，又不同。相同之处：它们都有流动性指标，混凝土用坍落度表示，砂浆用稠度表示；它们也有抗压强度指标。不同之处：砂浆由于使用时间长，且砂浆与基层粘结非常重要，因此，砂浆还应有体积稳定性的要求，即保水率、分层度指标；表示可操作时间长短的稠度损失和保塑时间要求；表示与基层材料粘结牢固程度的指标，即拉伸粘结强度、砌体抗压和抗剪强度。所以，湿拌砂浆的使用要比预拌混凝土复杂得多。

湿拌砂浆由于在混凝土（或砂浆）搅拌站生产，具有计量准确、生产速度快的特点。湿拌砂浆的保水增稠材料不含熟石灰成分，所以它可以同时替代水泥石灰混合砂浆和水泥砂浆，用于砌筑、抹灰和地面工程。湿拌砂浆采取工业化生产，因此产品质量稳定，强度波动小，砂浆品种较多。但是，湿拌砂浆是一种砂浆拌合物，其使用时间就存在一定的限制，即湿拌砂浆必须在保塑时间内使用完毕，这样使用单位就必须计算工程量和砂浆用量，并应考虑气候条件对砂浆需求量的影响。如果施工进入内墙抹灰阶段，施工操作面大，施工人员充足，那么湿拌抹灰砂浆预定量就要增加，不然砂浆量将跟不上抹灰施工节拍而造成停工待料。所以，湿拌砂浆使用对施工管理提出了更高的要求，它要求现场施工人员与材料员密切配合和沟通，才能确保经济合理地预算湿拌砂浆量。

2.2 湿拌砂浆的分类

湿拌砂浆仅包括普通建筑用砂浆，湿拌砂浆有 4 个品种，即湿拌砌筑砂浆（WM）、湿拌抹灰砂浆（WP）、湿拌地面砂浆（WS）和湿拌防水砂浆（WW）。湿拌砌筑砂浆主要用于砌体的砌筑，将块材粘结成整体。湿拌抹灰砂浆主要用于墙体表面覆盖以起到保护和装饰作用。湿拌地面砂浆主要用于地坪表面找平以起到保护和装饰作用。湿拌防水砂浆用于抗渗防水部位以起到保护和一般防水作用。强度等级一般有 M5、M7.5、M10、M15、M20、M30，湿拌砂浆的施工稠度一般在 50 ~ 70mm、70 ~ 90mm 和 90 ~ 100mm 之间根据具体工程部位、施工方法和季节选择使用。

2.3 湿拌砂浆相对普通干混砂浆的优缺点

1. 湿拌砂浆的优点

（1）湿拌砂浆运到现场后可直接使用，不需加工，但砂浆必须储存在密闭容器中（滞留罐）。

（2）湿拌砂浆是在专业生产厂制备而成的，有利于保证和控制砂浆的质量。

（3）湿拌砂浆的原材料选择余地较大，集料可选用干料，也可选用湿料，而且不需烘干，因此可降低成本。另外，可大量掺用粉煤灰、石灰石粉等（掺合料）和钢渣、工业尾矿等工业固体废弃物制造的人工机制砂，既节约了资源，又降低了砂浆成本。

（4）施工现场环境好，污染较少。

2. 湿拌砂浆的缺点

（1）由于湿拌砂浆是在专业生产厂加水拌制而成的，而且一次运送量较大，不能根据施工进度、使用量灵活掌握。另外，湿拌砂浆运到工地后需储存在密闭容器中，因此现场需设置储灰池或滞留罐。

（2）运输时间受交通条件的制约。

（3）由于湿拌砂浆在工地储存的时间相对较长，因此对砂浆的和易性、保塑时间和工作性能的稳定性有一定的技术要求。

3. 湿拌砂浆和干混砂浆不同点

（1）物理状态及存放时间不同。

干混砂浆：干混砂浆是将干燥物料混合均匀的干混混合物，以散装或袋装形式供应，砂浆需在施工现场加水或配套液体搅拌均匀后使用。干混砂浆储存期较长。

湿拌砂浆：湿拌砂浆是将包括水在内的全部组分搅拌而成的湿拌拌合物，可在施工现场直接使用，但需在砂浆保塑之前使用完毕，即必须在规定的时间内使用，储存时间有限（一般在 24h 以内）。

（2）设备投入不同。

干混砂浆：干混砂浆由专门的混合设备生产，通常需要烘干设备对湿砂进行烘干，同时工艺流程需要对干砂（烘干河砂、机制砂）进行筛选分级计量，环保除尘设备投入大；需要大型料场，能够大批量储存成品，场地要求较大，并且要求能够小批量输送，因此设备前期投资较大，更适合生产利润更高的特种砂浆。

湿拌砂浆：湿拌砂浆大多由混凝土搅拌站生产，设备投资或改造成本较小，商品混凝土企业基本上无须增加新设备。

（3）生产过程控制不同。

干混砂浆：干混砂浆用砂需经烘干处理（机制砂除外），并配备筛分设备进行筛选，因此砂粒级配可控，物料计量精确，可满足客户对高品质砂浆的需求，能够生产各类普通砂浆，更能生产利润空间更大的特种砂浆，如保温砂浆、防水砂浆、瓷砖粘贴和填缝砂浆、自流平砂浆等。

湿拌砂浆：湿拌砂浆用砂不需烘干，原材料选择余地较大，因而可以降低生产成本。由于受限于原材料湿砂筛分和级配的影响，湿拌砂浆品种较为单一，因此目前湿拌砂浆主要适用抹灰砂浆、砌筑砂浆、地面砂浆等普通建筑用砂浆。

（4）物流运输储存使用不同。

干混砂浆：干混砂浆采用罐车运送，袋装干混砂浆采用汽车运送。干混砂浆的运输半径可辐射至与散装水泥相当，对于特种砂浆运输半径更大，甚至可以通达省内外。干混砂浆可以长期（一般 90d 以内）保存，施工风雨无阻，随用随取。但是相应的就会增加移动筒仓（实时跟踪位置和物料剩余情况）、物流车辆和产品散装包装设备的购置费用投资较大。理论上讲，干混砂浆在运输和存放过程中同样有分层、离析的问题，需要在使用时搅拌均匀。在二次加水搅拌时有产生扬尘的环保问题。

湿拌砂浆：湿拌砂浆要采用搅拌运输车运送，以保证砂浆在运输过程中不产生分层、离析。湿拌砂浆运输半径较小，运输时间不宜太久。由于湿拌砂浆必须在规定的时间内使用完毕，必须要有很大的施工作业面和施工人员同时施工才能消耗每天运输的一罐车湿拌砂浆，“少量多次”的供货方式以及比干混砂浆多出的运输量（水）是目前湿拌砂浆运输成本高的主要原因；湿拌砂浆采用机械喷涂工艺时，罐车的等待时间可能会很长，造成罐车使用效率大大降低。在保塑时间内，湿拌砂浆随取随用，不会有二次扬尘的问题。很显然，如何保证砂浆在保塑时间内“质量的稳定性”是湿拌砂浆的技术关键。

2.4 湿拌砂浆的前景与展望

“湿拌砂浆”不仅是一个新技术乃至新产品，它实际上开辟了一个行业的新走向，为预拌砂浆开启了一条“绿色”通道。“禁现搅拌”的目的是环保，“禁现”成就了5000亿的预拌砂浆市场。然而，实际上预拌砂浆应用量也只占其总额的30%～50%，发展预拌砂浆前途光明。目前的预拌砂浆北方以干混砂浆为主，南方特别是广东地区以湿拌砂浆为主。干粉砂浆虽然理论上是环保产品，但实际输送和搅拌使用时仍然会产生粉尘，要完全避免粉尘是不可能的，除非大量增加成本。其实，湿拌砂浆是符合“砂浆禁现”环保诉求的，湿拌砂浆彻底满足了砂浆在城市工地上的无粉尘要求，也符合商品市场的质量和成本诉求，它能很轻松地满足国家对抹灰砂浆提出的标准要求，同时它的直接成本接近其原材料成本，其发展前景是非常可观的。

我国基础建设量巨大，面对能源日渐紧张、环境污染严重、生态破坏日益严峻形势，建筑施工企业必须要树立环保意识、坚持节能原则，加大技术创新和加强管理，提高资源利用率，减少材料的浪费和施工对环境资源的破坏和污染，减少能源消耗，并能获得大的经济效益和社会效益。因此，推广湿拌砂浆便成为建筑产业可持续发展的必经之路。在新一轮的经济建设中，公共建筑将是湿拌砂浆稳定的基础市场，公共建筑是城市建筑的重要组成部分，一般来说占城市建筑面积的40%左右。公共建筑一般具有单体建筑规模大或集中建设、已经成建筑单位面积耗能大的特点，同时由于公共建筑的社会关注度高，有利于施工监管，便于湿拌砂浆的应用。其次，商品房建设和维护将是湿拌砂浆市场主流。我国将近14亿人口，城市和乡村建设任务仍然十分繁重，这些都为湿拌砂浆提供了很好的市场发展空间。

混凝土搅拌站并型发展湿拌砂浆的优势十分明显。设备改造小，一般无须增加新设备，生产集中度高、两种产品可集中生产、增加了利润来源，无须增加新的物流运输设备，减少人力资源成本。随着人力资源成本的升高，机械化喷涂施工将是一个必然趋势，湿拌砂浆由于其材料的稳定性，将是一种特别适合机械化喷涂抹灰施工的砂浆。

未来，湿拌砂浆一定会是普通建筑砂浆的主流产品，而干混砂浆独霸市场的现象则会成为历史，它只能在特种砂浆家族中扮演角色。随着人们环保意识越来越强，质量要求越来越高，湿拌砂浆为预拌砂浆开启了一条“绿色”通道，具有光明的前景，目前湿拌砂浆在全国各地的推广势头十分高涨，必将显示其强大的生命力。

第3章　湿拌砂浆的原材料

湿拌砂浆的原材料主要有水泥、掺合料、细集料、添加剂以及水。与预拌混凝土相比，就少一个粗集料（碎石或者人造粗集料），但是水泥砂浆的原材料也有其特殊之处。

3.1　水泥的选择

由于湿拌砂浆要求的强度等级不高，一般在（5.0～30.0）MPa，水泥主要选择常规的32.5级和42.5级水泥，32.5级水泥目前主要有P.F32.5级、P.S 32.5级以及P·P 32.5级水泥。值得注意的是，矿渣硅酸盐水泥，无论32.5级还是42.5级，如果该水泥是混合粉磨（非勾兑）生产出来的产品，由于高炉矿渣难以粉磨，往往容易造成水泥砂浆的严重泌水问题，加上高炉矿渣不属于工业废弃物而是一种宝贵资源，矿渣微粉是一种优质混凝土掺合料，不建议在水泥砂浆中使用各种等级的矿渣硅酸盐水泥和矿渣微粉。值得注意的是《砌筑水泥》（GB/T 3183—2017）的砌筑32.5水泥等级，该水泥除了满足3d、28d强度要求外，增加了砌筑水泥的保水率不低于80%的技术要求。当然M32.5级的砌筑水泥可以作为砂浆的理想原材料。砌筑水泥M32.5的重要技术指标见表3-1。水泥砂浆中所用水泥的质量应满足GB 175要求。通用32.5级和42.5级水泥重要的技术指标见表3-2。

表3-1　M 32.5水泥重要的技术指标

序号	细度：80μm方孔筛筛余	抗压强度（MPa）	保水率	水溶性 Cr^{6+}
1	≤10.0%	3d：≥10.0；28d：≥32.5	≥80%	≤10mg/kg

表3-2　通用32.5级和42.5级水泥重要的技术指标

<table>
<tr><th rowspan="2">水泥等级</th><th rowspan="2" colspan="2">水泥品种</th><th colspan="2">抗折强度</th><th colspan="2">抗压强度</th><th colspan="2">水泥细度</th><th rowspan="2">水溶性 Cr^{6+}（mg/kg）</th></tr>
<tr><th>3d（MPa）</th><th>28d（MPa）</th><th>3d（MPa）</th><th>28d（MPa）</th><th>80μm筛筛余（%）</th><th>比表（m^2/kg）</th></tr>
<tr><td rowspan="2">32.5级</td><td>P·F</td><td>32.5</td><td>≥2.5</td><td rowspan="2">≥5.5</td><td>≥10.0</td><td rowspan="2">≥32.5</td><td rowspan="2">≤10.0</td><td rowspan="2">—</td><td rowspan="2">≤10</td></tr>
<tr><td>P·P
P·S</td><td>32.5R</td><td>≥3.5</td><td>≥15.0</td></tr>
</table>

续表

<table>
<tr><th rowspan="2">水泥等级</th><th rowspan="2" colspan="2">水泥品种</th><th colspan="2">抗折强度</th><th colspan="2">抗压强度</th><th colspan="2">水泥细度</th><th rowspan="2">水溶性 Cr^{6+}（mg/kg）</th></tr>
<tr><th>3d（MPa）</th><th>28d（MPa）</th><th>3d（MPa）</th><th>28d（MPa）</th><th>80μm 筛筛余（%）</th><th>比表（m^2/kg）</th></tr>
<tr><td rowspan="6">42.5 级</td><td rowspan="2">P·Ⅱ</td><td>42.5</td><td>≥3.5</td><td rowspan="2">≥6.5</td><td>≥17.0</td><td rowspan="2">≥42.5</td><td rowspan="2">—</td><td rowspan="4">≥300</td><td rowspan="6">≤10</td></tr>
<tr><td>42.5R</td><td>≥4.0</td><td>≥22.0</td></tr>
<tr><td rowspan="2">P·O</td><td>42.5</td><td>≥3.5</td><td rowspan="2">≥6.5</td><td>≥17.0</td><td rowspan="2">≥42.5</td><td rowspan="2">—</td></tr>
<tr><td>42.5R</td><td>≥4.0</td><td>≥22.0</td></tr>
<tr><td rowspan="2">P·C;
P·P;
P·S</td><td>42.5</td><td>≥3.5</td><td rowspan="2">≥6.5</td><td>15.0</td><td rowspan="2">≥42.5</td><td rowspan="2">≤10.0</td><td rowspan="2">—</td></tr>
<tr><td>42.5R</td><td>≥4.0</td><td>19.0</td></tr>
</table>

注：1. 水泥的标准稠度用水量一般在 24.0% ~30.0%，数值越低，质量相对越好。

2. P·O 42.5 和 PⅡ42.5 水泥的比表面积宜不大于 $380m^2/kg$。

3.2 掺合料——粉煤灰

粉煤灰，是从燃煤电厂煤粉燃烧后的烟气中收集下来的细灰，是燃煤电厂排出的主要固体废物。我国火电厂粉煤灰的主要氧化物组成：SiO_2、Al_2O_3、FeO、Fe_2O_3、CaO、TiO_2等。粉煤灰的活性主要来自活性 SiO_2（玻璃体 SiO_2）和活性 Al_2O_3（玻璃体 Al_2O_3）在一定碱性条件下的水化作用。因此，粉煤灰中活性 SiO_2、活性 Al_2O_3和极其少量的 f-CaO（游离氧化钙）都是活性的有利成分，粉煤灰作湿拌砂浆的掺合料，代替部分水泥或细集料，不仅能降低成本，而且能改善湿拌砂浆的和易性，提高不透水、抗硫酸盐性能和耐化学侵蚀性能，降低水化热，改善湿拌砂浆的耐高温性能，减轻颗粒分离和泌水现象以及降低湿拌砂浆成本的效果。

根据燃煤品种分为 F 类粉煤灰（由无烟煤或烟煤煅烧收集的粉煤灰）和 C 类粉煤灰（由褐煤和次烟煤煅烧收集的粉煤灰，CaO 含量一般≥10%）。用于拌制砂浆和混凝土的粉煤灰可以分为Ⅰ、Ⅱ和Ⅲ3 个等级。考虑到优质产品用到最合理的地方，湿拌砂浆用粉煤灰一般选用Ⅱ和Ⅲ灰。用于湿拌砂浆的粉煤灰，宜满足《用于水泥和混凝土中的粉煤灰》（GB /T 1596—2017），其重要技术指标见表 3-3。此外，考虑到粉煤灰的放射性危害，粉煤灰应当符合现行国家标准《建筑材料放射性核素限量》（GB 6566—2010）的规定。

表 3-3　用于砂浆中的粉煤灰关键技术指标

项　目		理化性能要求		
		Ⅰ级	Ⅱ级	Ⅲ级
细度（45μm 方孔筛筛余）（%）	F 类粉煤灰	≤12.0	≤30.0	≤45.0
	C 类粉煤灰			
需水量比（%）	F 类粉煤灰	≤95	≤105	≤115
	C 类粉煤灰			
烧失量（%）	F 类粉煤灰	≤5.0	≤8.0	≤10.0
	C 类粉煤灰			
含水量（%）	F 类粉煤灰	≤1.0%		
	C 类粉煤灰			
三氧化硫质量分数（%）	F 类粉煤灰	≤3.0%		
	C 类粉煤灰			
游离氧化钙（f-CaO）质量分数（%）	F 类粉煤灰	≤1.0		
	C 类粉煤灰	≤4.0		
$SiO_2+Al_2O_3+Fe_2O_3$ 总质量分数（%）	F 类粉煤灰	≥70.0		
	C 类粉煤灰	≥50.0		
密度（g/cm^3）	F 类粉煤灰	≤2.6		
	C 类粉煤灰			
安定性（雷氏法）（mm）	C 类粉煤灰	≤5.0		
强度活性指数（%）	F 类粉煤灰	≥70.0		
	C 类粉煤灰			

3.3　掺合料——石灰石粉

根据《用于水泥、砂浆和混凝土中的石灰石粉》（GB/T 35164—2017）中给出的定义，石灰石粉是将石灰石粉磨到一定细度的粉体或石灰石机制砂生产过程中产生的收尘粉，石灰石粉中的碳酸钙含量不少于 75%。石灰石粉在水泥砂浆中的作用：填充作用，使水泥基浆体结构密实；稀释作用，加速水泥颗粒的水化，提高水泥的水化程度；化学反应，和水泥反应生成碳铝酸盐；保水作用，石灰石粉和水具有较好的浸润性，石灰石粉的加入能改善水泥浆体的泌水性，提高抗碳化能力及降低浆体总的孔隙率，在砂浆中具有较好的保水增稠作用。GB/T 35164—2017 规定的石灰石粉的一些重要技术指标见表 3-4。

表 3-4 石灰石粉的一些重要技术指标

项目	理化指标		
细度（45μm 方孔筛筛余）（%）	A		B
	≤15		≤45
亚甲蓝值（MB 值）（g/kg）	Ⅰ级	Ⅱ级	Ⅲ级
	≤0.5	≤1.0	≤1.4
流动度比（%）	≥95		
碳酸钙含量（%）	≥75		
抗压强度比（%）	7d		28d
	≥60		≥60
含水量（%）	≤1.0		

3.4 细集料——天然砂

根据国家标准《建设用砂》（GB/T 14684—2011），天然砂定义：自然生成的，经人工开采和筛分的粒径小于4.75mm的岩石颗粒，包括河砂、湖砂、山砂和淡化海砂，但不包括软质风化的岩石颗粒。砂，按照细度模数的不同，可以分为粗砂 $M_X=3.7\sim3.1$、中砂 $M_X=3.0\sim2.3$ 和细砂 $M_X=2.2\sim1.6$，砂按照技术要求，可以分为Ⅰ类、Ⅱ类和Ⅲ类。天然砂的颗粒级配用级配区来表示，各级配区应符合表 3-5 的技术要求。天然砂的泥、泥块含量及氯离子含量应符合表 3-6 的技术要求。

表 3-5 天然砂的颗粒级配

级配区累计筛余（%）	方孔筛		
	1 区	2 区	3 区
9.5（mm）	0	0	0
4.75（mm）	10~0	10~0	10~0
2.36（mm）	35~5	25~0	15~0
1.18（mm）	65~35	50~10	25~0
0.06（mm）	85~71	70~41	40~16
0.03（mm）	95~80	92~70	85~55
0.015（mm）	100~90	100~90	100~90
级配类别			
砂类别	Ⅰ	Ⅱ	Ⅲ
级配区	2 区	1 区、2 区、3 区	

表3-6　天然砂的泥、泥块含量及氯离子含量

类别	Ⅰ	Ⅱ	Ⅲ
含泥量（以质量计）(%)	≤1.0	≤3.0	≤5.0
泥块含量（以质量计）(%)	≤0	≤1.0	≤2.0
氯离子含量（以氯离子质量计）(%)	≤0.01	≤0.02	≤0.06
贝壳（以质量计）(%)	≤3.0	≤5.0	≤8.0

天然砂中的海砂及其淡化技术

海水主要成分为水，盐类占3.0%～3.5%，其中海水中的Cl^-含量约为19000mg/L，约1.9%。无机盐中有阳离子Na^+、K^+、Ca^{2+}、Mg^{2+}和Sr^{2+}五种，阴离子有Cl^-、SO_4^{2-}、Br^-、HCO_3^-（CO_3^{2-}）和F^-五种，其总和占海水盐分的99.9%。海水中主要盐分的含量见表3-7。

表3-7　海水中主要盐类含量

成分	NaCl	$MgCl_2$	$MgSO_4$	$CaSO_4$	K_2SO_4	其他微量	合计
占总盐度百分数(%)	77.8	10.9	4.7	3.6	2.5	0.5	100

《海砂混凝土应用技术规范》(JGJ 206—2010)规定，将“海砂”定义为：出产于海洋和入海口附近的砂，包括滩砂、海底砂和入海口附近的砂。根据卞立波等人测试表明，海砂中氯离子含量可以达到0.123%。编者抽取山东日照地区的近海海砂，测试海砂中氯离子含量可以达到0.08%。考虑海砂中含有的盐分，不应直接使用天然海砂来拌制湿拌砂浆，以防止出现泛碱现象。天然海砂，应用专门的处理设备进行淡化淘洗并符合《海砂混凝土应用技术规范》(JGJ 206—2010)中规定的氯离子含量才可以用于砂浆的生产。淡化海砂的重要质量技术指标见表3-8。

表3-8　淡化海砂的重要质量指标

项目	指标	
水溶性氯离子含量（以干砂质量计）(%)	≤0.03	≤0.02（预应力钢筋混凝土用砂）
含泥量（以干砂质量计）(%)	≤1.0	
泥块含量（以干砂质量计）(%)	≤0.5	
坚固性指标(%)	≤8	

中国地质调查局指出，在我国近海50m以浅海域圈定海砂潜力区总面积约2万km^2，其资源量约3434.3亿m^3。提出鼓励勘查区10个，其资源量为2045.3亿m^3。山东半岛莱州浅滩和成山头海砂潜力区面积4193km^2，评价潜在资源量为905亿m^3；珠江口伶仃洋海砂埋藏深度2～33m，估算面积约800km^2，其中埋藏砂体上覆盖层小于10m、砂体厚度大于20m的砂层分布广泛，资源储量约113亿m^3。

目前，正式持证的海砂开采点较少，且由于河砂供应减少，河砂价格飞涨。有专家指出，海砂作为建设用砂是沿海地区社会经济发展必然经历的一个历史阶段。那么我国沿海探明大量海砂储量，未来是否会大规模开采？作者认为，没有必要谈海砂色变，合理开采海砂，控制好海砂中游离氯离子含量，不会对土木工程及民用建筑的耐久性造成危害。其实，在我国的广东省珠江口岸沿线地区、浙江省宁波和舟山地区分布着数十家海砂淡化处理厂，近 20 年来经过海砂淡化处理过的水洗海砂，已经被广泛应用到了沿海省份的建筑工程实际。关键是要加强海砂淡化处理工厂的产品质量监管，确保水洗海砂的出厂质量。

2016 年 1 月，厦门市某国有控股公司通过公开招标竞得首期约 6.94km^{2}的海域海砂开采使用权，据测算，首期竞得海域可供开采的海砂约为 4400 万 m^3。依据招标方案，这些海砂淡化处理后将全部用于厦门市新机场的建设。2018 年 3 月，该公司天然砂产业园正式投入生产，采用滚筒脱膜技术，五条生产线采取三道淡水淘洗设备，不仅可以清除贝壳和大的卵石，而且原海砂经淡化处理后成品砂水溶性氯离子含量一般控制在 0.002% ~ 0.003%，远低于国家行业标准 0.03%，市场反应良好。海砂淡化示意图见图 3-1。

(a) (b) (c) (d)

图 3-1　海砂淡化示意图（一）

（a）海砂驳运码头；（b）抽取淡河水；（c）（d）海砂的淘洗

(e)　　　　　　　　　　(f)

图 3-1　海砂淡化示意图（二）

（e）海砂淘洗设备料斗；（f）淡化砂驳运出厂

海砂开采海域使用权挂牌工作流程见图 3-2。采取海砂开采权和淡化处理工厂由国有控股企业来经营，海砂开采、出厂的淡化海砂质量就都有了可靠保证。

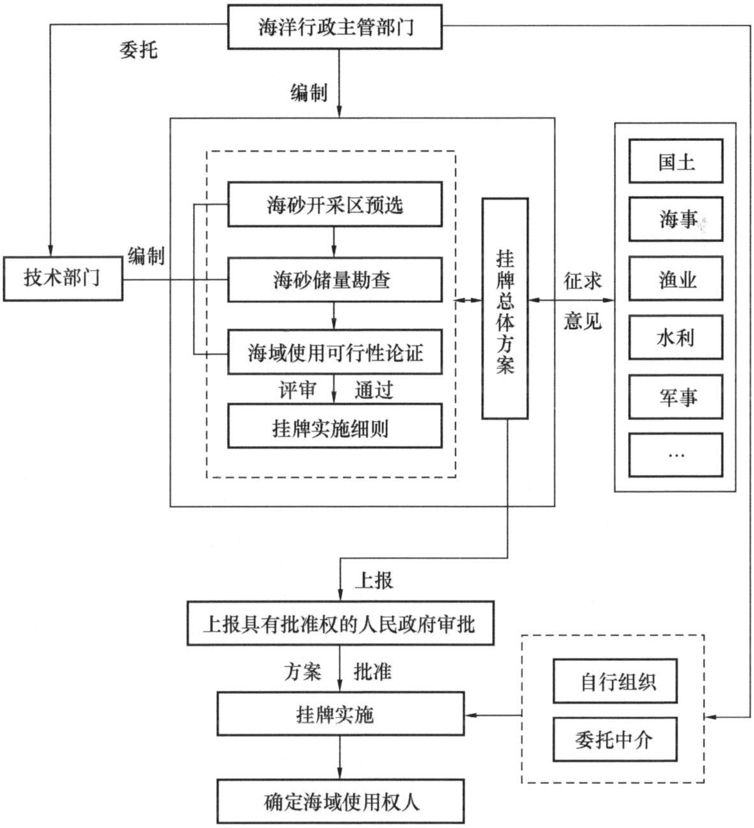

图 3-2　海砂开采海域使用权挂牌工作流程

据了解，广东省珠江口地区，水洗海砂中游离氯离子含量一般控制在干砂质量计0.02%以内，满足《海砂混凝土应用技术规范》（JGJ 206—2010）的规定。虽然湿拌砂浆里没有常规型号的钢筋，但是抹面砂浆一般会接触到钢丝挂网，而且没有水洗的海砂里面含有盐分，使面层砂浆容易吸水返潮，砂浆面层的腻子容易脱落，故湿拌砂浆所用的细集料不能直接使用海砂，海砂必须经过淡化处理，质量合格后才能生产湿拌砂浆。

3.5 细集料——机制砂

3.5.1 机制砂产品性能

随着国内基础设施建设不断推进，作为工程建设、建筑的基本原料，市场对砂石集料的需求与日俱增。与天然砂相比，机制砂具有级配连续可调、砂石场转场灵活、原材料就地易得等优势。在国家对资源管控及其天然砂资源日渐枯竭的当下，使用优质机制砂替代天然砂已成为行业发展的必然趋势。

根据国家标准《建设用砂》（GB/T 14684—2011），机制砂的定义：经除土处理，由机械破碎、筛分制成的，粒径小于4.75mm的岩石、矿山尾矿或工业废渣颗粒，但不包括软质、风化的颗粒，俗称人工砂。按照细度模数的不同，可以分为粗砂 $M_X=3.7\sim3.1$、中砂 $M_X=3.0\sim2.3$ 和细砂 $M_X=2.2\sim1.6$，按照技术要求，可以分为Ⅰ类、Ⅱ类和Ⅲ类。机制砂的颗粒级配应符合表3-9的技术要求。机制砂的石粉含量及泥块含量应符合表3-10的技术要求。

表3-9 机制砂的颗粒级配

级配区累计筛余（%）	方孔筛		
	1区	2区	3区
9.5（mm）	0	0	0
4.75（mm）	10~0	10~0	10~0
2.36（mm）	35~5	25~0	15~0
1.18（mm）	65~35	50~10	25~0
0.06（mm）	85~71	70~41	40~16
0.03（mm）	95~80	92~70	85~55
0.015（mm）	97~85	94~80	94~75
级配类别			
砂类别	Ⅰ	Ⅱ	Ⅲ
级配区	2区	1区、2区、3区	

表 3-10　机制砂的石粉含量、泥块含量及压碎指标

MB 值≤1.4 时			
类别	Ⅰ	Ⅱ	Ⅲ
MB 值	≤0.5	≤1.0	≤1.4 或合格
石粉含量（以质量计）(%)	≤10.0（也可根据实际，供需双方协商确定）		
泥块含量（以质量计）(%)	≤0	≤1.0	≤2.0
MB 值 >1.4			
类别	Ⅰ	Ⅱ	Ⅲ
石粉含量（以质量计）(%)	≤1.0	≤3.0	≤5.0
泥块含量（以质量计）(%)	≤0	≤1.0	≤2.0
机制砂压碎指标			
类别	Ⅰ	Ⅱ	Ⅲ
机制砂压碎指标（%）	≤20	≤25	≤30

机制砂是用开采的岩石、机械破碎、筛分而得，粒径小于 4.75mm 的岩石颗粒，其形状多为立方体和棱角状。机制砂是由岩石破碎而成，在生产过程中不可避免的产生一定量的石粉，与天然砂中的泥粉不同，机制砂中适量的石粉存在可以弥补湿拌砂浆的和易性和提高湿拌砂浆的密实性，进而能提高湿拌砂浆的综合性能。而机制砂颗粒表面粗糙、尖锐多棱角等基本特性，在一定程度上可以增强砂与水泥的粘结程度以及增加集料间的嵌挤锁结力，改善硬化后砂浆的力学性能。

目前，我国生产机制砂的主要原料有石灰岩、白云岩、花岗岩、玄武岩等，其中以石灰岩居多。国内机制砂的生产主要有三种形式，第一种是采用石灰岩、白云岩、花岗岩、玄武岩矿石专门生产机制砂或者开采矿石的同时生产机制砂，这多属于大型企业，质量较好；第二种是在河道里用卵石生产机制砂，或配以少量天然砂生产混合砂，这多属于中型企业，质量好坏差别较大；第三种是利用各种尾矿生产的，其中主要是各地生产石灰石碎石后的石屑或石粉，经过简单筛分和加工后直接利用，质量差别较大。机制砂的典型生产线流程示意图见图 3-3。

但是目前市场上的很多机制砂具有以下特点：级配不合理，细度模数偏高，粒型不好，针片状过多，石粉（或泥）含量高需水量大，与天然砂相比，机制砂颗粒级配较差，且多棱角、粒型差，采用其配制的新拌砂浆保水性较差，稠度损失大还易泌水。同时，机制砂中粒径小于 0.075mm 的石粉（含泥）含量较多时，对砂浆外加剂的吸附量较大，再加上石粉（含泥）不利于砂浆工作性能和施工性能等综合性能的控制。

由于机制砂级配不好，容易出现粒径 2.36mm 以上粗颗粒以及粒径 0.15mm 以下细颗粒相对偏多，而中间的颗粒偏少甚至一些级配出现断档现象，从而导致

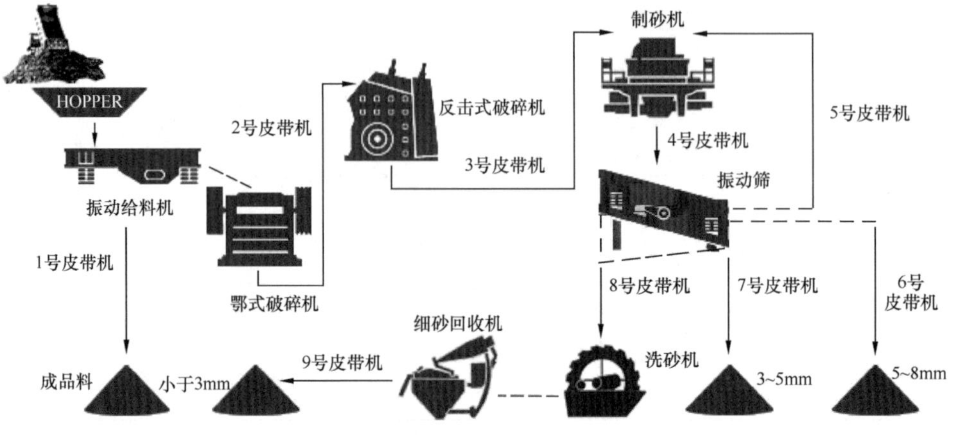

图 3-3　机制砂的典型生产线流程示意图

砂浆的和易性降低，各方面性能都会受到影响。机制砂所搅拌的砂浆，不仅和易性差，显得粗糙同时砂浆泌水比较严重，掺入部分细砂的砂浆整体和易性相对提高，泌水情况也没有那么严重，由此可知细砂对机制砂的级配一定程度上进行了调整完善，故使得砂浆的整体状态也得到了提升，所以机制砂级配的均匀完善对砂浆的性能提高有很大作用。机制砂表面粗糙有棱角对于浆体附着粘结有一些优势，硬化之后强度性能有所提高，但是砂浆和易性以及保水性很差，同时机制砂不像天然砂那样表面圆润光滑，当墙面砂浆进行收面时，机制砂砂浆收面相对粗糙费力，给工人施工带来了一定的困难。因此湿拌砂浆用砂，最好还是通过机制砂和天然河砂（细面砂）或淡化海砂混掺，这样可以明显改善砂颗粒级配，改善机制砂的粒型问题，相对调节或减少了石粉（泥）含量，这样配合砂浆添加剂更有利于湿拌砂浆的配制、生产和泵送、机喷施工、顺利抹面等后续工序。

单独使用机制砂时，机制砂级配和细度模数对湿拌砂浆工作性能影响较大，应严格控制机制砂级配和细度模数：细度模数 $M_X=2.0\sim2.5$，粒径 4.75mm 以上颗粒不大于5%，粒径 2.36mm 以上颗粒不大于 10%，粒径 0.075mm 以下石粉含量宜控制在 5%～15%。机制砂粒径 2.36mm 以上颗粒如果偏多，湿拌砂浆易出现泌水现象，保水性差，可操用时间短，强度低，收缩大；机制砂粒径 0.075mm 以下石粉（含泥）如果偏多，需水量大，流动性和保水性差，湿拌砂浆黏度增大，影响施工性，可操用时间短，强度低，收缩大。只有合理的颗粒级配和一定量的石粉含量，湿拌砂浆保水性好，可操用时间长，易施工，同时能保证砂浆强度高和收缩小。原状机制砂见图 3-4，水洗后的机制砂见图 3-5。

在今后的砂浆生产中，机制砂将在湿拌砂浆中的应用将会越来越多，提高机制砂的颗粒球型度是湿拌砂浆用细集料高品质化的关键。采用改装的水泥球磨机，可以有效地为机制砂整形，提高机制砂的颗粒球型度。机制砂采用机械破碎岩石生产，既可以节约自然资源，又完全符合当前可持续发展的战略要求，已经成为大势所趋，机制砂为资源综合利用开创了全新的空间，具有深远的意义。

图 3-4　原状机制砂

图 3-5　水洗后的机制砂

3.5.2　干式制砂设备的发展方向

干式制砂设备以控制系统、制砂主机、筛分为核心，由材料供给系统、破碎整形系统、振动给料装置、筛分控制系统、粉尘收集系统、加湿器以及成品砂供给装置的闭环控制系统，自动调节细度模数以及自动控制石粉含量为核心技术。典型的干式制砂工艺流程见图 3-6。

干式制砂设备有效利用立轴式破碎、空气筛分等关键技术，采用最新技术五孔冲击式转子结构，基于“石打石”的离心破碎方法，通过转子对进入破碎机的原料进行破碎、整形和研磨，实现破碎和高密度破碎相结合，有效地改善成品

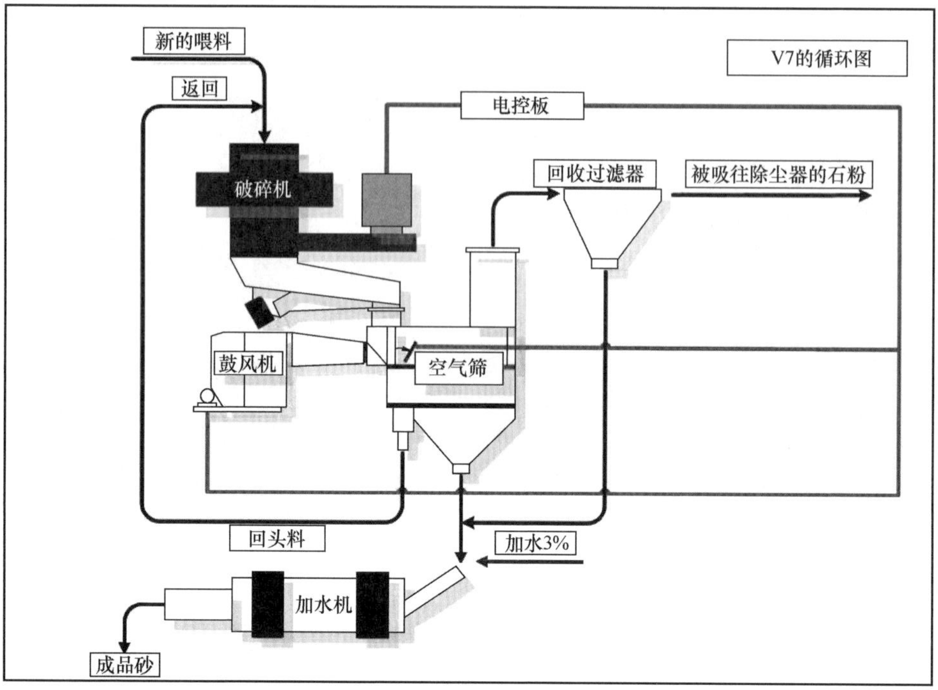

图 3-6　典型的干式制砂工艺流程

砂的颗粒形状并且提高细集料的生成；配合空气筛分技术，完成超限粒径、成品砂、石粉的完美分级，最大限度提高筛分效率；通过智能化控制，实现成品砂细度模数可调，并最大限度保证成品砂质量稳定。结合离线清灰脉冲除尘器技术，能有效控制成品砂中石粉的含量，同时使得系统整体处于密闭负压环境下运行，实现了制砂绿色化、全环保、智能化的价值理念。典型的干式制砂生产线见图 3-7。

图 3-7　典型的干式制砂生产线

优质的机制砂应具有以下几大特点：

（1）颗粒形状圆润：具有“近正多面体”或“近球体”，可以与天然砂相媲美。

（2）级配相对合理、稳定：0.60～0.15mm 范围内的粒度得到大幅度增产，且级配完美的落在国标 2 区。

（3）细度模数稳定、可调：根据细度模数与能耗的曲线关系，调整产品的粒度大小，从而改变产品的细度模数，稳定度非常好。

（4）石粉含量可控：成品机制砂使用“干筛法”实现国家标准对不同类别机制砂石粉含量（1%～5%）要求的灵活控制。

（5）生产工艺对环境友好：无粉尘（全封闭式设计，负压状态），低噪声，轻振动。

（6）生产工艺采用自动智能控制系统：我国大部分的机制砂生产线基本上还停留在粗放式的生产方式，没有系统、完整地对原生石材、固废垃圾的破碎机理进行研究，没有机制砂生产过程控制模型，对机制砂生产工艺参数的调整认识较少。先进的制砂成套技术装备正向着绿色化、智能化、无人操作、服务化方向发展。

3.6　砂浆外加剂——保水剂

根据《预拌砂浆用保水剂》（JC/T 2389—2017）的规定，预拌砂浆保水剂的定义：掺入砂浆中，具有提高预拌砂浆保水效果的外加剂。其分为液体型（要标明含固量）和粉体型（要标明含水率），按照保水性能分为Ⅰ、Ⅱ及Ⅲ型，按照砂浆凝结时间可以分为普通型和缓凝型。掺保水剂的砂浆性能应符合表 3-11 的要求。

表 3-11　掺保水剂的砂浆性能指标

序号	项目	指标				
		Ⅰ型（普通）	Ⅰ型（缓凝）	Ⅱ型（普通）	Ⅱ型（缓凝）	Ⅲ型
1	标准稠度砂浆含水率比（%）	≤100	≤100	≤100	≤100	≤100
2	滤纸法测保水率增加值（%）	≥10.0	≥10.0	≥6.0	≥6.0	≥3.0
3	真空抽滤测保水率增加值（%）	≥20	≥20	—	—	—
4	湿表观密度（kg/m^3）	≥1600	≥1600	≥1700	≥1700	≥1800
5	凝结时间差（min）	-60～+240	≥+240	-60～+240	≥+240	-60～+240
6	拉伸粘结强度比（14d）（%）	≥100	≥100	≥90	≥90	≥85
7	收缩比（28d）（%）	≤135	≤135	≤135	≤135	≤135

注：1. 基准砂浆的胶砂比为 1:4，加水量应使砂浆在标准稠度范围［(85±5)mm］内；

2. 受检砂浆的胶砂比为 1:4，加水量应使砂浆在标准稠度范围［(85±5)mm］内；且受检砂浆与基准砂浆的稠度差不超过 6mm。保水剂掺量按照生产厂家提供的掺量（以占砂浆的质量比计），当粉体掺量超过 1%时，粉体采用内掺法；当粉体掺量≤1%时，采用外掺法。液体砂浆保水剂，加水量应包含保水剂中的含水量。

在湿拌砂浆中掺入保水剂能赋予砂浆合适的流动性和保水性，避免砂浆离析和水分过早的损失，也能改善硬化砂浆的性能。其作用主要有以下几点：①改善和易性。湿拌砂浆的和易性不仅是指流动性。从便于施工操作的角度来讲，它应是流动性与黏聚性的统一“可抹性”。流动性不好，砂浆抹不开；黏聚性不好，砂浆抹开时较散，不成团，不能保持较好的连续性。②增加砂浆的黏聚性。保水剂有助于使得砂浆柔软而不散，便于操作。③增加黏附力。由于加入保水剂使得砂浆变软，因而能与工作介质较好地接触，不易脱落。④防止砂浆泌水和离析。保水剂能够使拌合水均匀地分布在砂浆中并且能够保持长期稳定，不泌出；同时，由于保水剂增加了浆体的黏度，使集料等颗粒不容易运动，因而有效地防止了离析，使砂浆始终保持较好的均匀性。

最常用的保水剂产品有纤维素醚、引气剂、可分散乳胶粉、淀粉醚、木质素纤维等。湿拌砂浆所需要的保水剂和干混砂浆所需要的保水剂，没有本质的不同。但是干混砂浆是按照“kg/t”来计量，而湿拌砂浆是按照“kg/m^3”来计量的，保水剂在两者之间的有效掺量就有所不同，针对混合砂浆而言，是1.8的倍数关系，即湿拌砂浆的保水剂有效掺量是干混砂浆的保水剂掺量的1.8倍。

纤维素醚由纤维素制成的具有醚结构的高分子化合物，是纤维素（植物）经醚化剂化学反应后的产物。根据醚化后取代基的化学结构分类，可分为阴离子、阳离子和非离子型醚类。因所用醚化剂的不同而有甲基纤维素、羟乙基甲基纤维素、羧甲基纤维素、乙基纤维素、苄基纤维素、羟乙基纤维素、羟丙基甲基纤维素、氰乙基纤维素、苄基氰乙基纤维素、羧甲基羟乙基纤维素和苯基纤维素等。在建筑行业里，纤维素醚也称纤维素，是一种不规范的称呼，正确称呼是××基纤维素（或醚）。

纤维素醚增稠剂的增稠机理：纤维素醚增稠剂是非离子型增稠剂，主要靠水合作用和分子之间的缠绕来增稠。纤维素醚的高分子链在水中易与水形成氢键，氢键使其有很高的水合作用及其分子间的缠绕。在这两种作用下，体系黏度得到提高，达到了需要的增稠效果。

3.6.1 甲基纤维素醚（MC）

甲基羟乙基纤维素醚（MHEC）和甲基羟丙基纤维素醚（HPMC）一起统称为甲基纤维素醚（MC）。甲基纤维素醚是砂浆中非常重要的添加剂之一，主要起保水和增稠的作用。对于在高吸水率基底上施工的砂浆和底层抹灰及粘结施工中，由于基层吸水率大，极易造成砂浆失水，水化反应不完全，造成砂浆开裂脱落，因此砂浆保水性显得十分重要。甲基纤维素醚（MC）的特性：控制湿拌砂浆的稠度、工作性能、粘结性能和保水性。甲基纤维素醚的主要特性有如下几点：

（1）优良的保水性。保水性可以有效地防止砂浆过快干燥与水化不够引起的强度下降和开裂的现象。在纤维素醚的作用下，水分在一段延长的时间内才被逐步释放到基层或空气中，这样就保证了胶凝材料有足够长的时间与水逐步反应硬化。甲基纤维素醚（MC）的保水性取决于不同甲基纤维素醚产品的性能，如添加量、黏度和细度。在添加量为砂浆量的0.05%～0.5%范围内，保水率随着添加量的增加而增加；保水率与黏度也有类似的关系，当纤维素醚的黏度上升时，保水率也上升，当黏度达到一定的高度时，保水率增加的幅度趋于平缓。

（2）粘结力强、抗垂性好。甲基纤维素醚另外一个重要特性是具有非常好的增稠效应，在砂浆中加入甲基纤维素醚，可以使砂浆黏度增大数千倍，使其具有较好的抗垂性和更好的粘结性。

（3）溶解性好。可以配制成2%左右的增稠水溶液，特别是在pH值较大的砂浆体系中，溶解速率较快些。

目前，世界上生产量最大的有四种纤维素醚，其主要用途如下：

（1）甲基羟乙基纤维素醚（MHEC），在化学建材中占据80%，涂料行业占据20%，世界上干粉砂浆主要使用的是这类纤维素醚，它比其他类型的纤维素醚保水性和增稠性更好，质量更稳定。

（2）甲基羟丙基纤维素醚（HPMC），该类纤维素醚保水性和增稠性稍低于甲基羟乙基纤维素醚，特别是高温下的保水率较低，国内生产的纤维素醚主要是这类产品。

（3）羟乙基纤维素醚（HEC），主要用于涂料行业和油田钻井泥浆的稳定剂，也可以用于建筑材料，据说其保水能力较甲基纤维素醚（MC）高出1倍，是水泥砂浆有效的增稠剂和粘结剂，可改善砂浆流动性和施工性能，并能延缓水分蒸发提高砂浆初期强度和避免裂纹。黏度4Pa.s以上HEC的用量为水泥质量的0.1%～0.5%。

（4）羧甲基纤维素钠（CMC），为无毒无味的白色絮状粉末，性能稳定，易溶于水，其水溶液为中性或碱性透明黏稠液体，可溶于其他水溶性胶及树脂，不溶于乙醇等有机溶剂。CMC可作为粘合剂、增稠剂、悬浮剂、乳化剂、分散剂、稳定剂、上浆剂等。其主要用于日用化工食品造纸纺织等行业，也有少量用于涂料行业。羧甲基纤维素（CMC）是纤维素醚类中产量最大的、用途最广、使用最为方便的产品，俗称“工业味精”。羧甲基纤维素具有粘合、增稠、增强、乳化、保水、悬浮等作用。

3.6.2　可再分散乳胶粉

可再分散乳胶粉是一种由特制的乳液（高分子聚合物）喷雾干燥后制成的粉体粘合剂，为水溶性可再分散粉末，分为乙烯/醋酸乙烯酯的共聚物、醋酸乙烯/叔碳酸乙烯酯共聚物、丙烯酸共聚物等。这种粉体在与水接触后可以很快再分散成乳液，在砂浆中具有极突出的粘结强度，提高砂浆的柔性并有较长的砂浆开放时间，赋予砂浆优良的耐碱性，改善砂浆的粘附性、粘合性、抗折强度、防水性、可塑性、耐磨性能和施工性外，在柔性抗裂砂浆中更具有较强的柔韧性。因此，在系列砂浆中的应用范围是极其广泛的，如瓷砖粘结剂；外墙外保温系统粘结砂浆；外墙外保温系统抹面砂浆；瓷砖勾缝剂；自流性水泥砂浆；内、外墙柔性腻子；柔性抗裂砂浆；胶粉聚苯颗粒保温砂浆；对柔韧性由较高要求的聚合物砂浆产品；等等。

在湿拌砂浆中，可分散乳胶粉的作用有：提高施工性能；改善流动性能；增加触变与抗垂性；改进内聚力；延长开放时间；增强保水性。砂浆固化后的性能：提高拉伸强度；增加抗弯折强度；减小弹性模量；提高可变形性；增加材料密实度；增加耐磨强度；提高内聚强度；降低碳化深度；减少材料吸水性；使材料具有极佳增水性（加入增水性胶粉）。可分散乳胶粉在湿拌砂浆中的掺量一般为胶材量的0.1%～3.0%。

市场主要应用的可再分散乳胶粉有：醋酸乙烯酯与乙烯共聚胶粉（Vac/E）；醋酸乙烯酯与乙烯及高级脂肪酸乙烯酯三元共聚胶粉（Vac/E/VeoVa）；醋酸乙烯酯与高级脂肪酸乙烯酯共聚胶粉（Vac/VeoVa）；醋酸乙烯酯与丙烯酸酯及高级脂肪酸乙烯酯三元共聚胶粉（Vac/A/VeoVa）。目前国内相关产品如下：

（1）台湾大连化学：工厂在江苏省仪征市，主要生产乙烯-醋酸乙烯共聚合物乳胶（VAE乳液）及可再分散乳胶粉（VAE胶粉）。其主要牌号有DA-1420、DA-1220、DA-1410、DA-1100、1200、1210、1400、TP-2300、3300、1130、1141、0050等。

（2）德国瓦克WACKER VINNAPAS：产地在江苏省张家港市，可分散乳胶粉主要牌号有LL5055、RE5044N、R1551Z、R1554Z等。

（3）国民淀粉化学ELOTEX（易来泰）：美国国民淀粉有限公司，主要产品有粘合剂、特殊树脂、电子材料、工业和食用特殊淀粉。其主要牌号有FL1212、FL3210、HD1500等。

（4）戈麦斯化工（中国）有限公司：工厂在江苏扬州化学工业园，主要牌号有麦斯6070N、6090N，还有羟丙基甲基纤维素（HPMC）等。

（5）罗门哈斯ROVACE：其总公司位于美国宾州费城。胶粉牌号主要有DP-8208、DP-8218、DP8229等。

（6）意大利维纳欧VINAVIL：主要牌号有E06PA、5603P、T05PA等。

（7）克莱恩化工：克莱恩化工集团总部位于瑞士。其主要牌号有LDM1646P、DM200、DM2072P。

（8）山西三维集团：位于山西省临汾市，主要牌号有：SWF-04、SWF-05。

（9）河南天盛集团：主要牌号有HW5111、HW5115、HW5116、HW5118、HW5119。其主要产品还有羟丙基甲基纤维素醚等产品。

（10）山东美凯：主要牌号有MK1610、MK1620、MK1630W、MK1630N等。

（11）广州原野：主要牌号有DY5010、DY5020、DY5030等。

（12）江苏兆佳建材科技有限公司：主要牌号有ZJF10、ZJF20、ZJF30、ZJF40等。

3.6.3　引气剂

砂浆常用的引气剂主要有微沫剂（引气剂的一种，属阴离子表面活性剂，其主要成分是松香酸钠）、三萜皂甙类、AE200聚醚类引气剂、脂肪族聚氧乙烯醚硫酸钠（AES）和α-烯烃硫酸钠（AOS）及十二烷基硫酸钠（K12）等。它们可在砂浆搅拌过程中引入大量分布均匀、稳定而封闭的微小气泡。砂浆中掺入引气剂后，可显著改善浆体的和易性，提高硬化砂浆的抗渗性与抗冻性。虽然引气剂掺量很小一般在0.01%～0.02%，但对砂浆的性能影响却很大，主要作用如下：

（1）改善砂浆的和易性。掺入引气剂后，在砂浆内形成大量微小的封闭气泡，这些微气泡如同滚珠一样，减少集料颗粒之间的摩擦阻力，使砂浆拌合物的流动性增加，特别是在人工砂或天然砂颗粒较粗、级配较差以及贫水泥砂浆中使用效果更好。同时由于水分均匀分布在大量气泡的表面，使能自由移动的水量减少，因而减少砂浆的泌水量。

（2）提高砂浆的抗渗、抗冻及耐久性。引气剂使砂浆拌合物泌水性减小，泌水通道的毛细管也相应减少。同时，大量封闭的微气小泡的存在，堵塞或隔断了砂浆中毛细管渗水通道，改变了砂浆的孔结构，使砂浆抗渗性得到提高。气泡有较大的弹性变形能力，对由水结冰所产生的膨胀应力有一定的缓冲作用，因而砂浆的抗冻性得到提高，耐久性也随之提高。

（3）降低砂浆的强度。由于大量气泡的存在，减少了砂浆的有效受力面积，使砂浆强度降低。一般含气量每增加1%，强度下降5%。对于有一定减水作用的引气剂，由于降低了水灰比，使砂浆强度得到一定补偿。因此，使用引气剂时，要严格控制其掺量，以达到最佳效果。另外，由于大量气泡的存在，使砂浆的弹性变形增大，弹性模量有所降低。

（4）增加砂浆体积。由于引气剂引入大量气泡，使砂浆体积增加，密度降低，故能节省材料增加施工面积。

3.6.4　淀粉醚

较常见和常用的淀粉有马铃薯淀粉、木薯淀粉、玉米淀粉、小麦淀粉等。醚化淀粉包括多种类型的产品，如羧甲基淀粉醚（CMS）、羟丙基淀粉醚（HPS）、羟乙基淀粉醚（HES）、阳离子淀粉醚等，通常使用羟丙基淀粉醚。淀粉醚的作用机理：当淀粉醚溶于水后会均匀分散在水泥砂浆体系中，由于淀粉醚分子呈网状结构，且带负电，因此会吸附带正电的水泥颗粒，作为过渡桥梁可以将水泥连接起来，从而赋予浆体较大的屈服值，起到提高抗下垂或抗滑移的作用。淀粉醚在砂浆中的作用如下：

（1）使砂浆增稠，增加砂浆的抗流挂、抗下垂性和流变性。如在抹灰砂浆施工中，尤其是现在机械喷涂要求高流动性，再如在石膏基砂浆中尤其重要（机喷石膏要求高流动性但会带来严重的流挂现象，淀粉醚可以弥补这种缺陷）。流动性和抗下垂性往往是矛盾的，流动性提高会带来抗下垂性下降。而具备流变性能的砂浆可以很好解决这样的矛盾，即在施加外力时，黏性下降，增强施工性和泵送性，撤出外力时，黏性增加，提高抗下垂性。

（2）延长开放时间。建筑砂浆的开放时间是指当砂浆在加水拌和后能在一定时间内保持其初始工作性的能力。或者理解为：开放时间是指拌和后的砂浆的可使用时间（从砂浆开始生产到砂浆开始失去流动性和保水性这段时间）。适当延长砂浆开放时间，可以为建筑工人的施工提供便利。

（3）表面性能改善。淀粉醚可以使得水泥砂浆表面变得平滑，易于涂抹，装饰效果好，对于抹灰类砂浆和腻子类的薄层装饰砂浆十分有意义。

淀粉醚和纤维素醚的区别如下：

（1）淀粉醚可以有效地提高砂浆的抗下垂和抗滑移性能。而纤维素醚通常只能提高体系的黏度和保水性而不能提高抗下垂和抗滑移性能。

（2）增稠性和黏度。一般纤维素醚的黏度在几万 mPa·s 左右，而淀粉醚的黏度在几百到几千 mPa·s，但是这并不代表淀粉醚对砂浆的增稠性就不如纤维素醚，两者增稠机理不同。

（3）与纤维素醚相比，淀粉醚可显著提高瓷砖胶的初始屈服值，从而改善其抗滑移性能。

（4）引气性。纤维素醚具有较强的引气性，而淀粉醚无引气性。

（5）纤维素醚分子结构。淀粉和纤维素虽然都是由葡萄糖分子组成的，但它们的组成方式又有所不同。淀粉中的所有葡萄糖分子的排列方位都是一致的，而纤维素则正好相反，每一个相邻的葡萄糖分子的方位都是相反的。这种结构上的差异也决定了纤维素和淀粉性质上的差别。纤维素分子结构图见图 3-8。

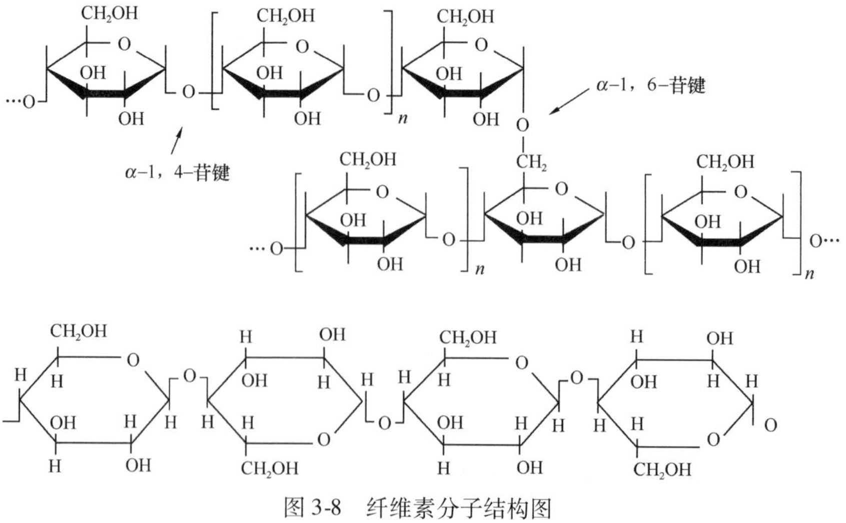

图 3-8　纤维素分子结构图

总之，将纤维素醚和淀粉醚结合使用，可以发挥良好的协同作用。试验证明，用淀粉醚取代 20% ~30% 的纤维素醚用于砂浆中可以不降低砂浆体系的保水能力，且有效提高抗下垂、抗滑移能力。

3.6.5 聚乙烯醇

聚乙烯醇（PVA）是由醋酸乙烯经醇解反应、聚合而制成，是一种白色、粉状、无毒的水溶性高分子聚合物，醇解度 87% ~89% 的产品水溶性最好，能快速溶解于常温水中，形成稳定胶体，水是聚乙烯醇良好的溶剂。聚乙烯醇具有良好的造膜性，形成的膜具有优异的接着力，耐溶剂性、耐摩擦性、伸张强度与氧气阻绝性。聚乙烯醇同时具有亲水基和疏水基两种官能基团，因此是具有界面活性的物质，所以聚乙烯醇可以作为高分子乳化、悬浮聚合反应时的保护胶体。

砂浆用聚乙烯醇粉末主要有 1788、2488 两种型号。PVA 聚合物粉末特别适于建筑砂浆添加剂，与甲基纤维素醚类的保水剂配合使用，可以改善水泥砂浆的柔韧性、保水性、提高砂浆粘结性。另外，还能减少砂浆的摩擦，从而增强了工作效能以及质量。建议掺量：为砂浆胶材用量的 0.6% ~3.0%。

3.7　缓　凝　剂

在砂浆稠度基本不变的情况下，掺入缓凝剂对砂浆稠度损失和凝结时间有大幅改善，能极大地保持砂浆较长时间的塑形能力。但掺量并非越大越好。不同组分的湿拌砂浆掺入缓凝外加剂后，24h 内稠度可介于 60 ~90mm，但并不改变水泥水化，只是延长水泥水化的诱导期进行的时间，一旦砂浆上墙，随着砂浆表面的水分被风吹走（或蒸发），砂浆很快就会变得干硬，并逐渐硬化。

缓凝剂的种类：一般来说，湿拌砂浆中加入的缓凝剂品种主要有木质素磺酸盐、羟基羧酸盐（如酒石酸、柠檬酸、水杨酸等）、多羟基碳水化合物（如蔗糖、葡萄糖酸钠、聚合多元醇）以及甘蔗糖蜜等。这些缓凝剂，当然有些可以复合掺，一般都比较易溶解于水，使用起来很方便。有效掺量一般在水泥用量的 0.01% ~0.08%。

3.8　多功能型砂浆添加剂

湿拌砂浆技术的核心是砂浆添加剂。目前湿拌砂浆添加剂有两个品种：粉体湿拌砂浆添加剂和液体湿拌砂浆添加剂，并且这两种外加剂都是多功能的产品。湿拌砂浆最重要的性能是砂浆的保水性，它直接影响砂浆的抗压强度、抗拉强度、粘结强度、抗渗性等，所以说湿拌砂浆的保水性是第一重要的因素。保水、适当引气增塑、增黏及缓凝是对湿拌砂浆总的技术要求。

砂浆保水增稠剂配方的路线：可分散乳胶粉（EVA，聚乙烯醋酸乙烯脂，增韧和界面粘结强度）+甲基纤维素醚（MHEC，HPMC，保水增稠，抗垂性）+引气剂（松香皂类，三萜皂甙类，K12，AOS等）+砂浆凝结时间调节剂（缓凝剂）：白糖、糖钠、糖蜜等。

以M7.5水泥粉煤灰砂浆配合比（单位 kg/m^3）为例：水300、水泥173、粉煤灰177、砂1450。试验用干砂，固定水为 $300kg/m^3$，胶材总量控制在 $350kg/m^3$。空白砂浆出料稠度100mm，28d标准养护强度为8.3MPa。以此为基准，进行砂浆外加剂配方的调试试验。砂浆外加剂配方的优选试验结果见表3-12。

表3-12　砂浆外加剂配方的优选试验结果（实验室温度20～26℃）

每吨外加剂配方/kg	外加剂掺量（kg/m^3）	出料稠度（mm）	砂浆表观密度（kg/m^3）	砂浆和易性	砂浆凝结时间/稠度	砂浆28d强度（MPa）
白糖 200、K12 50、可分散胶粉150、PHMC 200和葡萄糖酸钠400	1.5	110	2100	状态好	室内24h没有初凝，稠度50～60mm，可施工	11.4
白糖100、K12 50、可分散胶粉200、HPMC 200和葡萄糖酸钠450	1.5	100	2010	状态好	室内24h没有初凝，稠度60～70mm，可施工、料好	10.8
白糖150、K12 50、黄原胶100、可分散胶粉150、HPMC100和葡萄糖酸钠450	1.5	110	1970	状态还可以	室内24h没有初凝，稠度30～40mm	11.2
白糖100、K12 100、可分散胶粉200、黄原胶200和葡萄糖酸钠400	1.5	110	1990	状态不太好，露砂，黏聚性稍差	室内24h没有初凝，稠度30～40mm	10.2

由表3-12数据可以看出：

（1）同样的M7.5砂浆配合比：出料稠度90～110mm时，砂浆和易性对砂浆的28d强度影响明显。

（2）砌筑抹面类砂浆外加剂，一般不需要加减水剂，即可满足强度指标要求。

（3）可分散胶粉200、HPMC 200、白糖100、糖钠450和K1250（kg/t）为较好湿拌砂浆粉体外加剂配方，掺量 $1.5kg/m^3$。

典型的粉体湿拌砂浆参考配方（1000kg/t）：可分散胶粉200、HPMC 200、白糖100、糖钠450、K1250。掺量 $1.0～1.5kg/m^3$，24h内可用。搅拌站可以自装小型粉体添加剂自动计量投料装备，山东省某大型混凝土搅拌站就装了一套随砂皮带机上料装置见图 3-9。

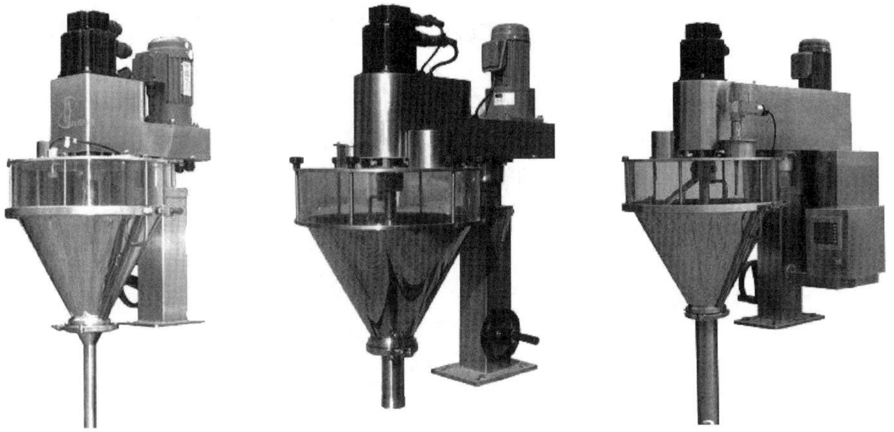

图 3-9　粉体砂浆外加剂计量添加设备

当然，湿拌砂浆的添加剂也可以是液体，液体产品则可以实现预拌砂浆生产线自动计量，生产简便。目前市场有：凝结时间调节剂，液体，掺量 1.5～5kg/m^3砂浆，相当于5%浓度的液体，缓凝剂有效掺量在 2～7/万。保水增稠剂，液体，一般为 8～14kg/m^3砂浆。广东省深圳市和广州市一带的厂家，液体保水增稠剂的掺量为 6～12kg/m^3。液体砂浆外加剂，关键技术是保水组份（液体母液）＋缓凝剂（糖、糖钠、糖蜜）＋引气剂＋增粘剂＋水，复配搅拌后为液体成品。临沂大学建筑材料研究所研制的液体湿拌砂浆外加剂产品推荐掺量：液体 10～14kg/m^3，只需要增加 1 个外加剂储料罐，生产计量很方便。

第4章　湿拌砂浆的配合比设计与生产检测

湿拌砂浆的配合比设计，包括工程施工现场的配合比设计、水泥砂浆和混合砂浆在砂浆搅拌站的配合比设计以及湿拌砂浆配合比与干混砂浆配合比之间的换算关系等内容。砂浆的配合比设计，直接涉及成本、质量以及施工性能，是本书的重点内容之一。

4.1　工程施工现场的配合比设计

在工程图纸上，目前还可以看到某某工程某部位抹面砂浆用1∶2砂浆、1∶2.5砂浆或1∶3砂浆。这是建筑设计院结构工程师针对工程施工现场搅拌砂浆而言的，它是指体积比。最简单的理解是，1∶2砂浆就是1车斗散装水泥配2车斗砂，加水搅拌，稠度在60～90mm使用；1∶2.5砂浆就是1车斗散装水泥配2.5车斗砂，加水搅拌，稠度在60～90mm使用；1∶3砂浆就是：1车斗水泥配3车斗砂，加水搅拌，稠度在60～90mm使用。砂浆用稠度来控制加水量。水泥是散装水泥（或袋装水泥），砂子就是自然状态的含水的砂子。论强度高低，自然是1∶2砂浆＞1∶2.5砂浆＞1∶3砂浆。

工地施工现场可以采用体积法粗略计量，但是如果采用砂浆搅拌站精确计量，又该如何计量呢？

以1∶3水泥砂浆为例。可以测出干砂堆积密度，一般在1500kg/m^{3}左右，可以测出水泥的堆积密度，按照1350kg/m^{3}计算。设水泥质量为Xkg/m^3，砂子为Ykg/m^3。则有：$X/1350:Y/1500=1:3$；$X+Y+W=1900$（纯水泥砂浆表观密度≥1900kg/m^3），用水量W可以取270～300kg/m^3，这里W取280kg/m^3。计算：$X=374$kg/m^3，$Y=1245$kg/m^3，稠度取60～90mm。

以水泥∶石灰膏∶砂＝1∶1∶6为例。石灰膏的堆积密度1350kg/m^3，同理有：设水泥质量为Xkg/m^3，砂子为Ykg/m^3，石灰膏为Zkg/m^3，则$X+Y+Z+W=1800$（混合砂浆表观密度≥1800kg/m^3）；$X/1350:Z/1350:Y/1500=1:1:6$。

用水量W可以取270～300kg/m^3，这里W取280kg/m^3。

这样也可以计算出每方混合砂浆中各原材料用量$X=175$kg/m^3，$Z=175$kg/m^3，$Y=1166$kg/m^3，用水量$W=280$kg/m^3，混合砂浆稠度60～90mm。目前，常规湿拌砂浆的种类及强度等级性能，见表4-1。

表 4-1　常规湿拌砂浆的种类及强度等级性能

项目	湿拌砌筑砂浆	湿拌抹灰砂浆	湿拌地面砂浆	湿拌防水砂浆
强度等级	M5、M7.5、M10、M15、M20、M25、M30	M5、M10、M15、M20、M7.5	M15、M20、M25	M15、M20
抗渗等级	—	—	—	P6、P8、P10
稠度（mm）	50、70、90	70、90、100	50	50、70、90
凝结时间（h）	8、12、24、6	8、12、24、6	4、8、6	8、12、24、6

预拌砂浆为砂浆搅拌工厂精确计量、集中生产、集中配送，而工程现场搅拌砂浆是一种粗略的体积配比，随着预拌砂浆的兴起和工程施工现场搅拌砂浆的逐渐禁止，也为了预拌砂浆强度等级的统一协调，故需要一个预拌砂浆强度等级与工程现场拌制砂浆的分类对应关系，详见表 4-2。

表 4-2　预拌砂浆强度等级与工程现场拌制砂浆的分类对应关系

预拌砂浆强度等级与工程现场拌制砂浆的分类对应			
种类	现场拌制砂浆		预拌砂浆
砌筑砂浆	M5 水泥砂浆	M5 混合砂浆	M5
	M7.5 水泥砂浆	M7.5 混合砂浆	M7.5
	M10 水泥砂浆	M10 混合砂浆	M10
	M15 水泥砂浆		M15
	M20 水泥砂浆		M20
	M25 水泥砂浆		M25
	M30 水泥砂浆		M30
抹灰砂浆	1∶1∶6 混合砂浆		M5
	1∶1∶4 混合砂浆，1∶4 水泥砂浆		M10
	1∶3 水泥砂浆		M15
	1∶1∶2 混合砂浆，1∶2.5 水泥砂浆；1∶2 水泥砂浆		M20
地面砂浆	1∶3 水泥砂浆		M15
	1∶2 水泥砂浆，1∶2.5 水泥砂浆		M20
	1∶1.5 水泥砂浆		M25

4.2　湿拌砂浆的配合比设计

预拌砌筑砂浆和预拌抹灰砂浆配合比设计应分别按《砌筑砂浆配合比设计

规程》（JGJ/T 98—2010）和《抹灰砂浆技术规程》（JGJ/T 220—2010）的规定执行，预拌地面砂浆配合比设计宜参照《砌筑砂浆配合比设计规程》（JGJ/T 98—2010）执行。

4.2.1 湿拌砌筑砂浆的配合比设计

砌筑砂浆配合比设计是根据使用原材料的性能、砂浆技术要求、施工条件、砌体结构等进行计算或查表选择，确定砌筑砂浆中水泥、砂、水及其他掺料的相互比例及用量。水泥用量的确定是根据水泥本身强度及砂浆强度的回归公式通过设计要求的砂浆强度来计算，砂子的用量是根据砂子在砂浆中起骨架作用的理论根据干砂的堆积密度选择砂子用量，水的用量是根据砂浆施工稠度的要求在一定合理范围内选定，水泥混合砂浆中石灰膏用量的确定是依据胶凝材料和石灰膏总量为350kg/m^{3}的经验值而确定。新拌砌筑砂浆拌合物的表观密度宜符合表4-3的规定。工厂预拌砌筑砂浆的原材料一般为水泥、粉煤灰或石灰石粉、砂、水以及必要的砂浆添加剂等，参照《砌筑砂浆配合比设计规程》（JGJ/T 98—2010）的5.1.2之规定，水泥砂浆的材料用量可按照表4-4选用。常用的水泥砂浆和混合砂浆配合比对照见表4-5。

表4-3　砌筑砂浆拌合物的表观密度　（kg/m^3）

砌筑砂浆种类	表观密度
水泥砂浆	≥1900
水泥混合砂浆	≥1800
预拌砌筑砂浆	≥1800

表4-4　每立方米水泥砂浆材料用量　（kg/m^3）

强度等级	水泥	砂	用水量
M5	32.5级水泥200～230	砂的堆积密度值一般为1350～1550	270～330
M7.5	32.5级水泥230～260		
M10	32.5级水泥260～290		
M15	32.5级水泥290～330		
M20	42.5级水泥340～400		
M25	42.5级水泥360～410		
M30	42.5级水泥430～480		

注：砂浆稠度为70mm时，用水量可以取下限；施工气候炎热或干燥时，用水量可以取上限；当用粗砂时，用水量取下限；当用细砂时用水量取上限。

表 4-5　常用的水泥砂浆和混合砂浆配合比对照

砂浆配合比（kg/m³）							
技术要求	水泥砂浆			混合砂浆			
	稠度（mm）：60～90			稠度（mm）：60～90			
原材料	水泥：32.5 级			河砂：中砂			石灰膏
组份	水泥	河砂	水	水泥	河砂	石灰膏	水
M 5.0	210	1450	300～330	190	1450	160	270～290
M 7.5	230	1450	300～330	250	1450	100	270～290
M 10	275	1450	300～330	290	1450	60	270～290
M 15	320	1450	300～330	—			
M 20	360	1450	300～330				

注：实际河砂用量为干燥状态下的堆积密度值（kg/m³）。石灰膏稠度 120mm。如果使用 42.5 级水泥，水泥用量可减少 20～40kg/m³，同时河砂或石灰膏增加 20～40kg/m³，满足水泥湿拌砂浆表观密度≥1900kg/m³；混合湿拌砂浆表观密度≥1800kg/m³。

根据中华人民共和国建筑工业行业标准《砌筑砂浆增塑剂》（JG/T 164—2004），砌筑砂浆增塑剂是指砌筑砂浆在拌制过程中掺入的用以改善砂浆和易性的非石灰类外加剂。砌筑砂浆中掺入砂浆增塑剂，可以改善砂浆的和易性，代替水泥石灰混合砂浆中的石灰膏，对节约石灰膏有一定的意义，可解决石灰对环境的污染；在水泥砂浆中掺入砂浆增塑剂可节约水泥，同时使用砂浆增塑剂可提高砂浆的保水性、流动性和黏聚性，可克服水泥混合砂浆易爆灰、收缩大和强度低等缺点，还可增强水泥砂浆的黏性与弹性，使砂浆柔韧性得以提高，从而可避免施工初期水分不足而导致的脆裂以及日后温度变化所出现的松散，从而保证砌体的质量。因此，使用砂浆增塑剂，具有显著的社会经济效益。《砌筑砂浆增塑剂》（JG/T 164—2004）中对增塑剂有如下规定：

（1）匀质性指标。砌筑砂浆增塑剂的匀质性指标应符合表 4-6 的要求。

表 4-6　增塑剂的匀质性指标

试验项目	性能指标
固体含量	对液体增塑剂，不小于生产厂最低控制值
含水量	对固体增塑剂，不大于生产厂最大控制值
密度	对液体增塑剂，应在生产厂所控制值的 ±0.02g/cm³ 以内
细度	0.315mm 筛的筛余量应不大于 15%

（2）氯离子含量。增塑剂中氯离子含量不应超过 0.1%。无钢筋配置的砌体使用的增塑剂，不需检验氯离子含量。

（3）受检砂浆性能指标。受检砂浆性能指标应符合表 4-7 的要求。

表 4-7　受检砂浆性能指标

试验项目		性能指标
分层度（mm）		10～30
含气量（%）	标准搅拌	≤20
	1h 静置	≥（标准搅拌时的含气量-4）
凝结时间差（min）		+60～-60
抗压强度比（%）	7d	≥75
	28d	
抗冻性（%）（25 次冻融循环）	抗压强度损失率	≤25
	质量损失率	≤5

注：有抗冻性要求的寒冷地区应进行抗冻性试验；无抗冻性要求的地区可不进行抗冻性试验。

（4）受检砂浆砌体强度指标。受检砂浆砌体强度应符合表 4-8 的要求。

表 4-8　受检砂浆砌体强度指标

试验项目	性能指标
砌体抗压强度比	≥95%
砌体抗剪强度比	≥95%

注：1. 试验报告中应说明试验结果仅适应于所试验的块体材料砌成的砌体。块体材料的种类有烧结普通砖、烧结多孔砖；蒸压灰砂砖、蒸压粉煤灰砖；混凝土砌块；毛料石和毛石四类。
2. 用于砌筑非承重墙的增塑剂可不作为砌体强度性能的要求。

水泥粉煤灰砌筑砂浆材料用量（kg/m^3），见表 4-9。

表 4-9　每立方米水泥粉煤灰砂浆材料用量　（kg/m^3）

强度等级	水泥和粉煤灰总量	粉煤灰	砂	用水量
M5	32.5 级水泥 210～240	粉煤灰掺量可占胶凝材料总量的 15%～25%	砂的堆积密度值，一般取 1350～1550	270～330
M7.5	32.5 级水泥 240～270			
M10	32.5 级水泥 270～300			
M15	32.5 级水泥 300～330			

注：砂浆稠度为 70mm 时，用水量可以取下限；施工气候炎热或干燥时，用水量可以取上限；当用粗砂时，用水量取下限；当用细砂时用水量取上限。

工程上，目前很多预拌砂浆工厂采用的是 42.5 级水泥，可取表 4-9 中“水泥和粉煤灰总量”的下限值。砌筑砂浆增塑剂——粉体砂浆增塑外加剂掺量 1.3～1.5kg/m^3 或液体砂浆增塑外加剂 10～14kg/m^3。

采用水泥粉煤灰砂浆的试配法设计砂浆配合比的要点：以粉煤灰取代掺料石灰膏，并添加适量的保水增稠剂，保持砂浆具有良好的和易性。粉煤灰在水泥中的水化速度较慢，一般在 28d 龄期内几乎没有反应，只能作为改善和易性的掺合料使用。在水分充足的条件下，在 28d 龄期以后，粉煤灰会逐渐地水化，并使砂浆后期强度进一步提高。但砂浆抗压强度以 28d 龄期为准。

以配制 M7.5 砌筑水泥粉煤灰砂浆为例，砂浆稠度 90～100mm，采用 42.5 级水泥，粉煤灰二级，中砂；施工水平一般。其步骤如下：

（1）砌筑砂浆的试配强度 $f_{m,0}$。

$f_{m,0}=k\times f_2=1.2\times7.5=9.0\text{MPa}$，其中系数 $k=1.15\sim1.25$，取 1.2；f_2 为砂浆强度等级值（MPa）。

（2）每立方米砌筑砂浆中的水泥用量 Q_C。

$$Q_C=1000(f_{m,0}-\beta)/(\alpha f_{ce})$$
$$=1000\times(9.0+15.09)/(3.03\times42.5\times1.08)=173\text{kg/m}^3$$

其中，α、β 分别为砂浆的特征系数，α 取 3.03，β 取 −15.09。

（3）每立方米砌筑砂浆中水泥 C 加粉煤灰 FA 总胶材 QA 总量在 300～350kg 时，基本上可满足砂浆的和易性要求。

$$QA=C+FA=(300-350)\text{kg/m}^3$$

（4）每立方米砂浆中的掺合料粉煤灰用量 FA：

$$FA=QA-QC=350-173=177\text{kg/m}^3$$

这里 QA 取 350kg/m³。

（5）每立方米砂浆中的细集料砂用量 S（细集料砂的空隙率一般为 45% 左右，砂浆中的水、水泥和掺合料等是用来填充细集料空隙的。每立方米砂浆中的细集料砂用量，以干燥状态含水率小于 0.5% 砂的堆积密度值作为计算值）。

$$S=\rho'_0=1350\sim1550$$

这里取值 1450kg/m³

（6）每立方米砂浆中的用水量 W（对于用于砌筑吸水底面的砂浆，砂浆中用水量多少，对其强度影响不大，只要满足施工所需稠度即可）。每立方米砂浆中的用水量，根据砂浆稠度 90～100mm 等要求可选用 250～330kg/m³。这里选取 300kg/m³，出厂砂浆稠度为 90mm。

同理，根据以上方法再对 M5～M25 的水泥粉煤灰砂浆均进行上述计算，并得出每立方米砂浆中的原材料用量，见表 4-10。

工程实践中，湿拌混合砂浆的表观密度一般为 1950～2200kg/m³，这里取 2100kg/m³。扣除拌合水后，可产生每立方米湿拌砂浆的干原材料用量（2100 − 300 = 1800kg/m³），并可换算成每吨干混砂浆中的干原材料用量。由表 4-10 换算得到的干混砌筑水泥粉煤灰砂浆的配合比，见表 4-11。

表 4-10　砌筑水泥粉煤灰砂浆配合比砂浆中的原材料用量

强度等级	配制强度（MPa）	每立方米砂浆中的原材料用量（kg/m³）					胶材总量（kg/m³）
		水泥	粉煤灰	细集料	用水量	外加剂	
M5	6	152	198	1450	300	1.5	350
M7.5	9	173	177	1450	300	1.5	350

续表

强度等级	配制强度（MPa）	每立方米砂浆中的原材料用量（kg/m³）					胶材总量（kg/m³）
		水泥	粉煤灰	细集料	用水量	外加剂	
M10	12	195	155	1450	300	1.5	350
M15	18	238	112	1450	300	1.5	350
M20	24	281	69	1450	300	1.5	350
M25	30	324	26	1450	300	1.5	350

表 4-11　干混砌筑水泥粉煤灰砂浆的配合比

强度等级	配制强度（MPa）	每吨干混砌筑水泥粉煤灰砂浆中的原材料用量（kg/t）				胶材总量（kg/t）
		水泥	粉煤灰	细集料	外加剂	
M5	6	152/1.8 = 85	198/1.8 = 110	1450/1.8 = 805	1.5/1.8 = 0.85	195
M7	9	173/1.8 = 96	177/1.8 = 99	1450/1.8 = 805	1.5/1.8 = 0.85	195
M10	12	195/1.8 = 108	155/1.8 = 87	1450/1.8 = 805	1.5/1.8 = 0.85	195
M15	18	238/1.8 = 133	112/1.8 = 62	1450/1.8 = 805	1.5/1.8 = 0.85	195
M20	24	281/1.8 = 156	69/1.8 = 39	1450/1.8 = 805	1.5/1.8 = 0.85	195
M25	30	324/1.8 = 180	26/1.8 = 15	1450/1.8 = 805	1.5/1.8 = 0.85	195

4.2.2　湿拌抹灰砂浆的配合比设计

湿拌抹灰砂浆的原材料一般为水泥、粉煤灰或石灰石粉、砂、水以及必要的砂浆添加剂等，参照《抹灰砂浆技术规程》（JGJ/T 220—2010）中的规定执行。水泥抹灰砂浆配合比的材料用量见表 4-12。水泥粉煤灰抹灰砂浆配合比可按照表 4-13选用。

表 4-12　水泥抹灰砂浆配合比的材料用量　（kg/m³）

强度等级	水泥	砂	水
M15	32.5 级水泥 330 ~ 380	1m³ 砂的堆积密度，一般 1350 ~ 1550	250 ~ 300
M20	32.5 级水泥 380 ~ 450		
M25	42.5 级水泥 400 ~ 450		
M30	42.5 级水泥 460 ~ 530		

工程上，目前很多预拌砂浆工厂采用的是 42.5 级水泥，在保持表 4-12 中“水泥”不变的情况下，建议 M15 ~ M20 选择“水泥数值”的下限值。砂浆塑化剂——粉体砂浆外加剂掺量 1.3 ~ 1.5kg/m³ 或液体砂浆外加剂 10 ~ 14kg/m³。

表4-13 水泥粉煤灰抹灰砂浆配合比的材料用量 (kg/m³)

强度等级	水泥	粉煤灰	砂	水
M5	32.5级水泥250~290	内掺，等量取代水泥10%~30%	1m³砂的堆积密度，1350~1550	270~320
M7.5	32.5级水泥290~320			
M10	32.5级水泥320~350			
M15	32.5级水泥350~400			

注：用于外墙抹灰砂浆时，水泥用量不得少于250kg/m³。水泥粉煤灰砂浆拌合物的密度不得小于1900kg/m³。

工程上，目前很多预拌砂浆工厂采用的是42.5级水泥，可取表4-13中“水泥”的下限值。砂浆塑化剂——粉体砂浆外加剂掺量1.3~1.5kg/m³或液体砂浆外加剂10~14kg/m³。

砂浆塑化剂，主要用于工民建中的抹灰砂浆的添加剂。它有很多种，如石灰王、抹得乐、岩砂精、砂浆王、砂浆宝、水泥添加剂、水泥塑化剂等。它是一种添加在水泥砂浆中，用以改善水泥砂浆性能的添加剂。其具体功效如下：

（1）显著改善砂浆和易性：加入砂浆外加剂后，砂浆膨松、柔软、粘结力强、减少落地灰并降低成本，砂浆饱满度高。抹灰时，对墙体湿润程度要求低，砂浆收缩小，克服了墙面易出现裂纹、空鼓、脱落、起泡等通病，解决了砂浆和易性问题。

（2）防渗抗裂：乳化型表面活性剂的加入，使得砂浆内部产生密闭不连通的通道，阻塞水的渗入，抗渗能力提高；高分子聚合物的加入，使得砂浆收缩减到最小，有利于抗裂提高耐久性。

（3）节能、高效、环保：使用砂浆外加剂可替代混合砂浆中的全部石灰，每吨砂浆塑化剂可节约石灰600~800t；有效地减少了石灰在使用过程中对环境的污染；在配比不变的情况下砂浆体积可增加10%左右，并减少拌合物用水量20%左右；砂浆在灰槽中不离析，存放2~24h不沉淀，保水性好；不必反复搅拌，加快施工速度，提高劳动效率10%以上，并具有保温、隔热等功效。

掺塑化剂的水泥抹灰砂浆的配合比的材料用量，见表4-14。

表4-14 掺塑化剂的水泥抹灰砂浆配合比的材料用量 (kg/m³)

强度等级	水泥	砂	水
M5	32.5级水泥260~300	1m³砂的堆积密度，一般1350~1550	250~280
M7.5	32.5级水泥300~330		
M10	32.5级水泥330~360		
M15	32.5级水泥360~410		

注：砂浆拌合物的表观密度应≥1800kg/m³。

工程上，目前很多预拌砂浆工厂采用的是42.5级水泥，可取表4-14中“水泥数值”的下限值。抹面砂浆塑化剂的有效掺量一般为水泥用量的0.1%～0.2%，为了计量方便，通常可以加入粉体载体（粉煤灰）或液体载体（水）进行稀释，以提高掺量，减少计量误差。

4.2.3 湿拌地面砂浆的配合比设计

湿拌地面砂浆配合比设计，宜参照《砌筑砂浆配合比设计规程》（JGJ/T 98—2010）中规定执行，一般情况下除了M20～M30地面砂浆可以考虑添加减水剂满足泵送施工外，其他各种类型的湿拌砂浆几乎都不需要考虑添加减水剂。预拌地面砂浆配合比设计可参照表4-15中执行。

表4-15 预拌地面砂浆配合比材料用量 （kg/m^3）

强度等级	水泥	砂	用水量
M20	42.5级水泥340～400	$1m^3$砂的堆积密度，一般1350～1550	（270－330）×（1－减水剂减水率%）
M25	42.5级水泥360～410		
M30	42.5级水泥430～480		

湿拌地面砂浆，目前很多情况下是泵送施工，可以考虑在砂浆中添加减水剂，减水剂的减水率一般在15%～25%，液体产品掺量一般在水泥用量的1.6%～2.2%。砂浆拌合物的表观密度应≥1900kg/m^3。预拌地面砂浆为了预防地坪起灰泛砂，一般不宜加入粉煤灰、石灰石粉或其他矿粉掺合料。

4.2.4 湿拌防水砂浆的配合比设计

制作砂浆防水层（又称刚性防水）所采用的砂浆称作防水砂浆。防水砂浆是一种刚性防水材料，通过提高砂浆的密实性及改进抗裂性以达到防水抗渗的目的。其主要用于不会因结构沉降，温度、湿度变化以及受振动等产生有害裂缝的防水工程。用作防水工程的防水层的防水砂浆有三种：①刚性多层抹面水泥砂浆；②掺防水剂的防水砂浆；③聚合物水泥防水砂浆。防水砂浆使用于工业和民用建筑内外墙、混凝土、地下室、水池、水塔、异性屋面、隧道、厕浴间、大坝等部分的防水、防腐、防渗、防潮及渗漏修复工程。人防、地下工程及水利电工程的防水、防腐、粘结补强和加固处理及防水防腐衬砌。地下室的内外墙、厕浴间、大坝的防渗面板、渠道、渡槽、桥面、地面游泳池、交货池、化工耐腐蚀、耐酸碱的仓储等，也可用于混凝土蓄水池的防水，抗渗防腐。

（1）刚性多层抹面类。由水泥加水配制的水泥素浆和由水泥、砂、水配制的水泥砂浆，将其分层交替抹压密实，以使每层毛细孔通道大部分被切断，残留的少量毛细孔也无法形成贯通的渗水孔网。硬化后的防水层具有较高的防水和抗渗性能。工程上，这种方法使用较少。

（2）掺防水剂类。在水泥砂浆中掺入各类防水剂以提高砂浆的防水性能，常用的掺防水剂的防水砂浆有氯化物金属类防水砂浆、氯化铁类防水砂浆、金属皂类防水砂浆等。

氯化物金属类防水砂浆：由氯化钙、氯化铝等金属盐和水按一定比例混合配制的一种淡黄色液体，加入水泥砂浆中与水泥和水起作用。在砂浆凝结硬化过程中生成含水氯硅酸钙、氯铝酸钙等化合物，填塞在砂浆的空隙中以提高砂浆的致密性和防水性。

氯化铁类防水砂浆：用氧化铁皮、盐酸、硫酸铝为主要原料制成的氯化铁防水剂，呈深棕色溶液，主要成分为氯化铁、氯化亚铁及硫酸铝。该防水剂先用水稀释后再加入水泥、砂中搅拌，形成一种防水性能良好的防水砂浆。砂浆中氯化铁与水泥水化时析出的氢氧化钙作用生成氯化钙及氢氧化铁胶体，氯化钙能激发水泥的活性，提高砂浆的强度，而氢氧化铁胶体能降低砂浆的析水性，提高密实性。

金属皂类防水砂浆：用碳酸钠或氢氧化钾等碱金属化合物、氨水、硬脂酸和水按一定比例混合加热皂化成乳白色浆液，加入水泥砂浆中而配制成的防水砂浆，具有塑化效应，可降低水灰比，并使水泥质点和浆料间形成憎水化吸附层和生成不溶性物质，以堵塞硬化砂浆的毛细孔，切断和减少渗水孔道，增加砂浆密实性，使砂浆具有防水特性。

（3）聚合物类。把聚合物掺入水泥砂浆中，聚合物水泥砂浆硬化后，砂浆中的聚合物可有效地封闭连通的孔隙，增加砂浆的密实性及抗裂性，从而可以改善砂浆的抗渗性及抗冲击性。常用的聚合物品种有有机硅（甲基硅醇钠、乙基硅醇钠、聚乙基羟基硅氧烷）、阳离子氯丁胶乳、乙烯－聚醋酸乙烯共聚乳液、丁苯橡胶胶乳、氯乙烯－偏氯化烯共聚乳液等。这类防水砂浆防水效果好，使用面越来越广泛。

道康宁公司 SHP60 Plus 有机硅憎水粉末是一种干粉材料。使用本品时，应将其添加到水泥基混合料的干料中。在大多数应用中，道康宁公司 SHP60 Plus 有机硅憎水粉末在干料成分中的添加量为质量比 0.1% ~0.5%，也就是 1 ~5kg/t。

湿拌防水砂浆，通常情况下就是普通的加了塑化剂的湿拌抹灰砂浆（M5 ~ M30）或湿拌地面砂浆（M20 ~ M30）外加防水剂或者聚合物憎水剂，搅拌均匀后使用的砂浆。防水砂浆的配合比一般采用水泥∶砂 =1∶(2.5 ~3)，水灰比为 0.5 ~0.55，水泥应采用 42.5 级的普通硅酸盐水泥，砂子应采用级配良好的中砂，外掺液体无机铝盐防水剂，掺量一般为水泥用量的 5% ~9%；外掺聚合物防水剂或憎水剂，掺量为砂浆质量的 0.2% ~1.0%。防水砂浆对施工操作技术要求很高，制备砂浆应先将砂浆水泥和砂干拌均匀，再加入防水剂溶液和水搅拌均匀。粉刷前，先在润湿清洁的地面上抹一层低水灰比的纯水砂浆（有时也用聚合物水泥砂浆），然后涂一层防水砂浆，在初凝前，用木抹子压实一遍，第二、三、四层都是以同样的方法进行操作。最后一层要压光。粉刷时，每层厚度约为5mm，共粉刷4～5层，共20～30mm厚。粉刷完后，必须加强养护防止开裂。

4.2.5 湿拌砂浆配合比的调整

湿拌砂浆试配时，搅拌方法应符合《砌筑砂浆配合比设计规程》（JGJ/T 98—2010）中的规定，通过查表或计算得出砂浆配合比的材料用量后，进行试拌，测定砂浆拌合物的稠度、密度、保水率、分层度及凝结时间，当不能满足设计要求时，可通过调整外加剂及水的用量，直到满足设计要求为止。砂浆试配时，至少要采用3个不同的配合比（主要是水泥和掺合料比例的变化），其中一个配合比要按照相应的规程查表或计算得出砂浆的基准配合比，其余两个配合比在胶凝材料总量不变的前提下，调整水泥和掺合料的比率，水泥用量应按照基准配合比分别增加和减少10%。在保证新拌砂浆稠度、密度、保水率、分层度、凝结时间及拉伸粘结强度满足要求的条件下，可调整用水量和砂浆外加剂用量。湿拌砂浆的试配稠度应满足施工要求，并应按现行行业标准《建筑砂浆基本性能试验方法标准》（JGJ/T 70—2009）分别测定不同配合比砂浆的抗压强度、保水率及拉伸粘结强度。将符合要求的且水泥用量最低的配合比作为抹灰（或砌筑）砂浆配合比。

砂浆的配合比还应按下列步骤进行校正：

（1）应按下式计算抹灰（或砌筑）砂浆的理论表观密度值：

$$\rho_t = \sum Q_i$$

式中 ρ_t——砂浆的理论表观密度值（kg/m^3）；

Q_i——每立方米砂浆中各种材料用量（kg）。

（2）应按下式计算砂浆配合比校正系数（δ）：

$$\delta = \rho_c / \rho_t$$

式中 ρ_c——砂浆的实测表观密度值（kg/m^3）。

（3）当砂浆实测表观密度值与理论表观密度值之差的绝对值不超过理论表观密度值的2%时，符合要求的且水泥用量最低的配合比，作为抹灰（或砌筑）砂浆配合比；当绝对值超过2%时，应将配合比中每项材料用量乘以校正系数（δ）后，可确定为抹灰（或砌筑）砂浆的配合比。

4.3 湿拌砂浆的性能

4.3.1 新拌砂浆的和易性

新拌砂浆的和易性是指新拌砂浆是否便于施工操作，并能经时保证质量的综合性质。和易性良好的砂浆易在粗糙的砖、石基面上铺成均匀的薄层，且能与基层紧密地粘结，保证工程质量。和易性包括流动性和保水性两方面。

1. 流动性

砂浆的流动性又称稠度，是指砂浆在重力或外力作用下产生流动的性质。砂浆流动性通常用砂浆稠度测定仪测定，用“稠度值”表示。稠度值大的砂浆，表示流动性较好。若流动性过大，砂浆易分层、泌水；若流动性过小，则施工不便。影响砂浆流动性的因素很多，如胶凝材料种类及数量、掺合料的种类及数量、用水量、砂的粗细与级配、外加剂的种类及掺量、搅拌时间等。当原材料确定后，流动性大小主要取决于用水量，因此，施工中常以调整用水量的方法来改变流动性。

砂浆流动性的选择与砌体种类、用途、施工方法以及施工气候条件有关。一般情况下，多孔吸水的砌体材料和干热的天气，流动性应大些；密实不吸水的砌体材料和湿冷的天气，流动性应小些。

2. 保水性

砂浆的保水性是指砂浆保持水分的能力，即指新拌砂浆在运输、停放及施工过程中，水与胶凝材料及集料分离快慢的性质。保水性好的砂浆，水分不易流失，易于铺成均匀密实的砂浆薄层；反之，容易产生分层、泌水、水分流失，不易施工操作，同时也影响水泥的正常水化硬化，使强度和粘结力下降。

为提高砂浆的保水性，往往掺入适量的石灰膏、黏土、粉煤灰等材料，或掺入适量微沫剂、纤维素醚等砂浆添加剂。砂浆的保水性用保水率来表示。砌筑砂浆的保水率应符合表 4-16 中的规定。

表 4-16　砌筑砂浆的保水率　（%）

砂浆种类	保水率
水泥砂浆	≥80
水泥混合砂浆	≥84
预拌砌筑砂浆	≥88

新拌的湿拌砂浆，出料以及使用前必须具有良好的和易性、黏聚性和保水性，大气泡越少越好。出料砂浆稠度根据工程实际、用途和当时大气温度、湿度等情况综合考虑，一般预拌砂浆出厂稠度控制在 60 ~ 90mm（春秋、抹灰）和 90 ~ 100mm（夏季、砌筑）两个档次。一般来说，出厂砂浆稠度尽量小些，这样工程现场还有调整的机会。

4.3.2　硬化砂浆的性质

砌筑砂浆将块材粘结成砌体，并在砌体中主要起传递荷载作用；抹灰砂浆与基层牢固粘结并起保护、装饰和改善某些功能的作用。在使用过程中，硬化后的砂浆应具有一定的抗压强度、粘结强度、耐久性及抵抗变形的能力。砂浆的粘结强度、耐久性随抗压强度的增大而提高，它们之间有较好的相关性，因此，常以抗压强度作为砂浆最主要的技术性能指标。

1. 抗压强度

砂浆的抗压强度是以边长为70.7mm的立方体试件标准养护28d的抗压强度表示。影响砂浆抗压强度的因素很多。大量试验证明，当原材料质量一定时，砂浆的抗压强度主要取决于水泥用量和水泥强度等级，砌筑砂浆的强度等级应根据工程类别及不同砌体部位选择。在一般建筑工程中，办公楼、教学楼及多层商店等工程宜用M5.0~M10，平房、宿舍、商店等工程多用M5.0。

2. 粘结强度

硬化后的砂浆要与砖石材料粘结成整体性的砌体，它在砌体中起传递荷载的作用，并与砌体一起经受周围介质的物理化学作用。因此，为保证砌体的强度、耐久性及抗震性等，要求砂浆与基层材料之间应具有足够的粘结强度。一般情况下，粘结强度随砂浆强度的增大而提高。此外，砂浆的粘结强度还与基层材料的表面粗糙程度、清洁程度、润湿程度及养护条件有关。在粗糙、清洁、湿润的基面上，砂浆粘结强度较高；养护充分，粘结强度会明显提高，因此，砌砖前，常将砖浇水润湿，以提高砂浆与砖之间的粘结强度，保证砌筑质量。

3. 耐久性

经常与水接触的砌体有抗渗性及抗冻性要求，故砂浆应考虑抗渗性、抗冻性及抗侵蚀性。

4. 变形性能

砂浆在承受荷载、温度或湿度变化时，均会产生变形。如果变形过大或不均匀，都会降低砌体的质量，引起沉陷或裂缝。轻集料配制的砂浆，其收缩变形较普通砂浆的大；石灰膏或掺合料掺量过大，其干缩变形较大；抹面砂浆中常加入麻刀、纸筋及聚丙烯纤维等纤维材料以防止砂浆干裂。

根据《预拌砂浆》（GB/T 25181—2019）中的相关规定，各类湿拌砂浆的技术要求见表4-17。

表4-17 各类湿拌砂浆的技术要求

项目	湿拌砌筑砂浆	湿拌抹灰砂浆		湿拌地面砂浆	湿拌防水砂浆
		普通抹灰砂浆	机喷		
保水率（%）	≥88.0	≥88.0	≥92.0	≥88.0	≥88.0
14d拉伸粘结强度（MPa）	—	M5：≥0.15 >M5：≥0.20	≥0.20	—	≥0.20
28d收缩率（%）	—	≤0.20		—	≤0.15

续表

项目		湿拌砌筑砂浆	湿拌抹灰砂浆		湿拌地面砂浆	湿拌防水砂浆
			普通抹灰砂浆	机喷		
28d 抗压强度值		大于相应强度等级值				
抗冻性[a]	强度损失率（%）	≤25				
	质量损失率（%）	≤5				
防水砂浆防水性能		大于相应抗渗等级值				

注：a 有抗冻性要求时，应进行抗冻性试验。机喷抹灰砂浆压力泌水率 <40%。

4.4　湿拌砂浆的生产及出厂检测

4.4.1　湿拌砂浆生产工艺及要求

目前，湿拌砂浆主要由商品混凝土（或砂浆）搅拌站生产、供应。预拌混凝土企业通过切换单独的电气控制系统、过筛后的级配砂独立仓，专用附加设备的适当调整，便可在该设备上生产湿拌砂浆。利用预拌混凝土设备生产湿拌砂浆，可提高设备的利用率，为预拌混凝土企业带来更多的利润。

当然，有条件的企业也可以单独设立一个湿拌砂浆生产线。由于湿拌砂浆供应量与混凝土相比要少得多，如果单独设立一条砂浆生产线，既造成浪费，使用率又不高，因此目前国内大多数情况下砂浆与混凝土共用一条生产线，均采用混凝土搅拌机进行搅拌，但需要提前安排好生产任务。湿拌砂浆的典型生产工艺如下：

（1）砂的筛选。砂浆用砂的最大粒径应不大于 4.75mm，因此湿拌砂浆的生产应增加一道筛分工序，以保证合格砂全部通过 4.75mm 筛网，把多余的卵石、贝壳或大颗粒的砂筛除。过筛砂应堆放在专用堆场，称为砂浆专用砂。砂筛分机一般选用滚筒筛，见图 4-1，其长度和直径可根据产量决定。生产砂浆时应注意

图 4-1　滚筒筛砂机

控制砂的含水率，若砂的含水率过高，砂容易粘结成团，砂粒易堵塞筛网，导致筛分效率降低。筛网应有排堵装置，及时除去堵塞筛网的砂粒和泥团。

（2）原材料计量。固（粉）体原材料的计量应按质量计，水和液态添加剂的计量可按体积计量，也可以按照质量计量。由于固体组成材料因操作方法或含水状态不同而密度变化较大，如按体积计量，易造成计量不准，从而难以保证砂浆性能和均匀性，因此各种固体原材料的计量均应按质量计量。计量设备应能连续计量不同配合比砂浆的各种原材料，并应具有实际计算结果逐盘记录和储存功能。计量设备应按有关规定由法定计量部门进行检定，使用期间应定期进行校准。

水泥、粉煤灰（或石灰石粉）和粉体砂浆添加剂均为粉状材料，可采用螺旋输送，电子称计量。水泥、粉煤灰可采取叠加计量，粉体砂浆添加剂采取单独计量。砂采用皮带输送机输送，电子称计量。

一般来讲，水泥的螺旋输送速度最快，粉煤灰（石灰石粉）其次，粉体砂浆添加剂最慢。砂的计量应考虑其含水率波动对计量精度和加水量的影响，砂的含水率测定每班不宜少于1次，如果气候和原材料发生变化，应加倍测试频率。对液体砂浆添加剂应经常核实固含量，以确保计量准确。

（3）砂浆搅拌。湿拌砂浆生产质量控制过程，主要包括“人、机、料、法、环”各大环节。①砂浆开盘前必须测定砂（或机制砂）的含水率，并保证每天至少测定三次；②当天开盘的第一车砂浆必须取样测定湿拌砂浆的出厂性能，包括稠度、开放时间、抗压强度以及保水率等；③必须在送料小票上注明砂浆的强度等级、种类，防止生产过程中串强度等级、开错配合比等问题的发生；④砂浆搅拌时间宜延长至180s，以便于质量控制，过短的搅拌时间，搅拌机电流不稳，不易看出砂浆出机和易性状态。⑤调整搅拌机的搅拌叶片和筒体的间隙，针对低效搅拌机要提高搅拌速度，可以增加变频调速装置。

操作员每天生产前要进行计量秤检查，若发现清空秤后数值异常，要进行上报、分析并及时处理。在生产混凝土和生产湿拌砂浆进行首盘转换的过程中要严格进行包括输送皮带、搅拌机、运输罐车的清理，避免引起质量波动。

湿拌砂浆出厂前进行每车出厂检查验收，测试砂浆的出厂稠度和表观密度，并按频率抽检留样测试凝结时间和成型试件，再28d检测力学性能。砂浆在生产的过程中遵循“宁干不用稀”的原则，一方面砂浆中低速运输至项目工地后，通过快速再搅拌，出料后砂浆稠度会有5～10mm的放大现象；另一方面砂浆稍干，在开放时间内，工人施工时可以少量加水搅拌后正常使用；如果砂浆太稀，要么退货调整，要么在项目工地上运输车辆等待较长的时间，影响施工效率。

湿拌砂浆搅拌时间应略长于混凝土搅拌时间。因为砂浆不含粗集料，砂浆各组分混合均匀程度较混凝土的难。砂浆搅拌时间不应少于120s，一般为180s。

湿拌砂浆的典型生产工艺见图 4-2。湿拌砂浆生产的基本工艺流程见图 4-3。

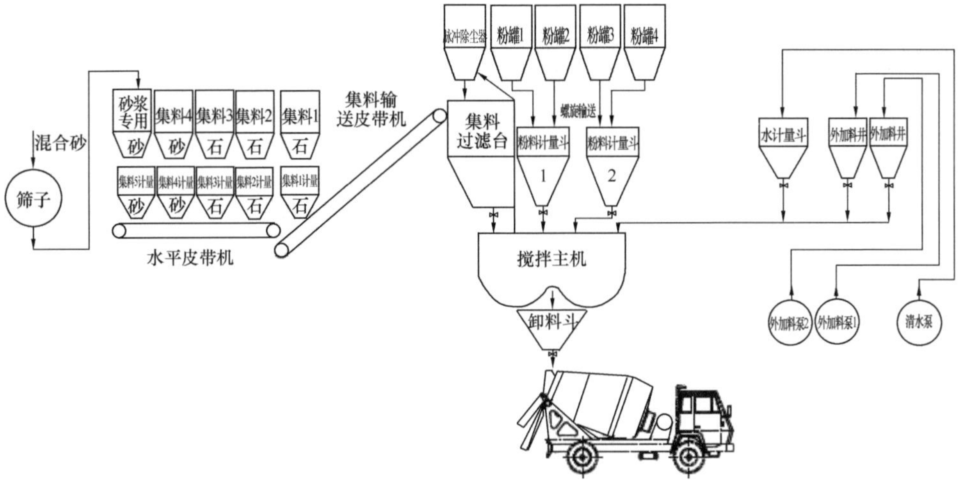

图 4-2　典型的湿拌砂浆和混凝土共用生产线示意图

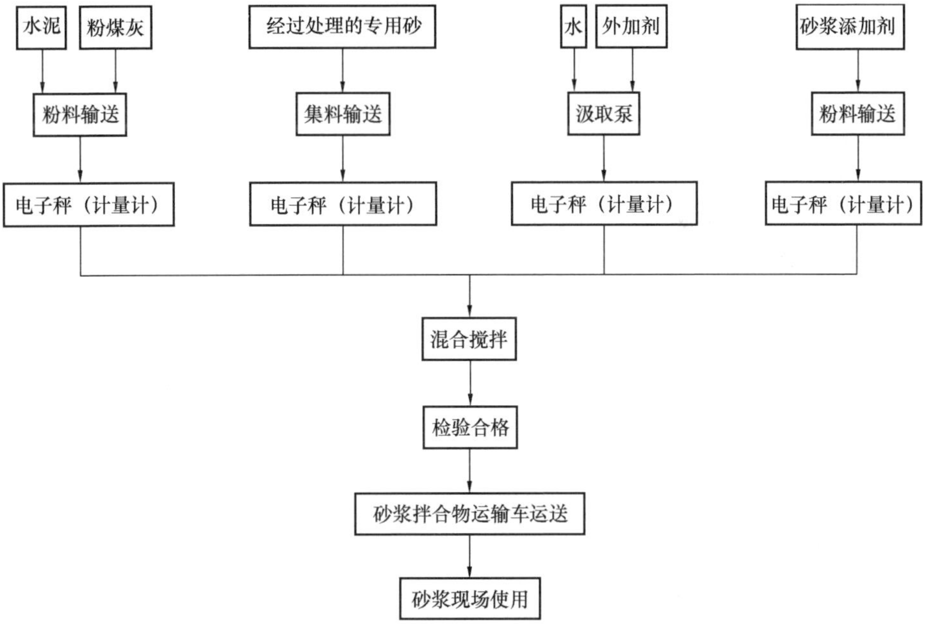

图 4-3　湿拌砂浆生产的基本工艺流程

4.4.2　湿拌砂浆生产与工程现场的检测

《建筑砂浆基本性能试验方法标准》（JGJ/T 70—2009）中对砂浆的取样、试配和各类试验进行了详细说明，试验项目包括：①稠度试验；②表观密度试验；③分层度试验（选择性）；④保水性试验；⑤凝结时间试验；⑥抗压强度试验；⑦拉伸粘结强度试验；⑧抗冻性能试验；⑨收缩试验；⑩含气量试验；⑪吸水率试验；⑫抗渗性能试验；⑬静力受压弹性模量试验。

湿拌砂浆进入施工现场，应进行质量检测，检测内容见表4-18。

表4-18　湿拌砂浆进场检验项目

序号	砂浆品种	检验项目	批量
1	湿拌砌筑砂浆	稠度、保水率、抗压强度	同一生产厂家、同一品种、同一等级、同一批号且连续进场的预拌砂浆，每 $50m^3$ 为一批，不足 $50m^3$ 也为一批
2	湿拌抹灰砂浆	稠度、保水率、抗压强度、拉伸粘结强度	同一生产厂家、同一品种、同一等级、同一批号且连续进场的预拌砂浆，每 $50m^3$ 为一批，不足 $50m^3$ 也为一批
3	湿拌地面砂浆	稠度、保水率、抗压强度	同一生产厂家、同一品种、同一等级、同一批号且连续进场的预拌砂浆，每 $50m^3$ 为一批，不足 $50m^3$ 也为一批
4	湿拌防水砂浆	稠度、保水率、抗压强度、拉伸粘结强度、抗渗等级	同一生产厂家、同一品种、同一等级、同一批号且连续进场的预拌砂浆，每 $50m^3$ 为一批，不足 $50m^3$ 也为一批

4.4.3　湿拌砂浆性能的检测仪器

《建筑砂浆基本性能试验方法标准》（JGJ/T 70—2009）中规定了建筑砂浆性能、检验或控制建筑砂浆质量的统一试验方法，厂家在生产销售湿拌砂浆的同时，必须对砂浆的各项物理性能进行检验和控制，确保生产销售的产品质量合格，满足市场和用户的需要。做砂浆性能试验必须有专用的试验仪器和设备，在标准的范围内进行试验操作。现简单介绍实验室常用的砂浆仪器设备，部分湿拌砂浆测试仪器见图4-4。

（1）砂浆稠度仪。砂浆的稠度是用一定几何形状和质量的标准圆锥体以其自身的质量自由地沉入砂浆混合物中深度的厘米数来表示。稠度试验适用于确定配合比或施工过程中控制砂浆的稠度，以达到控制用水量的目的。

（2）砂浆密度仪。砂浆密度仪是测定砂浆拌合物捣实后质量密度，以确定每立方米砂浆拌合物中组成材料的实际用量。

（3）砂浆搅拌机。实验室用砂浆专用搅拌机，它具有搅拌叶按顺时针运动而搅拌筒按逆时针运动的两个相对旋转，因此它具有搅拌均匀、搅拌时间短、效率高、操作方便等特点。

（4）砂浆保水率测定仪。砂浆保水率就是吸水处理后砂浆中保留的水的质量，并用原始水量的质量百分数来表示。

（5）砂浆抗压强度试模。采用 70.7mm × 70.7mm × 70.7mm 砂浆三联塑料试模。

（6）砂浆粘结强度测定仪。

（7）砂浆凝结时间测定仪。适用于测定砂浆以贯入阻力表示的凝结速度和凝结时间。

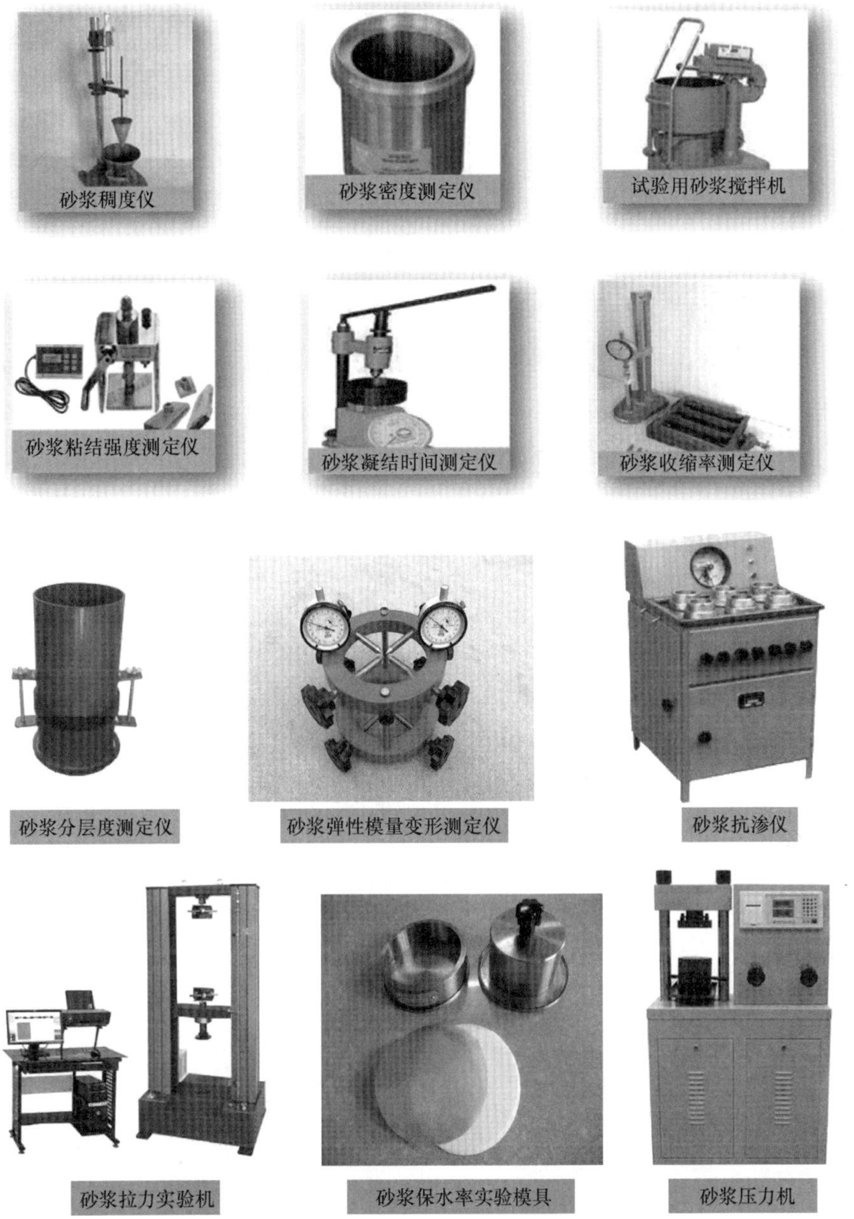

图 4-4　部分湿拌砂浆测试仪器

（8）砂浆抗渗仪。防水砂浆有抗渗性能的要求，即砂浆具有抵抗压力水渗透的性能砂浆抗渗仪如 SS15 型。

（9）砂浆收缩测定仪。测量水泥砂浆硬化过程中的变形量——收缩和膨胀量，以确定其收缩系数和膨胀参数。立式砂浆收缩仪，标准杆长度为

(176 ±1) mm，测量精度为 0.01mm，收缩头黄铜或不锈钢加工而成，试模为 40mm ×40mm ×160mm 棱柱体，且在试模的两个端面中心，各开一个 ϕ6.5mm 的孔洞。

(10) 电子秤，量程范围 2kg，精度为 0.01g。

(11) 水泥砂浆振动台，振幅(0.85 ±0.05)mm，频率(50 ±3)Hz。

(12) 砂浆压力实验机：精度不大于 ±2%，最大压力：300kN。

第5章　湿拌砂浆的物流运输及储存

5.1　湿拌砂浆的物流运输

湿拌砂浆的物流运输采用混凝土搅拌运输车，运输半径范围为40～100km，运输时间一般不超过2h。每立方米湿拌砂浆中含有250～300kg的水，湿拌砂浆通常采用搅拌罐车集中运送，以保证砂浆在运输过程中不产生分层、离析。目前混凝土（或砂浆）企业常用的罐车容积是6m^3、9m^3及12m^3，必须有很大的施工作业面和施工人员同时施工才能消耗每天运输的一罐湿拌砂浆，“少量多次”的供货方式是目前湿拌砂浆运输成本偏高的主要原因。从成本方面考虑，由于湿拌砂浆可以选择与混凝土搅拌站共用，物流车辆共用，可以将湿拌砂浆与混凝土的产量叠加一起，达到一站两用的目的，因此其设备投资、生产成本相比干混砂浆大幅减少。

值得注意的是，湿拌砂浆车运输任务完成后，需要用水清洗干净搅拌罐车后，再装混凝土材料；而装载混凝土的运输搅拌车，需要把罐体内的混凝土清理干净后，再装湿拌水泥砂浆。众所周知，砂浆和混凝土材料不仅有集料大小的差异，还有添加剂品种的差异即性能不同。砂浆运输车辆见图5-1。

图5-1　砂浆运输搅拌车

5.2　湿拌砂浆的储存

一般情况下，搅拌罐车中低速到达施工现场后不会长时间等待，通常把湿拌砂浆倒进砂浆储料池或滞留罐中，储料池可采用普通砌块砌筑，池体具有足够强度储存砂浆（图5-2）。储料池的数量、容量应满足砂浆品种、供货量的要求；如单个储料池存储容积建议不低于$10m^3$，建议规格：长×宽×高=3500mm×3000mm×1300mm；基本原则是便于储运、罐车卸料、砂浆池清洗和存取。

储料池应做防漏、防渗水措施，顶部做防雨和防晒处理，避免雨淋和阳光直晒，同时避免强风吹刮，否则会导致砂浆质量问题。砂浆储存容器使用时，应保证内部无明水、无杂物。湿拌砂浆存放期间需用密封材料覆盖表面（如塑料薄膜或彩条布），以避免水分过度流失。不同品种、强度等级的湿拌砂浆应分别存放在不同的储料池内，并对储料池进行标识。一般湿拌砂浆应该在24h内使用完毕。

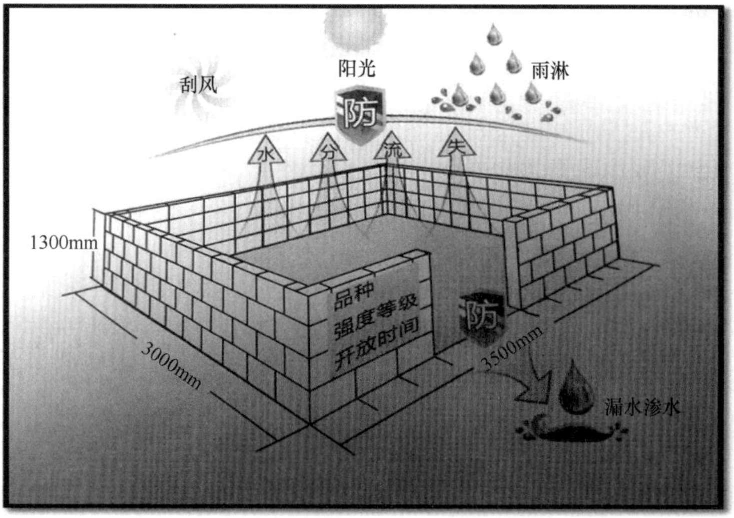

图5-2　湿拌砂浆储料池

为保证湿拌砂浆的质量，提高现场管理水平，砂浆储存时应做好以下几方面的工作：

（1）砂浆运至储存地点除直接使用外，经稠度、表观密度检验合格的砂浆应在储料池储存。

（2）储存前储料池必须清空。

（3）砂浆应放到储料池的刻度线，并予以确认；随后覆盖好塑料布。一个储料池一次只能储存一个品种的砂浆。

（4）储料池应有明显标示，标明砂浆的种类、数量和储存的起始时间。

（5）使用时应集中进行，避免砂浆的水分多次蒸发。

（6）砂浆应在规定使用时间内使用完毕，不得使用超过保塑时间的砂浆。

（7）砂浆在储料池中严禁随意加水。

（8）砂浆储存在储料池中，可能会出现少量泌水，使用前应重新搅拌。

（9）储存地点的气温，最高不宜超过 37℃，最低不宜低于 5℃。储料池应避免阳光直射和雨淋。

（10）砂浆使用完毕后，应立即清除残留在储料池壁上、池底和塑料布上的少量砂浆残余物。

目前，市场上出现了一种可以放置在工程施工现场的湿拌砂浆专用的带搅拌装置的滞留罐，见图 5-3，有 $6m^3$ 和 $12m^3$ 的容量，密封性相对比较好，长时间放置的湿拌砂浆可以二次搅拌后使用。

图 5-3　湿拌砂浆现场带搅拌装置的滞留罐

有些工地没有砌筑砂浆储料池或者湿拌砂浆即来即用，砂浆到现场后提前由建筑工人采用运输小车或者塔吊料斗将其运送至各楼层，分配给建筑工人使用。为保证砂浆品质如初，砂浆在楼层中存储时，其存储技术要求如下：

（1）直接置于楼层地面。地面必须提前预湿，或者垫层塑料薄膜，防止砂浆因地面干燥而过度吸水，影响砂浆的保塑时间，如若存储时间较长，砂浆表面也喷雾湿润，防止表面水分过度蒸发。

（2）接料斗存储。接料斗可采用厚度为2～4mm的铁皮制作，容量为可存放两三个斗车砂浆即可。其主要用于存储砌筑砂浆，由建筑工人将砂浆池砂浆运送到每个楼层，根据要求将砂浆放置在接料斗中分配给砌筑工人，这样可避免湿拌砂浆与地面接触导致水分丧失，确保砂浆的保塑时间足够。

解决湿拌砂浆的储存问题有以下途径：

（1）湿拌砂浆在生产时加入专用的缓凝添加剂。添加剂能够延长湿拌砂浆的保塑时间，目前市面上很多添加剂都能把湿拌砂浆的保塑时间延长至24h，大大满足了湿拌砂浆的施工需求。

（2）机械化喷涂抹灰砂浆的普及。机械化喷涂抹灰施工，施工速度快、效率高，可缩短施工时间；机械化施工能够满足湿拌砂浆运输到工地，即卸即用，减少存储环节。

（3）湿拌砂浆性能的提高可以满足24h砂浆储存，而对砂浆性能影响有限，可满足工程对湿拌砂浆的技术要求。

第6章　湿拌砂浆的砌筑、抹面与地面施工

6.1　湿拌砂浆的砌筑施工

湿拌砂浆到达工地后，放入储料池或滞留罐并尽快启动砌筑或抹面砂浆作业，由小货车经临时电梯或料斗经塔吊或砂浆泵泵送把新拌砂浆转移到各施工楼层，安排施工班组有序施工。因为湿拌砂浆在长时间静止状态下会产生开放时间的损失（特别在高温天气太阳直射的情况下砂浆水分流失会更严重），空气对流速度快的楼层要等风速减小的时间进行砂浆施工。

砌筑砂浆使用方法如下：

（1）基材表面处理：基材表面洁净牢固，砌块表面清除表面的灰尘、油脂、颗粒等一切影响粘结性能的松散物（施工前，要对砌砖淋水或浸水，否则砂浆早期强度会很低。低吸水性砌块无须预湿砌块可直接进行砌筑；加气混凝土砌块应预湿砌块，表面无明水后才可施工或选用加气混凝土砌块专用砌筑砂浆则无须预湿）。

（2）砌筑砂浆稠度宜适宜，一般在(60～90)mm，在开放时间内用完。

（3）施工：薄抹灰施工用锯齿镘刀将砌筑砂浆满批在砌块的砌筑面上，施工厚度6～12mm即可；采用铺浆法砌筑时，一次铺浆长度不超过750mm，当施工环境温度超过30℃时，一次铺浆长度不能超过500mm。普通砌筑施工砌缝按设计要求，应随砌随抹，保持横平竖直，薄厚均匀，密实饱满，砖砌体水平灰缝饱满度不小于80%；砖柱水平灰缝和横向灰缝饱满度不小于90%；小砌体灰缝饱满度按净面积不得低于90%，填充墙体灰缝饱满度按净面积不得低于80%；砌块砌筑完毕后，应立即清除砌块表面多余的浆料。

（4）养护：产品在常温下即可硬化，通常室内施工无须洒水养护，而在高温或特别干燥天气，需施工后及时洒水养护，确保强度的稳定。

注意事项：

（1）砌筑砂浆施工、储存环境温度为5～37℃。

（2）湿拌砂浆必须在开放时间内使用完毕，落地灰要在干硬前及时收集进行上浆，不得将已干固的砂浆再加水搅拌使用，否则将会导致其强度低、开裂等的情况。

（3）湿拌砂浆不得和其他砂浆混合使用，不得人为加入水泥、砂或其他材料混合使用。

（4）砂浆要在无雨淋状态下施工，上墙 2h 内，砂浆层未达到硬化状态时，不得浇水养护或直接受雨水冲刷。

（5）硬化的砂浆应注意保护，不得使其挫伤、损坏，若破损应及时修补。

6.2 湿拌砂浆的墙体抹面施工

墙体抹面砂浆分为外墙抹面砂浆和内墙抹面砂浆，两者砂浆配合比应有所不同，外墙砂浆水泥用量不宜少于 250kg/m^3，外墙抹面砂浆要求粘结性、耐候性、抗裂性好及抗冻性、防水性能好。内外墙的抹灰工艺流程也有不同。

外墙抹灰工艺流程：基层处理→挂钢丝网→挂线、贴灰饼、设标筋→界面处理→弹灰层控制线→ 抹底灰→弹分格缝位置→粘分格条→抹面层→起条、勾缝→养护。

内墙抹灰工艺流程：基层处理→挂加强网→吊直、套方、贴灰饼、设标筋→界面处理→做护角→弹灰层控制线→抹底灰→抹面灰→养护。

6.2.1 墙体界面处理

（1）用水泥砂浆或细石混凝土修补脚手架孔洞，包括悬挑工字钢、脚手架孔洞。

（2）混凝土墙体表面需用钢丝刷清除浮浆、脱模剂、油污及模板残留物，并割除外露的钢筋头、剔凿凸出的混凝土块；砌体墙面清扫灰尘，清除墙面浮浆、凸出的砂浆块。

（3）混凝土面超出抹灰完成面时，应该凿除超出部分，保证至少有 7mm 的抹灰层。

（4）需要湿润墙面时，用喷雾器喷水湿润砌体表面，让基层吸水均匀，蒸压加气混凝土砌体表面湿润深度宜为 10 ~ 15mm，其含水率不宜超过 20%；普通混凝土小型空心砌体和轻集料混凝土小型砌体含水率宜控制在 5% ~ 8%。不得直接用水管淋水。

（5）在基层上刷涂或喷涂聚合物水泥砂浆或其他界面处理剂拉成毛面，使其凝固在光滑的基层表面，用手掰不动为好。拉毛面积不小于基层表面积的 95%。同时加强拉毛质量检查验收。若基层混凝土表面很光滑，将光滑的表面清扫干净，用 10% 火碱水除去混凝土表面的油污后，将碱液冲洗干净后晾干再进行拉毛处理。

根据《预拌砂浆应用技术规程》（JGJ/T 223—2010）以及《抹灰砂浆技术规程》（JGJ/T 220—2010）中的相关规定，抹灰之前需要对基层进行清理，如基层表面的尘土、污垢、油渍等清除干净，再对基层进行界面处理，处理的方式有涂抹法、滚刷法及喷涂法“拉毛”。

（1）人工“拉毛”。抹灰施工前的界面处理为人工“拉毛”，即由人工将水泥、砂、建筑胶水按一定比例在现场勾兑搅拌成浆体，再用扫把将浆体“甩拍”在基层表面。然而，由于配制界面砂浆的原材料计量不精确、施工随意拉毛密度不均匀、间距过宽、建筑胶水质量千差万别等因素的影响，最终导致界面砂浆与基层的粘结力难以保障，使很多工地抹灰后出现“空鼓”现象。因此，采用人工“拉毛”一定要选择合适的界面处理剂，合理、仔细地进行拉毛。

（2）机械“喷毛”。界面处理采用空压机与喷枪进行喷毛，此方法比传统的“拍毛”方式有了很大的改进，解决了拉毛间距过宽或漏拉毛的问题，因为其施工相对轻松省力，所及之处都能喷涂到位。此外，机械“喷毛”喷点粗糙均匀，粘结力强，能有效地分散砂浆干硬过程中产生的收缩应力，还可以免养护，对于施工期紧的工程，可省去很多工作量。经实际应用来看，与人工“拍毛”方式相比，机械“喷毛”杜绝了剪力墙砂浆“空鼓”的问题。

6.2.2　挂钢丝网

不同材料基体结合处、暗埋管线孔槽基体上、抹灰总厚≥35mm 的找平层应挂加强网；在混凝土结构与砌体连接处设置加强措施，在砌体与混凝土墙、柱、梁接缝处均设钢丝网，每边敷设宽度不小于 150mm 砂浆，直接用抹灰砂浆固定于墙面，以防温度变化及收缩不均，造成抹灰出现裂纹。挂网的材料可采用镀锌钢丝网、镀锌钢板网、（涂塑或玻璃）耐碱纤维网格布。挂网要根据设计要求进行挂设，设计无要求时可按照现行规范进行挂设。如当地有特殊要求时满挂加强网。

6.2.3　吊垂直、套方、抹灰饼、冲筋

（1）吊垂直：分别在门窗口角、垛、墙面等处吊垂直，横线则以楼层为水平基线或 +50cm 标高线控制，然后套方抹灰饼，并以灰饼为基准冲筋。

（2）套方：每套房同层内必须设置一条方正控制基准线，尽量通长设置，降低引测误差，且同一套房同层内的各房间，必须采用此方正控制基准线，然后以此为基准，引测至各房间；距墙体 30 ~ 60cm 范围内弹出方正度控制线，并做明显标识和保护。

（3）抹灰饼、冲筋：灰饼宜做成 5cm 见方，两灰饼距离不大于 1.2 ~ 1.5m，必须保证抹灰时刮尺能同时刮到两个以上灰饼。操作时应先抹上灰饼，再抹下灰饼。抹灰饼时应根据室内抹灰要求确定灰饼的正确位置，再用靠尺板找好垂直与平整。当灰饼砂浆达到七成干时，即可用与抹灰层相同砂浆充筋，充筋根数应根据房间的宽度和高度确定，一般标筋宽度为 5cm，两筋间距不大于 1.5m，当墙面高度小于 3.5m 时宜做立筋。当墙面高度大于 3.5m 时宜做横筋，做横向冲筋时做灰饼的间距不宜大于 2m。

6.2.4 抹底层灰

抹灰砂浆施工时，要注意在前一天进行淋墙处理，吸水性小的墙体也要淋墙，保证有足够的水分存在墙体内，砂浆上墙后才能持续吸取墙体内水分，以满足砂浆水化反应产生粘结力及强度必需的湿度条件。若水分不足，砂浆会产生缺水的情况而中断其水化反应，对砂浆的强度及粘结力就会产生影响。湿拌砂浆在砖墙收水时间一般延后0.5h；在剪力墙面收水时间一般延后2~3h；工人可以先在剪力墙面上浆，再在砖墙面上浆，返过来再进行剪力墙面的搓平施工，以便能更好地提高施工效率。对施工厚度大的外墙面，可以在前一天打底，使厚度预留1~2cm，第二天可一遍成功，这样可避免工人花过多的时间等待砂浆收水而无法搓压的情况。

一般情况下充筋完成2h左右可开始抹底灰，抹掺水重10%的108胶粘剂的水泥浆一道，紧接着抹一层薄水泥砂浆或混合砂浆，抹灰用力压实使砂浆挤入细小缝隙内。每遍厚度控制在5~7mm，应分层装档、抹灰与所冲的筋抹平。然后用大杠刮平整、找直，用木抹子搓毛。然后全面检查底子灰是否平整，阴阳角是否方直、整洁，管道后与阴角交接处、墙顶板交接处是否平整、顺直，并用托线板检查墙面垂直与平整情况。

修抹预留孔洞、配电箱、槽、盒：当底灰抹平后，要随即由专人把预留孔洞、配电箱、槽、盒周边5cm宽的石灰砂刮掉，并清除干净，用大毛刷蘸水沿周边刷水湿润，然后用1∶1∶4（相当于M10）水泥混合砂浆，把洞口、箱、槽、盒周边压抹平整、光滑。

6.2.5 抹面层砂浆

底层砂浆抹好后第二天即可抹面层砂浆。面层砂浆抹灰厚度控制在5~8mm。如砌体表面干燥，需先洒水湿润，刷素水泥浆一道，紧跟抹罩面灰，刮平（与分格条或灰饼面平）并用木抹子搓毛，面层砂浆表面收水后用铁抹子压实赶光。为避免和减少抹灰层砂浆空鼓、收缩裂缝，面层不宜过分压光，建议以表面不粗糙、无明显小凹坑、砂头不外露为准。

6.2.6 养护

水泥砂浆抹灰面层初凝后应适时喷水养护，养护时间不少于5d。

6.2.7 注意事项

（1）抹灰砂浆施工、储存环境温度为5~37℃。

（2）混凝土剪力墙、柱应先使用专用清洁剂喷洗基面，再作界面处理。界面处理剂要满涂，避免漏涂的现象，否则会造成空鼓开裂。

（3）湿拌砂浆二次加水或在墙面浇水过多，会导致泌水和分层现象，收缩增大，粘结强度降低，出现坍塌、空鼓、剥落现象。

（4）严禁用抹子蘸水后对抹面进行压光或在抹面浇水压光，否则容易使表面泛白、起粉和龟裂。

（5）湿拌砂浆必须在开放时间内使用完毕，砂浆要在无雨淋状态下施工，上浆 2h 内，抹灰砂浆层未达到硬化状态时，不得浇水养护或直接受雨水冲刷。

（6）硬化的砂浆面应注意保护，不得使其挫伤、损坏，若破损应及时修补。

6.2.8　对于填充墙墙面抹灰空鼓、开裂和烂根分析及处理

（1）其主要原因是抹灰前基层底部清理不干净或不彻底，抹灰前不浇水或用水冲刷湿润不够，每层灰抹得太厚，跟得太紧。由于砂浆在强度增长、硬化过程中，自身产生不均匀的收缩应力，形成干缩裂缝；预制混凝土，光滑表面不剔毛也不甩毛，甚至混凝土表面的酥皮也不剔除就抹灰；混凝土表面没清扫、拉毛就抹灰，抹灰后不养护。

（2）为解决空鼓、开裂的质量问题，应从四方面下手解决：第一，施工前的基体清理和浇水；第二，可采用喷洒防裂剂或涂刷掺 108 胶的素水泥浆，增加粘结作用，减少砂浆的收缩应力，提高砂浆早期抗拉强度；第三，施工操作时分层分遍压实应认真，不马虎；第四，施工后及时浇水养护，并注意操作地点的洁净，抹灰层一次抹到底，克服烂根现象。

6.2.9　抹灰面层起泡、有抹纹、爆灰、开花原因

（1）抹完罩面灰后，压光跟得太紧，灰浆没有收水，故压光后多余的水汽化后产生起泡现象。

（2）底灰过分干燥，因此要浇透水。不然抹罩面灰后，水分很快被底灰吸收，故压光时容易出现漏压或压光困难；若浇的浮水过多，抹罩面灰后，水浮在灰层表面，压光后易出现抹纹。

（3）使用磨细生石灰粉时，对欠火灰、过火灰颗粒及杂质没彻底过滤，灰粉熟化时间不够，灰膏中存有未熟化的颗粒，抹灰后遇水或潮湿空气就继续熟化，体积膨胀，造成抹灰层的爆裂，出现开花。

6.3　湿拌砂浆机喷一体化

“湿拌砂浆机喷一体化”是指参照标准而设计的砂浆配合比，通过工厂生产半成品预拌砂浆，再经过运输车运输到工地，使用专业的泵送设备或料斗塔吊或货梯运送到施工楼层，运用专业喷浆设备喷涂上墙，最后由人工或专用机器设备收面压光的一套完整施工工艺。

6.3.1 湿拌砂浆机喷一体化的益处

（1）施工质量好，机械喷涂压力大，附着力强，粘结牢固，密合度高，不易脱落。同时，机械化施工也是检验砂浆质量的有效手段，能够机喷的砂浆品质更有保障，有效减少了空鼓、开裂等现象。

（2）缩短工期，一个机械抹灰班组，其速度是手工抹灰的3倍，大大缩短工程建设周期，降低了施工的人工成本。机械化施工团队各司其责、流水线式作业，通过标准化的施工工艺和有效的管理，有效提高工程质量，缩减施工周期。

（3）节约人力资源成本，减少了因施工周期长而产生的设备租赁等巨额费用。节约人力成本：在我国人力成本也越来越高，每平方米墙面抹灰需人工费6~10元。机喷砂浆每平方米墙面需人工费2~5元。降低劳动强度：人工抹灰是一个重体力活，机械化施工降低了劳动强度、改善了施工环境，从苦力活转变为技术工种，能够吸引更多的劳动力介入抹灰施工，有利于工人队伍的整体素质提高。机喷砂浆有三好，“质量好、效率高、人工少”，是湿拌砂浆得以发展的有力武器，机械化施工也是实现建筑现代化、提高施工管理水平的必然选择。

6.3.2 机喷抹灰砂浆的施工工艺

1. 操作工艺

基层处理→喷水湿润→涂界面剂（必要时）→固定钢丝网或网格布→找方→放线→贴饼、冲筋→抹灰→界格→保湿养护。

2. 基层处理

墙体的基层处理，同6.2.1。

3. 机械喷涂抹灰操作要点

（1）采用机械喷涂抹灰时，应参考现行行业标准《机械喷涂抹灰施工规范》（JGJ/T 105）中的要求。

（2）找方、放线、铁饼和冲筋的操作与手工抹灰同。

（3）根据所喷涂部位材料确定喷涂顺序和路线，一般可按先顶棚后墙面，先室内后过道楼、梯间进行喷涂。

（4）喷涂厚度一次不宜超过20mm，当超过时应分层进行。第一遍要压实抹平并稍带毛面，第二遍待头遍灰初凝后（约2h）再喷，并应略高于标筋。

（5）室内喷涂宜从门口一侧开始，另一侧退出。同一房间喷涂，当墙体材料不同时，应先喷涂吸水性小的墙面，后喷涂吸水性大的墙面。

（6）内外墙面的喷涂应由上向下按S形路线巡回喷涂，底灰应分段进行，每段宽度为1.5~2.0m，高度为1.2~1.8m。面层灰应按分格条进行分块，每块内的喷涂应一次完成。

（7）喷涂好的抹灰面，2h 后待达到初凝时，先用长刮尺紧贴标筋上下左右刮平，把多余砂浆刮掉，方可搓揉压实，保证墙面的基本平整。

（8）当需要压光时，待搓揉压实后，应及时用铁抹子压实压光。

（9）喷涂过程中的落地灰应及时清理回收。

（10）喷涂后的保湿养护要求与手工抹灰同。

砂浆泵的工作原理：利用灰浆泵和空气压缩机灰浆及压缩空气送入喷枪，在喷嘴前形成灰浆射流，将灰浆喷涂在基层上。砂浆喷涂泵见图 6-1，湿拌砂浆喷涂施工见图 6-2。

图 6-1 砂浆喷涂泵

6.3.3 机喷抹灰砂浆施工质量控制要点

（1）宜在施工前由施工单位、砂浆生产企业和监理单位共同模拟现场条件制作样板，在规定龄期进行实体拉伸粘结强度检验，并应在检验合格后封存留样（实体拉伸粘结强度的平均值不小于 0.25MPa）。

（2）不同材质的基体交接处，应采取防止开裂的加强措施。当采用在抹灰前铺设加强钢丝网时，加强网与各基体的搭接宽度不应小于 100mm。

（3）抹灰工艺应根据设计要求、抹灰砂浆产品说明书、基层情况确定。

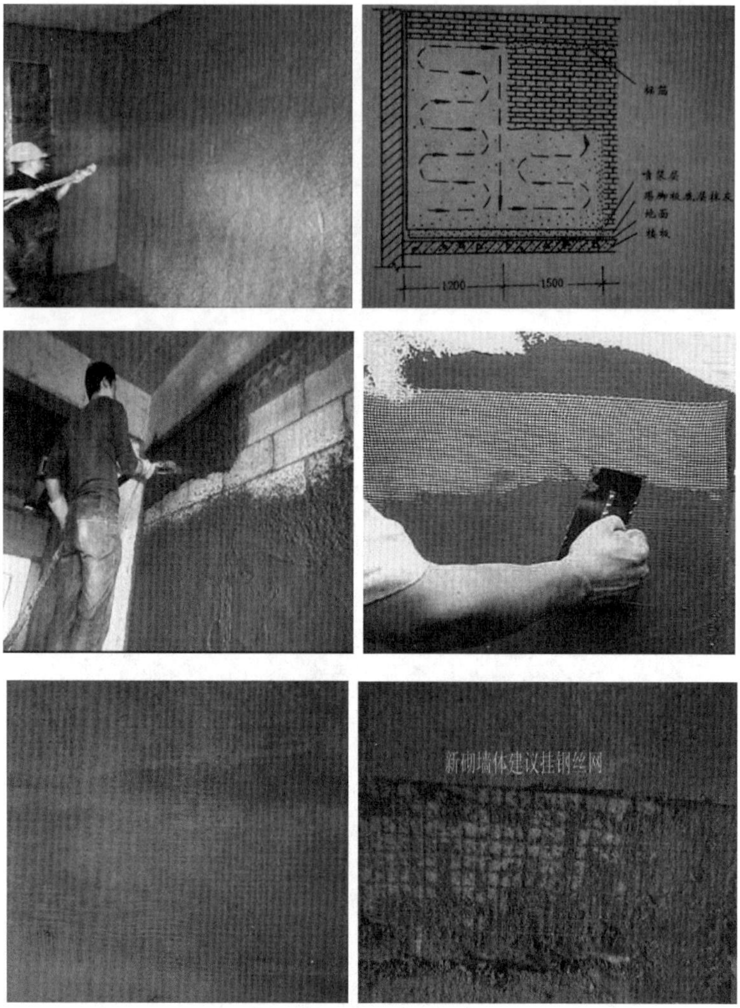

图 6-2　湿拌砂浆喷涂施工

（4）采用普通抹灰砂浆抹灰时，每遍涂抹厚度不宜大于 10mm；当抹灰砂浆厚度大于 10mm 时，应分层抹灰。当抹灰砂浆总厚度大于或等于 30mm 时，应采取增设金属网等加强措施。

（5）对于抹灰厚度超过 30mm 的墙面，建议在砂浆表面拉挂纤维网。挂网时将纤维网均匀地铺盖在墙面上，使用抹子将纤维网搓压入砂浆墙体内，直至见网不见色，以提升墙面平整度，降低墙面开裂的概率。

（6）抹灰完成后，应在 24h 后开始洒水养护，视墙体表面的颜色，不能泛白，洒水养护日期应不少于 7d，且每天养护不少于 3 次，最好采用农药喷雾器的方法喷洒。注意：因为夏季天气气温高，墙体开裂在抹灰完成 30d 后易发生因养护不及时而产生空鼓开裂。

6.4　湿拌砂浆的地面砂浆

一般建筑地面砂浆主要用于地面工程（包括屋面）的找平层和面层，建筑地面砂浆的强度等级应不少于 M15，一般应在 M15～M25，面层砂浆的稠度宜为 50±10mm；地面找平层和面层砂浆的厚度应符合设计要求，且应不少于 20mm。为了防止地面泛砂起灰，宜使用纯水泥砂浆。地面砂浆，也可以采取泵送湿拌砂浆，砂浆中宜加入混凝土减水剂（减水率一般在 15%～25%），砂浆稠度控制在 90～100mm。地面砂浆施工注意事项如下：

1. 基层处理

基层应平整、坚固，表面应洁净，其油污和浮浆应清理干净；上道工序留下的沟槽、孔洞等应进行填实修整；地面施工前应提前洒水润湿，但在施工时表面不得有明水，宜采用界面处理剂进行界面处理，如光滑的基面宜采用相匹配的界面砂浆进行界面处理，对于有防水要求的地面，施工前应对立管、套管、地漏以及楼板节点之间进行密封处理。

2. 一般地面砂浆的施工要点

（1）面层砂浆的铺设宜在室内装饰工程基本完工后进行。

（2）一般地面砂浆在铺设时，应随铺随压实，抹平和压实的工作应在砂浆凝结前完成。

（3）地面砂浆应一次成型，总厚度应不小于 20mm；踏步面层施工时，应采取保证每级踏步尺寸均匀的措施，且误差不应大于 10mm。

（4）做踢脚线前，应弹好水平控制线，并应采取措施控制出墙厚度的一致，踢脚线突出墙面的厚度应不大于 8mm。

（5）一般地面砂浆铺设时，应设置分格缝，分格缝间距应不大于 6mm。

（6）地面面层砂浆凝结后，应及时采取保湿养护措施，其养护时间应不少于 7d；面层砂浆的抗压强度未达到设计要求时，则应采取保护措施，地面砂浆在硬化初期不得踩踏；地面砂浆施工完成后，应采取防止沾污和损坏的措施。

6.5　湿拌砂浆的防水砂浆

防水砂浆为一种刚性防水材料，通过提高砂浆的密实性及改进抗裂性以达到防水抗渗的目的。其主要用于不会因结构沉降，温度、湿度变化以及受振动等产生有害裂缝的防水工程。用作防水工程防水层的防水砂浆有三种：①刚性多层抹面的水泥砂浆；②掺防水剂的防水砂浆；③聚合物水泥防水砂浆。

刚性多层抹面类水泥砂浆，由水泥加水配制的水泥素浆和由水泥、砂、水配制的水泥砂浆，将其分层交替抹压密实，以使每层毛细孔通道大部分被切断，残留的少量毛细孔也无法形成贯通的渗水孔网。硬化后的防水层具有较高的防水和抗渗性能。水泥采用通用42.5级，水泥砂浆1∶2或1∶3，水灰比为0.40~0.50。

6.5.1 掺防水剂类的防水砂浆

在水泥砂浆中掺入各类防水剂以提高砂浆的防水性能，常用的掺防水剂的防水砂浆有氯化物金属类防水砂浆、氯化铁类防水砂浆、金属皂类防水砂浆、引气型减水剂类防水砂浆和U型膨胀剂防水砂浆等。液体防水外加剂的掺量一般为水泥用量的1.5%~3.0%；粉剂防水外加剂的掺量一般为水泥用量的0.8%~1.5%；U型膨胀剂的掺量为水泥用量的6%~10%（内掺）。防水剂产品质量应满足《砂浆、混凝土防水剂》（JC 474—2008）标准。防水剂种类如下：

（1）氯化物金属类。由氯化钙、氯化铝等金属盐和水按一定比例混合配制的一种淡黄色液体，加入水泥砂浆中与水泥和水起作用。在砂浆凝结硬化过程中生成含水氯硅酸钙、氯铝酸钙等化合物，填塞在砂浆的空隙中以提高砂浆的致密性和防水性。

（2）氯化铁类。用氧化铁皮、盐酸、硫酸铝为主要原料制成的氯化铁防水剂，呈深棕色溶液，主要成分为氯化铁、氯化亚铁及硫酸铝。该防水剂先用水稀释后再加入水泥、砂中搅拌，形成一种防水性能良好的防水砂浆。砂浆中氯化铁与水泥水化时析出的氢氧化钙作用生成氯化钙及氢氧化铁胶体，氯化钙能激发水泥的活性，提高砂浆的强度，而氢氧化铁胶体能降低砂浆的析水性，提高密实性。

（3）金属皂类。用碳酸钠或氢氧化钾等碱金属化合物、氨水、硬脂酸和水按一定比例混合加热皂化成乳白色浆液加入水泥砂浆中配制而成的防水砂浆，具有塑化效应，可降低水灰比，并使水泥质点和浆料间形成憎水化吸附层和生成不溶性物质，以堵塞硬化砂浆的毛细孔，切断和减少渗水孔道，增加砂浆密实性，使砂浆具有防水特性。

（4）引气型减水剂类。引气型减水剂可以降低砂浆的用水量，减少砂浆泌水和离析，提高砂浆施工性。封闭的气孔可以阻断泌水通道，提高砂浆抗渗性，特别适用于对抗冻、抗渗、防水和耐久性要求高的防水砂浆。

（5）U型膨胀剂类。U型膨胀剂，在防水砂浆中的作用：将U型膨胀剂加入水泥砂浆中，拌水后生成大量膨胀性结晶水化物产生的压应力可大致抵消砂浆干缩时产生的拉应力，从而防止或减少砂浆收缩开裂，并使砂浆致密化，砂浆抗渗性能提高；能产生化学压力，加入膨胀剂的砂浆受到外部完全约束时，U型膨胀剂的膨胀力在内部作用，钙矾石结晶不断填充孔隙，可以得到非常致密的无收缩砂浆，发挥与机械压力同样的效果。

6.5.2　掺防水剂类的防水砂浆施工

1. 混凝土墙抹水泥砂浆防水层

（1）刷水泥素浆：配合比为水泥∶水∶防水剂＝1∶0.6∶0.03（质量比），先将水泥与水拌和，然后加入防水剂搅拌均匀，再用软毛刷在基层表面涂刷均匀，随即抹底层防水砂浆。

（2）底层砂浆，用1∶2.5水泥砂浆，加水泥质量3%的防水剂，水灰比为0.5～0.6，稠度为60～90mm。先将防水剂和水泥、砂子拌匀后，再加水拌和。搅拌均匀后进行抹灰操作，底灰抹灰厚度为5～10mm，在灰未凝固之前用扫帚扫毛。砂浆要随拌随用。拌和及使用砂浆时间不宜超过60min，严禁使用过夜砂浆。

（3）刷水泥素浆：在底灰抹完后，常温时隔1d，再刷水泥素浆，配合比及做法与第一层相同。

（4）抹面层砂浆：刷过素浆后，紧接着抹面层砂浆，配合比同底层砂浆，抹灰厚度在5～10mm，凝固前要用木抹子搓平，用铁抹子压光。

（5）刷水泥素浆：面层抹完后1d刷水泥素浆一道，做法同（1）。

2. 砖墙抹水泥砂浆防水层

（1）基层浇水湿润：抹灰前一天用水管把砖墙浇透，第二天抹灰时再把砖墙洒水湿润。

（2）抹底层砂浆：配合比为水泥∶砂＝1∶2.5，加水泥质量3%的防水剂。先用铁抹子薄薄刮一层，然后用木抹子上灰，搓平，压实表面并顺平。抹灰厚度为6～10mm。

（3）抹水泥素浆：底层抹完后1～2d，将表面浇水湿润，再抹水泥防水素浆，掺水泥质量3%的防水剂。先将水泥与防水剂拌和，然后加入适量水搅拌均匀，用铁抹子薄薄抹一层，厚度在1mm左右。

（4）抹面层砂浆：抹完水泥素浆之后，紧接着抹面层砂浆，配合比与底层相同，先用木抹子搓平，后用铁抹子压实、压光。抹灰厚度为6～8mm。

（5）刷水泥素浆：面层抹灰1d后，刷水泥素浆，做法同上。

3. 地面抹水泥砂浆防水层

（1）清理基层：将垫层上松散的混凝土、砂浆等清洗干净，凸出的鼓包剔除。

（2）刷水泥素浆：配合比为水泥∶防水剂＝1∶0.03（质量比），加上适量水拌和成粥状，铺摊在地面上，用扫帚均匀扫一遍。

（3）抹底层砂浆：底层用1∶3水泥砂浆，掺入水泥质量3%的防水剂。拌好的砂浆倒在地上，用杠尺刮平，木抹子顺平，铁抹子压一遍。

（4）刷水泥素浆：常温间隔1d后刷水泥素浆一道，做法同上。

（5）抹面层砂浆：刷水泥素浆后，接着抹面层砂浆，配合比及做法用底层。

（6）刷水泥素浆：面层砂浆初凝后刷最后一遍素浆，使其与面层砂浆紧密结合在一起，并压光、压实。

（7）养护：待地面有一定强度后，表面盖麻袋或草袋经常浇水湿润，养护时间视气温条件决定，一般为7d，此期间不得受静水压作用。冬期养护环境温度不宜低于5℃。

6.5.3 聚合物水泥类防水砂浆

聚合物水泥砂浆是由水泥、集料和可以分散在水中的有机聚合物搅拌而成的。聚合物可以是由一种单体聚合而成的均聚物，也可以是由两种或更多的单聚体聚合而成的共聚物。聚合物必须在环境条件下成膜覆盖在水泥上，并使水泥机体与集料形成强有力的粘结。聚合物水泥砂浆硬化后，砂浆中的聚合物可有效地封闭连通的孔隙，增加砂浆的密实性及抗裂性，从而可以改善砂浆的抗渗性及抗冲击性。目前，用于改性水泥砂浆的聚合物专用胶乳产品有氯丁胶乳、丁苯胶乳、聚丙烯酸酯乳（丙乳）和环氧乳液等。其适用范围：建筑结构混凝土加固，人防设施防水堵漏；水库大坝、港口防渗处理；热水池、垃圾填埋场、化工仓库、化工槽等防化学品腐蚀建筑；路面、桥面、隧道、涵洞混凝土修补；工业和民用建筑屋面、卫生间、地下室防渗漏处理；钢结构和钢筋混凝土防水。

1. 丙乳砂浆

聚丙烯酸酯乳液水泥砂浆又称丙乳砂浆，是由丙烯酸酯共聚乳液改性的聚合物水泥砂浆。丙乳砂浆是用丙烯酸酯、甲基丙烯酸酯共聚而成，并采用特殊工艺及专用乳化剂及助剂制成的以水为介质的乳白色、无沉淀的乳液，固体含量39%～41%，密度≥$1.056g/cm^3$。加入水泥砂浆后也称为聚合物水泥砂浆。该砂浆具有优异的粘结、抗裂、抗冻、防渗、防腐、抗氯离子渗透、耐老化和耐蚀性能，适用于海洋、水闸、瀑布、港口工程、公路、桥梁、冶金、化工、工业地坪与民用建筑等钢结构和钢筋混凝土结构的防渗、防腐护面和修补工程。

产品特点：丙乳砂浆与钢铁的粘结力比普通水泥砂浆高1倍以上，与旧砂浆的粘结力高2～4倍。丙乳砂浆的抗裂性、抗碳化性和密实性均比普通水泥砂浆有明显提高。丙乳砂浆有良好的抗冻性。防水抗渗效果好；粘结强度高，能与结构形成一体；抗腐蚀能力强，丙乳砂浆能耐酸、碱、盐以及其他化学品腐蚀；耐高湿、耐老化、抗冻性好；产品水性无毒，符合环保要求。

丙乳砂浆配合比及原材料的选用如下：

在原材料进行选用时，水泥采用不低于42.5级的普通硅酸盐水泥；砂子选用细度模数1.6，粒径小于2.5mm的过筛细砂即可；聚合物丙乳的固体含量为39%～48%，砂浆用水总量应考虑丙乳中的含水量。丙乳砂浆配合比：灰砂比1∶1～1∶2；灰乳比1∶0.15～1∶0.30；水灰比0.40左右。建议混凝土建筑物表面剥蚀、水质侵蚀、钢筋锈蚀修补采用下限配合比；有防渗要求的裂缝、冲磨、空蚀等修补采用上限配合比。施工前应根据现场水泥和砂子及施工和易性要求通过试拌确定水灰比，丙乳砂浆应尽量选用小水灰比。

施工方法及注意事项：

（1）基面处理：凿除旧混凝土表面剥蚀层，用水冲洗干净，保持基本干净、坚实。

（2）在基面上涂刷一层丙乳净浆，配比为丙乳∶水泥 = 1∶（1 ~ 1.5），搅匀，并在净浆未硬化时铺筑丙乳砂浆。乳液砂浆参考配合比：水泥∶砂子∶乳液 = 100∶（100 ~ 200）∶（10 ~ 15），防腐抗渗要求高时可将丙乳用量提高（35 ~ 40），水量相应减少。典型配比：丙烯酸酯共聚乳液混合液 15 + 42.5 级普通硅酸盐水泥 100 + 细砂 167 + 水 50。

（3）施工后的砂浆层须养护 7d。

（4）砂浆施工的环境温度为 10 ~ 30℃，不应低于 5℃，原材料不得受潮、雨淋、日晒和杂物污染。

（5）不宜在雨天、冰冻时施工。若必须在冬期施工，则应采取必要的防冻措施。

（6）丙乳应随拌随用，不可一次拌料过多，且每次拌料宜在 2 ~ 3h 内用完。铺筑面积大时可用机械喷涂，分格施工。

聚丙烯酸酯乳液腻子和砂浆的参考配比，见表 6-1。

表 6-1　聚丙烯酸酯乳液腻子和砂浆的参考配比

材料名称	聚丙烯酸酯乳液腻子	聚丙烯酸酯乳液砂浆
42.5 级普通硅酸盐水泥	100	100
聚丙烯酸酯乳液	25 ~ 35	25 ~ 40
消泡剂	0.3	0.3
重钙粉	100 ~ 200	—
砂子	—	100 ~ 150
水	0 ~ 10	0 ~ 10

注：搅拌时先将水泥与砂子或粉料干拌均匀，再将聚丙烯酸酯乳液和水拌和，拌好的料要在 45min 内用完。施工的基层必须洁净，表面必须潮湿但无积水。施工后潮湿养护。打底和后刷面层采用的丙乳净浆配合比为 1kg 丙乳加 2kg 水泥搅拌成浆，拌制的丙乳砂浆终凝时间约为 4h。

2. 氯丁胶乳防水砂浆

氯丁胶乳防水砂浆，是由氯丁胶乳防水乳液、特种胶凝材料、优质集料按特殊工艺混合而成，其中阳离子氯丁胶乳是一种高聚物分子改性基高分子防水防腐材料。氯丁胶乳防水/防腐砂浆寿命长，施工方便，长期浸泡在水里寿命在 50 年以上。该砂浆具有优异的粘结、抗裂、抗冻、防渗、防腐、抗氯离子渗透、耐磨、耐老化等性能，适用于水利、港口工程、公路、桥梁、冶金、化工、工业与民用建筑等钢结构和钢筋混凝土结构的防渗、防腐护面和修补工程。

氯丁胶乳防水砂浆施工说明如下：

（1）基面处理。

① 基层表面应平整、粗糙、清洁，无油污、起砂、空鼓、裂缝等现象。施工前应用高压水冲洗并保持潮湿状态，施工时不得有积水。混凝土墙面如有蜂窝及松散的混凝土，要剔掉，用水冲刷后用 1∶3 水泥砂浆抹平或用 1∶2 干硬性水泥砂浆抹实。表面油污应用 10% 火碱水溶液刷洗干净，混凝土表面应凿毛。

② 在钢界面上施工时，基层表面应无油污、浮锈，焊缝和搭接部位应用氯丁胶乳砂浆找平后，再进行施工。

（2）配制砂浆：氯丁胶乳防水防腐砂浆宜采用人工拌和，当采用机械拌和时，应使用立式复式搅拌机。拌制时不宜剧烈搅动；拌匀后，不宜再反复搅拌和加水，配置好的砂浆应在 1h 内用完。

（3）使用步骤：

① 铺抹氯丁胶乳砂浆前应先涂刷氯丁胶乳水泥净浆一遍，净浆按照水泥 100 ~ 200∶氯丁胶乳 38 ~ 50 的比例掺加，根据施工情况还需加入适量改性剂，边涂刷边摊铺氯丁胶乳水泥砂浆。若基面毛糙、平整，在满足施工性的条件下，也可直接涂抹配好的氯丁胶乳防水防腐砂浆，建议配合比为水泥∶砂∶乳胶 = 1∶2∶0.35（质量比）。

② 砂浆一次施工面积不宜过大，应分条或分块错开施工，每块面积不宜大于 12m^2，条宽不宜大于 1.5m，补缝或分段错开的施工间隔时间应不小于 24h。坡面的接缝木条或聚氯乙烯条应预先固定在基层上，待砂浆抹面后抽出留缝条并在 24h 后进行补缝。分层施工时，留缝位置应相互错开。

③ 氯丁胶乳水泥砂浆摊铺完后应立即压抹，并宜一次抹平，不宜反复抹压。遇到气泡时应刺破压紧，表面应密实。

④ 在立面或仰面上施工时，当面层厚度大于 10mm 时，应分层施工，分层抹面厚度宜为 5 ~ 10mm。待前一层干至不黏手时可进行下一层施工。

⑤ 氯丁胶乳防水砂浆施工 12 ~ 24h 后，宜在面层上再涂刷一层水泥净浆。

（4）养护：氯丁胶乳水泥砂浆抹面后，表面干至不黏手时即进行喷雾或覆盖塑料薄膜、麻袋进行养护。塑料薄膜四周应封严，养护周期最好是潮湿养护 7d，再自然养护 21d。

3. 环氧乳液砂浆

环氧树脂砂浆以环氧树脂为主剂，配以促进剂等一系列助剂，经混合固化后形成一种高强度、高粘结力的固结体，具有优异的抗渗、抗冻、耐盐、耐碱、耐弱酸防腐蚀性能及修补加固性能。环氧树脂一般与添加物同时使用，以获得应用价值。添加物可按不同用途加以选择，常用添加物有以下几类：①固化剂；②改性剂；③填料；④稀释剂；⑤其他。其中固化剂是必不可少的添加物，无论是作粘接剂、涂料、浇注料都需添加固化剂，否则环氧树脂不能固化。由于用途性能要求各不相同，对环氧树脂及固化剂、改性剂、填料、稀释剂等添加物也有不同的要求。

（1）主要特性：

① 常温施工，常温条件下各组分材料、施工器具及混凝土基面均不需要加热，易于施工操作。

② 不黏器具、施工方便快捷。外观颜色与混凝土基本一致，施工时类似于水泥砂浆不黏工器具，成品包装，使用操作简单，施工方便快捷，施工面平整、光洁，易于保证施工质量。

③ 无毒、无污染。国家建筑材料测试中心的毒性试验检测结果表明环氧砂浆的各项主要毒性成分的含量均远低于国家室内装修材料标准。

④ 柔韧性良好。具有良好的柔韧性和抗冲击性能，能够抵抗外力引起的变形，降低体系产生的内应力，提高材料的适应性能。

⑤ 与混凝土的匹配性和耐久性能优良。具有良好的抗老化和抗碳化性能，其线性热膨胀系数与普通混凝土基本一致，涂层能与混凝土在不同温度条件下实现同步变形，避免了因两种材料的胀缩性能差异太大而使界面应力过大，造成涂层脱空、开裂。

⑥ 主要力学性能优良。抗冲磨强度是C50硅粉混凝土的3～5倍，与混凝土粘结牢固。

⑦ 能够适用于干燥面、潮湿面、低温环境以及抗推移等不同条件下的施工需要。

（2）主要应用领域：

① 用于水工建筑物过流面的抗冲磨损、抗气蚀与抗冻融保护，以及破坏后的修复。

② 用于混凝土建筑物的缺陷修补以及补强与加固处理。

③ 用于化工、石油、工厂、码头等混凝土或金属构件抗酸碱盐腐蚀的防护与修补。

④ 用于公路、桥梁、机场跑道、车间等工程部位的抗磨损防护与修补等。

（3）常用的环氧树脂砂浆配合比（质量比，单位：g）如下：

① E-44环氧树脂205，邻苯二甲酸二丁酯66，乙二胺14，水泥379，干砂740。

② E-44环氧树脂320，邻苯二甲酸二丁酯58，乙二胺38，水泥640，干砂960。

③ E-44环氧树脂100，聚酰胺50，丙酮10，水泥100，干砂150。

④ E-44环氧树脂100，丙酮15，乙二胺8，水泥200，干砂500。

⑤ E-44 环氧树脂 100，乙二胺 10，邻苯二甲酸二丁脂 10，丙酮 20，42.5 级水泥 300，砂 475。

⑥ E-44 环氧树脂 100，聚酰胺 50，丙酮 10，水泥 100，干砂 150。

⑦ E-44 环氧树脂 100，乙二胺 8，二丙酯 10，丙酮 10，干砂 250。

⑧ 环氧树脂界面处理剂配比：E－44 环氧树脂 205，邻苯二甲酸二丁酯 15，乙二胺 7，丙酮 20。环氧界面剂配制过程：把环氧树脂加热至 60℃，加入邻苯二甲酸二丁脂和丙酮拌匀，再加入乙二胺拌匀。

（4）环氧树脂砂浆配制与施工方法：

① 砂子过 4.75mm 筛后，必须先烘干，降温到 35℃左右，称砂、水泥均匀拌和后备用。

② 称取环氧树脂，然后加热到 40～60℃的液体状态。

③ 待环氧树脂冷却到 35℃左右时，加入称好的丙酮搅拌均匀，再加入乙二胺再搅拌均匀。

④ 将水泥和干砂混合料，均匀拌和在环氧树脂胶体中，如拌和困难再加热到 35℃左右或者再加少量丙酮拌和均匀到可以施工的砂浆稠度。

⑤ 将拌好的环氧砂浆灌入清理好的施工部位，保持不漏浆和浆体稳定，静止 2～4h 即可拆模。拆模后，修整砂浆表面，为了美观必要时可以面层涂刷水泥浆。

⑥ 施工时，气温不低于 15℃，不超过 40℃，环氧界面剂的涂抹厚度不超过 1mm，涂刷界面剂需间隔 30min 后，才能粘贴玻璃丝布，以防产生气泡。施工结束后，要用草袋子或黑塑料布遮盖，严禁用水养护。

⑦ 拌制好的环氧砂浆，应在 35min 内施工完毕。

第7章　特种干混砂浆技术

干混砂浆，早期也称干粉砂浆，也是水硬性水泥混合砂浆，是指经干燥筛分处理的集料（如石英砂）、无机胶凝材料（如水泥）和添加剂（如聚合物）等按一定比例进行物理混合而成的一种颗粒状或粉状，以袋装或散装的形式运至工地，加水拌和后即可直接使用的物料，又称作砂浆干粉料、干混料、干拌粉，有些建筑黏合剂也属于此类。根据《预拌砂浆》（GB/T 25181—2019）的定义，干混砂浆是指水泥、干燥集料或粉料、添加剂以及根据性能确定的其他组分，按照一定比例，在专业生产厂经计量、混合而成的混合物，在使用地点按照规定比例加水或配套组分拌和使用。

干混砂浆起源于欧洲，德国的干混砂浆是典型代表，20世纪80年代东南亚国家开始兴起，目前在日本、韩国、泰国、澳大利亚等地区，都有规模化的专业化的干混砂浆工厂，中国在20世纪90年代后期才引进这项技术，目前无论是干混砂浆成套设备还是砂浆专业技术水平都得到了快速发展。本书干混砂浆是指除了普通干混砂浆（干混砌筑砂浆、干混抹灰砂浆、干混地面砂浆）以外的特殊功能用途的砂浆。干混砂浆用砂需经烘干处理（干法机制砂除外），并配备筛分设备进行筛选，因此砂粒级配可控，物料计量精确，可满足客户对高品质砂浆的需求，不仅能够生产各类普通干混砂浆，更能生产利润空间更大的特种砂浆，如保温砂浆、防水砂浆、瓷砖粘贴和填缝砂浆、各种灌浆料、自流平砂浆等。干混砂浆的优势如下：

（1）生产质量有保证。干混砂浆由专业厂家生产，有固定的场所、成套的设备、精确的计量、完善的质量控制体系，如完善的计算机控制系统确保整个生产过程准确稳定。河砂的烘干控制了砂的含水量（一般要求≤0.5%）、除尘控制了砂的含泥量（一般要求≤0.5%）、筛分控制了级配（一般特种砂浆生产所需的砂粒径小于2.5mm，并将其分几个区间分别储存，在生产时再按产品所需进行合理级配）。精确的计算机控制计量，保证了原材料称量的准确性。强制机械拌和保证了各物料混合均匀。规范严格的品质检验使产品品质均衡。如此多种措施，充分保证了产品质量。

（2）施工性能与质量可控。干混砂浆根据产品种类及性能要求，特定设计配合比并添加多种外加剂进行产品改性，如常用的外加剂有纤维素醚、可再分散乳胶粉、触变润滑剂、消泡剂、引气剂、促凝剂、憎水剂等。改性的砂浆具有优异的施工性能和品质，良好的和易性方便砌筑、抹灰和泵送，提高施工效率；由于其优异的施工性能和品质可控使施工质量提高，使得建筑物维修返工的概率大大减少，同时也降低了建筑物的长期维护费用。

（3）产品种类齐全满足各种不同工程要求。干混砂浆生产企业可以根据不同的基体材料和功能要求设计配方，如针对各种吸水率较大的加气混凝土砌块、灰砂砖、陶粒混凝土空心砌块、粉煤灰砖等墙体材料设计的高保水性砌筑与抹灰砂浆；用于地面要求高平整度的自流平地面砂浆等，也可满足多种功能性要求，如保温、抗渗、灌浆、修补、装饰等。据不完全统计干粉砂浆的种类已有 50 多种，其中绝大多数品种为特种干混砂浆。

（4）高质环保的材料具有明显的社会效益，干混砂浆是工厂预拌的材料，只需在工地加水搅拌均匀即可使用，大量减轻建筑工人的劳动强度，且扬尘较少，更环保。

7.1 干混砂浆的原材料

干混砂浆的种类很多，其原材料种类比普通抹面和砌筑砂浆所用的原材料要丰富得多。生产干混砂浆应尽量利用当地矿产资源和工业废渣，其原料组成一般如下：胶凝材料采用水泥、石膏等；主要集料有河砂、石英砂、机制砂、膨胀珍珠岩等；矿物掺合料主要是工业副产品、工业废料等，如粒化高炉矿渣粉、粉煤灰、火山灰、硅灰及石灰石粉等；另外还有保水增稠材料及各种特殊外加剂如纤维素醚、可再分散乳胶粉、触变润滑剂、消泡剂、引气剂、促凝剂、憎水剂等。干混砂浆的原材料及类别见表 7-1。

表 7-1　干混砂浆的原材料及类别

胶凝材料	细集料	掺合料	添加剂
普通硅酸盐水泥	河砂	粉煤灰	纤维素醚
硫铝酸盐水泥	石英砂	矿渣微粉	可再分散乳胶粉
铝酸盐水泥	机制砂	硅灰	粉体减水剂
其他特殊水泥	尾矿砂	重钙粉	粉体引气剂
建筑石膏	彩色砂	轻质填料	粉体早强剂
石灰		灰钙粉	促凝剂
		功能性填料	触变剂
			防冻剂
			抗裂纤维
			无机添加剂

7.1.1 胶凝材料

1. 普通硅酸盐水泥

在第 3 章的 3.1 节已经介绍，这里不再赘述。

2. 硫铝酸盐水泥

根据《硫铝酸盐水泥》（GB/T 20472—2006）规定，以适当成分的生料，经煅烧所得以无水硫铝酸钙和硅酸二钙为主要矿物成分的熟料和不同量的石灰石、适量石膏共同磨细制成，具有水硬性的胶凝材料，称为硫铝酸盐水泥。它包括快硬硫铝酸盐水泥、低碱度硫铝酸盐水泥和自应力硫铝酸盐水泥，快硬硫铝酸盐水泥的水化和凝结硬化很快，水化放热速度快，早期强度高。在常温下，其 12h 的强度可超过 30～40MPa，如掺入早强剂，早期强度还可以提高，所以，特别适用于早期强度要求高的工程抢修（修补）、喷锚支护、堵漏注浆、灌浆料等。快硬硫铝酸盐水泥的水化产物主要是水化硫铝酸钙（AFt，AFm）、水化硅酸钙和铝胶。因此，具有硬化早期微膨胀、后期收缩量小、耐腐蚀性强的特点。砂浆中常用的硫铝酸盐水泥的物理性能见表 7-2，特种砂浆中用快硬 42.5 级硫铝酸盐水泥为多见。

表 7-2 硫铝酸盐水泥的物理性能（GB 120472—2006）

项目			指标	
			快硬硫铝酸盐水泥	低碱度硫铝酸盐水泥
比表面积（m^2/kg）		≥	350	400
凝结时间（min）	初凝	≤	25	25
	终凝	≥	180	180
碱度，pH 值		≤	—	10.5
28d 自由膨胀率（%）			—	0.00～0.15
抗压强度（MPa）			3d：42.5、52.5、62.5、72.5	7d：32.5、42.5、52.5

3. 铝酸盐水泥

凡以铝酸钙为主的铝酸盐水泥熟料，磨细制成的水硬性胶凝材料称为铝酸盐水泥，其代号为 CA。根据需要也可以在磨制 Al_2O_3 含量大于 68% 的水泥时掺加适量的 $a-Al_2O_3$ 粉。铝酸盐水泥按照 Al_2O_3 含量百分数可分为以下四类：

CA-50，50% ≤ Al_2O_3 < 60%；CA-60，60% ≤ Al_2O_3 < 68%；

CA-70，68% ≤ Al_2O_3 < 77%；CA-80，77% ≤ Al_2O_3。

铝酸盐水泥的物理性能要求：细度方面，比表面积 ≥ 300m^2/kg 或 0.045mm 筛余 < 20%。凝结时间方面，CA-50、CA-70、CA-80 初凝时间不得早于 30min，终凝时间不得迟于 6h；CA-60 初凝时间不得早于 60min，终凝时间不得迟于 18h。铝酸盐水泥各龄期强度值不得低于表 7-3 的数值。

表 7-3 铝酸盐水泥胶砂强度（GB 201—2000）

铝酸盐水泥类型	抗压强度（MPa）			抗折强度（MPa）		
	1d	3d	28d	1d	3d	28d
CA-50	40	50	—	5.5	6.5	—
CA-60	20	45	85	2.5	5.0	10.0

续表

铝酸盐水泥类型	抗压强度（MPa）			抗折强度（MPa）		
	1d	3d	28d	1d	3d	28d
CA-70	30	40	—	5.0	6.0	—
CA-80	25	30	—	4.0	5.0	—

铝酸盐水泥属于早强性水泥，其1d强度可达3d强度的80%以上，3d强度便可达到普通硅酸盐水泥28d的水平，后期强度增长不显著。铝酸盐水泥主要用于要求快硬特性或者具有高温稳定性的干拌砂浆，如自流平干混砂浆，还可以用于刚性堵漏及建筑防水的干混砂浆。一些干混砂浆产品如自流平砂浆，因铝酸盐水泥水化过程中产生晶型转变，故在使用时容易导致硬化砂浆表面泛白、起粉等缺陷，宜在铝酸盐水泥中加入二水石膏、沸石等材料来配制预拌砂浆，以改善砂浆产品性能，改性后的产品硬化速度快，后期强度不倒缩，在水化放热条件下晶型稳定。

4. 白水泥

凡以适当成分的生料烧至部分熔融，所得到的以硅酸钙为主要成分、氧化铁含量很少的白色硅酸盐水泥熟料，再加入适量石膏和石灰岩类混合材料，共同磨细制成的水硬性胶凝材料，称为白色硅酸盐水泥，简称白水泥。有32.5、42.5、52.5 3个强度等级，光谱测色仪、光电积分类测色仪器测试白水泥白度，白度分为P. W-1级和P. W-2级，其值分别不小于89和87。产品质量应符合《白色硅酸盐水泥》（GB/T 2015—2017）。用于建筑装饰工程的粉刷、雕塑、地面、楼梯、亭柱、台阶的装饰和制造各种颜色的水泥混凝土（砂浆）制品。

5. 建筑石膏

以石膏作为原材料，可制成多种石膏胶凝材料，我国石膏资源丰富，且分布较广，兼之建筑性能优良、制作工艺简单，因此近年来石膏砂浆、石膏板、建筑饰面板等石膏制品发展很快，已成为极有发展前途的新型建筑材料之一。

（1）石膏的生产与主要品种。生产石膏的原料主要是含硫酸钙的天然石膏（又称生石膏）或含硫酸钙的化工副产品和废渣（如磷石膏、氟石膏、硼石膏等），其化学式为$CaSO_4 \cdot 2H_2O$，也称二水石膏。常用天然二水石膏。石膏的生产工序主要是破碎、加热与磨细。因原材料质量不同、煅烧时压力与温度不同，可得到不同品种的石膏。二水石膏在不同温度下的生成物及性质见表7-4。

表7-4　二水石膏在不同温度下的生成物及性质

煅烧温度	生成物	性质
107~170℃（常压）	β型半水石膏 $CaSO_4 \cdot 1/2H_2O$	加水后生成$CaSO_4 \cdot 2H_2O$，凝结硬化很快，放出热量，体积略膨胀（0.5%~1%）

续表

煅烧温度	生成物	性质
125℃ （0.13MPa）	α 型半水石膏 $CaSO_4 \cdot 1/2H_2O$	需水量（35% ~45%）较 β 型半水石膏（60% ~80%）小，故硬化后为高强度石膏
170 ~200℃	可溶硬石膏 $CaSO_4$ Ⅲ	水化凝结较快，同时放出大量热，需水量较 β 型半水石膏高，强度较低
>400℃	硬石膏 $CaSO_4$ Ⅱ	400 ~500℃是难溶石膏，500 ~750℃为不溶石膏
>800℃	煅烧石膏 $CaSO_4$ 和少量 CaO	不加激发剂也具有水化硬化能力，凝结较慢，耐水性好，耐磨性高

① 建筑石膏。根据《建筑石膏》（GB/T 9776—2008）中的定义，建筑石膏是天然石膏或工业副产石膏经脱水处理制得的以 β 型半水硫酸钙（$\beta-CaSO_4 \cdot 1/2H_2O$）为主要成分，不预加任何外加剂和添加物的粉体胶凝材料。建筑石膏呈白色或白灰色粉末，密度为 2.60 ~2.78g/cm^3，堆积密度为 800 ~1000kg/m^3，多用于建筑抹灰、粉刷、砌筑砂浆及各种石膏制品。按照原材料的种类可以分为天然建筑石膏［N］、脱硫建筑石膏［S］、磷建筑石膏［P］。按照 2h 抗折强度分为 3.0MPa、2.0MPa、1.6MPa 3 个等级。建筑石膏中 β 型半水硫酸钙（$\beta-CaSO_4 \cdot 1/2H_2O$）的含量（质量分数）应不小于 60%。建筑石膏的物理力学性能应符合表 7-5 的数值。

表 7-5　建筑石膏的物理力学性能（GB/T 9776—2008）

技术指标 \ 产品等级		等级		
强度（MPa）	抗折强度不小于（MPa）	3.0	2.0	1.6
	抗压强度不小于（MPa）	6.0	4.0	3.0
细度（%）	0.2mm 方孔筛筛余不大于（%）	10		
凝结时间（min）	初凝时间不小于（min）	6		
	终凝时间不大于（min）	30		

注：1. 指标中有一项不符合，应予降级或报废。
2. 表中强度为 2h 的强度值。强度测定采用 40mm ×40mm ×160mm 三联试模。

将天然二水石膏在石膏炒锅或沸腾炉内煅烧（温度控制在 107 ~170℃范围），脱水成为细小晶体的 β 型半水石膏（也称熟石膏），再经磨细制得。其反应式为：

$$CaSO_4 \cdot 2H_2O \xrightarrow{107\sim170℃} CaSO_4 \cdot 0.5H_2O + 1.5H_2O$$

② 高强度石膏。将二水石膏在 0.13Pa 大气压、124℃的密闭压蒸釜内蒸炼脱水成为 α 型半水石膏，再经磨细制得高强度石膏。与 β 型半水石膏相比，α

型半水石膏的晶体粗大且密实，达到一定稠度所需的用水量小（是石膏干重的35%～45%），只是建筑石膏的一半左右，因此这种石膏硬化后结构密实、强度较高，硬化7d的强度可达15～40MPa。

高强度石膏的密度为2.6～2.8g/cm^3，堆积密度为1000～1200kg/m^3。由于其生产成本较高，因此主要用于要求较高的抹灰工程、装饰制品和石膏板。另外掺入防水剂还可制成高强度防水石膏；加入有机材料如聚乙烯醇水溶液、聚醋酸乙烯乳液等，也可配成无收缩的粘结剂。

③ 粉刷石膏（抹灰石膏）。粉刷石膏是以半水石膏和Ⅱ型无水石膏，单独或混合后作为主要胶凝材料，配以适量的缓凝剂、保水剂等化学外加剂而制成的抹灰材料（GB/T 28627—2012）。它具有节省能源、凝结快（初凝不小于1h，终凝不大于8h）、施工周期短、粘结力好、不裂、不起鼓、表面光洁、防火性能好、自动调节湿度等优异性能且可机械化施工，因此是一种大有发展前途的抹灰材料。

（2）建筑石膏的凝结与硬化。建筑石膏加水拌和后，与水发生水化反应（简称水化）：

$$CaSO_4 \cdot \frac{1}{2}H_2O + 1\frac{1}{2}H_2O = CaSO_4 \cdot 2H_2O \downarrow$$

建筑石膏加水后，首先溶解于水，然后发生上述反应，生成二水石膏。由于二水石膏的溶解度较半水石膏的溶解度小许多，所以二水石膏不断地从过饱和溶液中沉淀析出。二水石膏的析出促使上述反应不断进行，直至半水石膏全部转变为二水石膏为止。这一过程进行得较快，需7～12min。

随着水化的不断进行，生成的二水石膏胶体微粒不断增多，这些微粒较原来的半水石膏更加细小，比表面积很大，吸附着很多的水分；同时浆体中的自由水由于水化和蒸发而不断减少，浆体的稠度不断增加，胶体微粒间的搭接、黏结逐步增加，颗粒间产生摩擦力和黏结力，使浆体逐步失去可塑性，即浆体逐渐产生凝结。随着水化的不断进行，二水石膏胶体微粒凝聚并转变为晶体。晶体颗粒逐渐长大，且晶体颗粒间相互搭接、交错、共生（两个以上晶粒生长在一起），使浆体失去可塑性，产生强度，即浆体产生了硬化，这一过程不断进行，直至浆体完全干燥，强度不再增加。此时浆体已硬化成为人造石材。

浆体的凝结硬化过程是一个连续进行的过程。从加水开始拌和一直到浆体刚开始失去可塑性的过程称为浆体的初凝，对应的这段时间称为初凝时间；将从加水拌和开始一直到浆体完全失去可塑性，并开始产生强度的过程称为浆体的终凝，对应的这段时间称为浆体的终凝时间。

（3）建筑石膏及其制品的性质。建筑石膏与其他胶凝材料相比有如下特点：

① 凝结硬化快。建筑石膏在加水拌和后，浆体在几分钟内便开始失去可塑性，30min内完全失去可塑性而产生强度（初凝时间不小于6min，终凝时间不大

于 30min)，2h 可达 3 ~ 6MPa。由于初凝时间短，造成施工困难，一般在使用时均需加硼砂或柠檬酸、亚硫酸盐纸浆废液、动物胶（需用石灰处理过）等缓凝剂，掺量为 0.1% ~ 0.5%，以延缓其初凝时间。掺缓凝剂后，石膏制品的强度将有所降低。

② 凝结硬化时体积微膨胀。石膏浆体在凝结硬化初期会产生微膨胀，膨胀率为 0.5% ~ 1.0%。这一性质使石膏制品的表面光滑、细腻，尺寸精确、形体饱满、装饰性好，因而特别适合制作建筑装饰制品。

③ 孔隙率大、体积密度小。建筑石膏在加水拌和时，为使浆体具有施工要求的可塑性，需加入建筑石膏用量的 60% ~ 80% 水，而建筑石膏水化的理论需水量为 18.61%，所以大量的自由水在蒸发时，在建筑石膏制品内部形成大量的毛细孔隙。其孔隙率达 50% ~ 60%，体积密度为 800 ~ 1000kg/m^3，属于轻质材料。

④ 保温性和吸声性好。建筑石膏制品的孔隙率大，且均为微细的毛细孔，所以导热系数小，一般为 0.121 ~ 0.205W/（m · K）。大量的毛细孔隙对吸声有一定的作用，特别是穿孔石膏板（板中有贯穿的孔径为 6 ~ 12mm 的孔眼）对声波的吸收能力强。

⑤ 强度较低。建筑石膏的强度较低，但其强度发展较快，2h 的抗压强度可达 3 ~ 6MPa，7d 抗压强度为 8 ~ 12MPa（接近最高强度）。高强石膏的晶粒粗，晶粒比表面积小，所以实际需水量小，一般为高强石膏用量的 30% ~ 40%，故高强石膏硬化后的抗压强度可达 10 ~ 40MPa。

⑥ 具有一定的调湿性。由于石膏制品内部的大量毛细孔隙对空气中的水蒸气具有较强的吸附能力，所以对室内的空气湿度有一定的调节作用。

⑦ 防火性好、但耐火性差。建筑石膏制品的导热系数小，传热慢，且二水石膏受热脱水产生的水蒸气能阻碍火势的蔓延，起到防火作用。但二水石膏脱水后，强度下降，因而不耐火。

⑧ 耐水性、抗渗性、抗冻性差。建筑石膏制品孔隙率大，且二水石膏可微溶于水，遇水后强度大大降低，其软化系数只有 0.2 ~ 0.3，是不耐水的材料。为了提高建筑石膏及其制品的耐水性，可以在石膏中掺入适当的防水剂（如有机硅防水剂），或掺入适量的白水泥等。

（4）建筑石膏的应用。建筑石膏的用途很广，主要用于室内抹灰、粉刷和生产各种石膏板等。

抹灰石膏（粉刷石膏）是由建筑石膏或由建筑石膏和 $CaSO_4$ Ⅱ 两者混合后再掺入外加剂而制成的抹灰材料。由于建筑石膏的优良特性，常被用于室内高级抹灰和粉刷。建筑石膏加水、砂及缓凝剂拌和成石膏砂浆，用于室内抹灰或直接采用粉刷石膏进行室内抹灰。抹灰后的表面光滑、细腻、洁白美观。石膏砂浆也作为油漆等的打底层，并可直接涂刷油漆或粘贴墙布或墙纸等。建筑石膏加水及缓凝剂拌和成石膏浆体，可作为室内粉刷涂料。其分类：面层粉刷石膏（F）；底层粉刷石膏（B）；轻质底层粉刷石膏（L）；保温层粉刷石膏（T）。

根据《抹灰石膏》(GB/T 28627—2012)中的规定，细度以1.0mm和0.2mm方孔筛的筛余百分比计，面层抹灰石膏分别应不大于0%和40%。初凝时间应不小于1h，终凝时间应不大于8h。可操作时间应不小于30min。保温层抹灰石膏的体积密度应不大于500kg/m^3，轻质底层抹灰砂浆的体积密度应不大于500kg/m^3。抹灰石膏的保水率和强度要求见表7-6。

表7-6　抹灰石膏的保水率和强度要求

产品类别	面层抹灰石膏	底层抹灰石膏	轻质底层抹灰石膏	保温层抹灰石膏
代号	F	B	L	T
保水率（%）	90	75	60	—
抗折强度（MPa）	3.0	2.0	1.0	—
抗压强度（MPa）	6.0	4.0	2.5	0.6
拉伸黏结强度（MPa）	0.5	0.4	0.3	—

6. 石灰

石灰是一种以氧化钙为主要成分的气硬性无机胶凝材料。石灰是用石灰石、白云石、白垩、贝壳等碳酸钙含量高的产物，经900～1100℃煅烧而成。石灰是人类最早应用的胶凝材料。生石灰呈白色或灰色块状，为便于使用，块状生石灰常需加工成生石灰粉、消石灰粉或石灰膏。生石灰粉是由块状生石灰磨细而得到的细粉，其主要成分是CaO，分为钙质石灰(CL90-CL75)和镁质石灰(ML85-ML80)；消石灰粉是块状生石灰用适量水熟化而得到的粉末，又称熟石灰，其主要成分是$Ca(OH)_2$，分为钙质消石灰(HCL90-HCL75)和镁质消石灰(HML85-HML80)；石灰膏是块状生石灰用较多的水(为生石灰体积的3～4倍)熟化而得到的膏状物，也称石灰浆，其主要成分是$Ca(OH)_2$。生石灰粉的产品质量宜符合《建筑生石灰》(JC/T480)标准；消石灰的产品质量宜符合《建筑消石灰》(JC/T481)标准。生石灰熟化后形成的石灰浆中，石灰粒子形成氢氧化钙胶体结构，颗粒极细(粒径约为1μm)，比表面积很大(10～30m^2/g)，其表面吸附一层较厚的水膜，可吸附大量的水，因而有较强保持水分的能力，即保水性好。将它掺入水泥砂浆中，配成混合砂浆，可显著提高砂浆的和易性。建筑生石灰粉的技术指标见表7-7，建筑消石灰粉的技术指标见表7-8。

表7-7　建筑生石灰粉的技术指标

项目	钙质生石灰粉			镁质生石灰粉		
	优等品	一等品	合格品	优等品	一等品	合格品
CaO + MgO 含量(%)，不小于	85	80	75	80	75	70

续表

项目		钙质生石灰粉			镁质生石灰粉		
		优等品	一等品	合格品	优等品	一等品	合格品
CO_2 含量(%)，不大于		7	9	11	8	10	12
细度	0.90mm 筛的筛余(%)，不大于	0.2	0.5	1.5	0.2	0.5	1.5
	0.125mm 筛的筛余(%)，不大于	7.0	12.0	18.0	7.0	12.0	18.0

表 7-8　建筑消石灰粉的技术指标

项目		钙质消石灰粉			镁质消石灰粉			白云石消石灰粉		
		优等品	一等品	合格品	优等品	一等品	合格品	优等品	一等品	合格品
CaO + MgO 含量(%)，不小于		70	65	60	65	60	55	65	60	55
游离水(%)		0.4 ~ 2	0.4 ~ 2	0.4 ~ 2	0.4 ~ 2	0.4 ~ 2	0.4 ~ 2	0.4 ~ 2	0.4 ~ 2	0.4 ~ 2
体积安定性		合格	合格	—	合格	合格	—	合格	合格	—
细度	0.90mm 筛的筛余(%)，不大于	0	0	0.5	0	0	0.5	0	0	0.5
	0.125mm 筛的筛余(%)，不大于	3	10	15	3	10	15	3	10	15

石灰依靠干燥结晶以及碳化作用而硬化，由于空气中的二氧化碳含量低，且碳化后形成的碳酸钙硬壳阻止二氧化碳向内部渗透，也妨碍水分向外蒸发，因而硬化缓慢，硬化后的强度也不高，1∶3的石灰砂浆 28d 的抗压强度只有 0.2 ~ 0.5MPa。在处于潮湿环境时，石灰中的水分不蒸发，二氧化碳也无法渗入，硬化将停止；加上氢氧化钙微溶于水，已硬化的石灰遇水还会溶解溃散。因此，石灰不宜在长期潮湿和受水浸泡的环境中使用。

石灰的保水性、可塑性好，工程上常被用来改善砂浆的保水性，以克服水泥砂浆保水性差的缺点。石灰凝结硬化速度慢、强度低、耐水性差。石灰的干燥收缩大，因此除粉刷以外，不宜单独使用。除了天然原料生产石灰外，石灰的另一个来源是利用化学工业副产品即电石渣［主要成分为 $Ca(OH)_2$］。石灰在建筑上的主要用途如下：

（1）石灰乳涂料，石灰加大量的水所得的稀浆，即为石灰乳。其主要用于要求不高的室内粉刷。

（2）砂浆，利用石灰膏或消石灰粉可配制成石灰砂浆或水泥石灰混合砂浆，用于抹灰和砌筑，可增加干粉砂浆的可塑性、可施工性和黏结强度，减少开裂。

（3）灰土和三合土，消石灰粉与黏土拌和后称为灰土，再加砂或石屑、炉渣等即成三合土。灰土和三合土广泛用于建筑物的基础和道路的垫层。

（4）硅酸盐混凝土及其制品，以石灰与硅质材料（如石英砂、粉煤灰、矿渣等）为主要原料，经磨细、配料、拌和、成型、养护（蒸汽养护或压蒸养护）等工序得到的人造石材。常用的硅酸盐混凝土制品有蒸汽养护和压蒸养护的各种粉煤灰砖、灰砂砖、砌块及加气混凝土等。

7.1.2 细集料

细集料中的河砂和机制砂，在第3章中的3.4～3.5节中已有介绍，这里不再赘述。

（1）石英砂。石英砂是一种坚硬、耐磨、化学性能稳定的硅酸盐矿物，其主要矿物成分是 SiO_2，石英砂的颜色为乳白色或无色半透明状，硬度7，密度为2.65，普通石英砂，即 $SiO_2 \geqslant 90\% \sim 99\%$、$Fe_2O_3 \leqslant 0.06\% \sim 0.02\%$，耐火度1750℃，一般是采用天然石英矿石，经破碎、水洗、烘干、二次筛选而成；外观呈多棱形、球状，颜色为纯白色、淡白色、浅黄白色等。常用规格有0.5～1mm、1～2mm、2～4mm、10～20目、20～40目、40～80目、100～120目。石英砂常用规格目数及用途：外墙保温砂浆用石英砂：粘结砂浆用40～70目、抹面砂浆用50～100目；瓷砖胶粘剂（粒径0.3mm以下）；界面处理剂（粒径0.3mm以下）等。需要注意的是，近年来有很多厂家也直接使用石英岩粉碎后筛选的石英砂，由于直接取于母岩，干燥性好但是颗粒球型度差，多含棱角状和片状颗粒，对砂浆产品的强度和工作性（特别是保坍流动性）有一些不利的影响。因此，无论是河砂还是石英砂，提高砂浆细集料的颗粒球型度都是至关重要的。

（2）膨胀珍珠岩。膨胀珍珠岩是一种无机玻璃质矿物材料，由火山岩粉碎成矿砂，再经过特殊膨化加工而成的。其大致化学成分：70%～72%的 SiO_2、10%～14%的 Al_2O_3、0.3%～0.9%的 Fe_2O_3、1.2%～2.2%的 CaO、2%～3.5%的 K_2O。珍珠岩区别于其他火山岩的最明显的特征，是当珍珠岩被迅速加热到其软化点800～1000℃时，玻璃质熔化，内部结合水汽化，体积膨胀为原来的10～60倍。膨胀后的珍珠岩内部为微孔结构，这种特有的微孔结构致使膨胀珍珠岩具有较低的密度和优秀的保冷绝热性能。松散密度、含水率和粒度级配对膨胀珍珠岩绝热性能(导热系数)影响最大。膨胀珍珠岩的最佳松散密应控制在35～55kg/m^3、含水率应严格控制在0.5%(质量比)以下、最佳粒度分布1.18～0.15mm。其内部有丰富的多孔结构，具有价廉、表观密度低、导热系数小、化学稳定性好、使用温度范围广、无毒、无味、防火、吸声等特点。膨胀珍珠岩保温砂浆是以水泥、石灰膏或建筑石膏粉作胶结料拌制成各种灰浆，可用于内墙、平顶粉刷，作为屋面绝热材料或制作轻质复合墙板，空心隔墙板等建筑材料。

（3）膨胀玻化微珠。膨胀玻化微珠是一种无机玻璃质矿物材料，经过多级碳化硅电加热管式生产工艺技术加工而成，呈不规则球状体颗粒，内部多孔空腔结构，表面玻化封闭，光泽平滑，理化性能稳定，具有质轻、绝热、防火、耐高低温、抗老化、吸水率小等优异特性，可替代粉煤灰漂珠、玻璃微珠、膨胀珍珠岩、聚苯颗粒等诸多传统轻质集料在不同制品中的应用，是一种环保型高性能新型无机轻质绝热材料。膨胀珍珠岩和膨胀玻化微珠的区别，见表7-9。

表7-9　膨胀珍珠岩和膨胀玻化微珠的区别

名称	原材料	物理性能	在砂浆中的应用
膨胀珍珠岩	珍珠岩	1. 堆积密度轻60～80kg/m³； 2. 吸水率极大； 3. 颗粒强度低； 4. 导热系数小	1. 不规则与毛絮状的外形，容易在砂浆搅拌过程中产生阻力，和易性极差； 2. 堆积密度轻，颗粒强度低，本身有较好的热工性能，但在砂浆搅拌过程中容易破碎，在很大程度上降低了热工性能； 3. 吸水率大，使得砂浆的需水量增加，破坏了砂浆的凝固周期，使得砂浆的力学性能大大降低，极易产生空鼓、开裂，严重影响整个保温系统的热工性能和耐久性
膨胀玻化微珠	松脂岩	1. 堆积密度轻80～120kg/m³； 2. 吸水率小； 3. 颗粒强度较大； 4. 导热系数小	1. 球状颗粒，表面玻化，在砂浆搅拌工程中流动性好，和易性佳，能在短时间内搅拌均匀，降低了砂浆在干湿搅拌过程中的集料破碎，有稳定的热工性能与力学性能； 2. 堆积密度轻，导热系数低； 3. 吸水率小，很容易在砂浆中得到控制，收缩率小，不空鼓开裂，有稳定的热工性能与力学性能，并且也相对提高了砂浆的使用寿命

膨胀玻化微珠的物理性能，见表7-10。

表7-10　膨胀玻化微珠的物理性能

项目	Ⅰ类	Ⅱ类	Ⅲ类
堆积密度（kg/m^3）	<80	80～120	>120
筒压强度（kPa）	≥50	≥150	≥200
导热系数（25℃）[W/(m·K)]	≤0.043	≤0.048	≤0.070
体积吸水率（%）	≤45		
体积漂浮率（%）	≥80		
表面玻化闭孔率（%）	≥80		

在建材行业中，用膨胀玻化微珠作为轻质集料，可提高砂浆的和易（流动）性，减少材性收缩率，提高产品综合性能，降低综合生产成本。在轻质干混砂浆（保温型、砌筑型、抹面型）应用中，用玻化微珠替代传统的普通膨胀珍珠岩和聚苯颗粒作干混保温砂浆轻质集料，克服了膨胀珍珠岩吸水性大、易粉化，在料浆搅拌中体积收缩率大，易造成产品后期强度低和空鼓开裂等现象，同时又弥补了聚苯颗粒有机材料易燃、防火性能差、高温产生有害气体和耐老化耐候性低、施工中反弹性大等缺陷，提高了完善保温砂浆的综合性能和施工性能。

玻化微珠无机保温砂浆是一种新型绿色无机材料，无毒无害，具有优良的吸声、透气、耐高温、耐冻性能，收缩率低，整体无缝，无冷桥、热桥形成。其性能特点：直观呈微圆形颗粒状，具有反光的连续玻璃质化光滑外表面，具有明显的毛细吸附作用和抗压强度，在湿浆状态下与黏土、水泥等物料结合程度高，即流动性好；砂浆具有良好的和易性、保水性，附着力强，面层不空鼓。材料燃烧性能为 A1 级，可耐 1000℃ 以上高温。其适用范围：适用于钢筋混凝土、加气混凝土砌块、多孔砖、灰砂砖等墙体的内外墙保温砂浆；屋顶隔热层砂浆；旧建筑物的节能改造，地下室、车库、消防通道、粮仓、楼梯间、厂房等防火保温工程。

7.1.3 掺合料

砂浆中常用的掺合料是粉煤灰和石灰石粉，在第 2 章的 2.2 和 2.3 中都已经介绍，这里不再赘述。因为矿渣微粉是宝贵的高级混凝土掺合料，一般也不应掺入砂浆体系中，这里也不再介绍。

1. 硅灰

硅灰，是在冶炼硅铁合金和工业硅时产生的 SiO_2 和 Si 气体与空气中的氧气迅速氧化并冷凝而形成的一种超细硅质粉体材料。外观为灰色或灰白色粉末、耐火度 >1600℃。其重力密度为 200 ~ 700kg/m^3，表观密度为 2200kg/m^3，而堆积密度仅为 160 ~ 700kg/m^3。化学组成 SiO_2（占 75% ~ 96%），其他 Al_2O_3、Fe_2O_3、MgO 及 CaO 等微量。比表面积为 15000 ~ 28000m^2/kg。其细度和比表面积为水泥的 80 ~ 100 倍，粉煤灰的 50 ~ 70 倍。硅灰在形成过程中，因在相变的过程中受表面张力的作用，形成了非结晶相无定形圆球状颗粒，且表面较为光滑，有些则是多个圆球颗粒粘在一起的团聚体。它是一种比表面积很大，活性很高的火山灰物质。掺有硅灰的物料，微小的球状体可以起到润滑的作用。

硅灰能够填充水泥颗粒间的孔隙，同时与水化产物生成凝胶体，与碱性材料氧化钙反应生成凝胶体。在水泥基的混凝土、砂浆与耐火材料浇注料中，掺入适量的硅灰（一般内掺量为胶凝材料用量的 5% ~ 10%；聚合物砂浆、保温砂浆：10% ~ 15%），主要起到如下作用：①显著提高抗压、抗折、抗渗、防腐、抗冲击及耐磨性能。②具有保水、防止离析、泌水、大幅降低泵送阻力的作用。硅灰的主要用途如下：

（1）用于砂浆与混凝土中：高层建筑物、海港码头、水库大坝、水利、涵闸、铁路、公路、桥梁、地铁、隧道、机场跑道、混凝土路面以及煤矿巷道锚喷加固等。

（2）新型墙体材料、饰面材料：墙体保温用聚合物砂浆、保温砂浆、界面剂；水泥基聚合物防水材料；轻集料保温节能混凝土及制品；内外墙建筑用腻子粉加工。

2. 重钙粉

重质碳酸钙，俗称大白粉、双飞粉，简称重钙，是由天然碳酸盐矿物如方解石、大理石、石灰石磨碎而成，是常用的粉状无机填料，具有化学纯度高、惰性大、不易化学反应、热稳定性好、在 400℃ 以下不会分解、白度高、吸油率低、折光率低、质软、干燥、不含结晶水、硬度低、磨耗值小、无毒、无味、无臭、分散性好等优点。重质碳酸钙的形状都是不规则的，其颗粒大小差异较大，而且颗粒有一定的棱角，表面粗糙，粒径分布较宽，粒径较大，平均粒径一般为 1 ~ 10μm。重质碳酸钙按其原始平均粒径（d）分为粗磨碳酸钙 > 3μm、细磨碳酸钙 1 ~ 3μm、超细碳酸钙 0.5 ~ 1μm。石灰石粉按照细度可分为单飞粉 200 目，筛余 ≤5%、双飞粉 325 目，筛余 ≤1%、三飞粉 325 目，筛余 ≤0.1% 和四飞粉 400 目，筛余 ≤0.05%。双飞粉是生产无水氯化钙和玻璃的原料，也是建筑腻子和涂料的主要填料。干粉砂浆用重质碳酸钙（重钙粉）325 目，白度要求：95%，碳酸钙含量：98%，碳酸钙在建筑行业中的混凝土中有重要作用。不仅可以降低生产成本，还可以增加产品的韧性和强度。在干混砂浆行业中，重钙粉可以用石灰石粉代替。

轻质碳酸钙和重质碳酸钙的组成都是碳酸钙，都是涂料、塑料等工业的常用填料。一级品的含量为 99.1%，二级品的含量为 97.9%，重质碳酸钙和轻质碳酸钙的区别如下：

（1）最主要区别是用途不同。轻钙用于填料、电焊条、有机合成、乳胶漆及涂料行业等；重钙用于生产无水氯化钙、重铬酸钠、水泥等。

（2）重质碳酸钙是天然碳酸钙，由方解石经粉碎制得，价格便宜，与轻质碳酸钙相比，在乳胶漆中使用容易沉降。轻质碳酸钙又称沉淀碳酸钙，粒度比重质碳酸钙小，吸油量比重质碳酸钙大，价格比重质碳酸钙高。它们都是乳胶漆中常用的填料，最好搭配使用。

（3）重钙是矿石天然粉碎制得的，轻钙是通过人工合成制得的。在涂料中都有大的应用量。

（4）重钙稳定，但相对轻钙在涂料和乳胶漆中易沉降。

（5）轻钙在沉降方面好些，但吸油量大于重钙，价格一般也较重钙贵些，尽管稳定性方面不如重钙，但还是具备稳定性的，即使是外墙漆，其应用量比较大。

3. 膨润土

膨润土的主要矿物成分是蒙脱石，含量在85%～90%，膨润土的性质也都是由蒙脱石所决定的。蒙脱石可呈各种颜色如黄绿、黄白、灰、白色等。可成致密块状，也可为松散的土状，用手指搓磨时有滑感，小块体加水后体积胀大数倍至20～30倍，在水中呈悬浮状，水少时呈糊状。蒙脱石的性质和其化学成分与内部结构有关。层间阳离子为Na^+时称钠基膨润土；层间阳离子为Ca^{2+}时称钙基膨润土；层间阳离子为H^+时称氢基膨润土（活性白土、天然漂白土、酸性白土）；层间阳离子为有机阳离子时称有机膨润土。钠质膨润土的性质比钙质膨润土的好。膨润土在砂浆中的应用需要注意的问题如下：

（1）膨润土有很好的造浆性，掺入砂浆后可以使砂浆变得饱满平滑；随膨润土掺量增加，砂浆需水量增大，分层度逐渐减小；掺膨润土后砂浆保水率和强度均提高，最佳掺量为砂浆中胶凝材料用量的0.7%～1.0%。

（2）配合纤维素醚使用，可以在提高保水性的同时改善砂浆的施工性，使砂浆变得滑爽不粘刀，施工便捷。

（3）水胶比不大于0.9，胶砂比不大于0.8，砂浆配合比设计表观密度不小于$1800kg/m^3$。

4. 灰钙粉

灰钙粉，主要成分是$Ca(OH)_2$、CaO和少量$CaCO_3$的混合物，是石灰的精加工产品。它是以$CaCO_3$为主要成分的天然优质石灰石，经高温煅烧后成为生石灰（CaO）后，再经精选，部分消化，然后通过高速风选锤式粉碎机粉碎而成的，其表观洁白细腻。近年来，由于粉体加工技术的进步，市场上已经具有细度在600目以上的或更高细度的灰钙粉商品。最先应用是在建筑中，砌砖砌墙涂刷等，但随着灰钙粉的用途不断地被认识与认可，已在工业、农业、建筑制造和食品业中都有广泛应用，具体的应用领域有腻子粉、乳胶漆、保温砂浆、建筑涂料、电线电缆、塑钢门窗，还可用于烟气脱硫、污水处理等。

5. 滑石粉

滑石粉主要成分是滑石含水的硅酸镁，分子式为$Mg_3[Si_4O_{10}](OH)_2$。滑石粉属单斜晶系。晶体呈假六方或菱形的片状。通常成致密的块状、叶片状、放射状、纤维状集合体。无色透明或白色，但因含少量的杂质而呈现浅绿、浅黄、浅棕甚至浅红色；解理面上呈珍珠光泽。硬度1，相对密度2.7～2.8。滑石粉具有润滑性、抗黏、助流、耐火性、抗酸性、绝缘性、熔点高、化学性不活泼、遮盖力良好、柔软、光泽好、吸附力强等优良的物理、化学特性，由于滑石粉的结晶构造是呈层状的，所以具有易分裂成鳞片的趋向和特殊的滑润性，主要用于腻子粉和涂料行业，可改善施工性和流动性。细度有200目、325目、500目、600目、800目、1250目至8000目等。将开采来的滑石（滑石粉的原料）选取优良滑石后直接用雷蒙磨或其他高压磨直接粉碎即可，直接用编织袋（50kg 或 25kg）包装后即可成品。滑石粉的产品标记，以下列方式表示：

例 1：白度 75%，细度 45μm 通过率为 98% 的涂料级滑石粉：

滑石粉 TL75-45-98GB

例 2：白度 80%，粒度小于 20μm 累积百分比含量大于 85% 的微细滑石粉：

滑石粉 WF80-20-85GB

近年来，由于部分滑石粉被检验出含有致癌物石棉成分，加上成本问题，滑石粉在腻子粉和涂料行业有被重钙粉或轻钙粉取代的趋势。

6. 高岭土

高岭土是一种非金属矿产，是一种以高岭石族黏土矿物为主的黏土和黏土岩。高岭石的晶体化学式为 $2SiO_2 \cdot Al_2O_3 \cdot 2H_2O$，其理论化学组成为 46.54% 的 SiO_2，39.5% 的 Al_2O_3，13.96% 的 H_2O。因呈白色而又细腻，又称白云土。质纯的高岭土呈洁白细腻、松软土状，具有良好的可塑性和耐火性等理化性质。其矿物成分主要由高岭石、埃洛石、水云母、伊利石、蒙脱石以及石英、长石等矿物组成。高岭土用途十分广泛，主要用于造纸、陶瓷和耐火材料，其次用于涂料、橡胶填料、搪瓷釉料和白水泥原料。

7.1.4　添加剂

添加剂对干混砂浆性能的改善具有关键性作用，但干混砂浆添加剂的加入使干混砂浆产品的材料成本明显高于传统砂浆，其在干混砂浆中占材料成本 20% 以上。砂浆添加剂主要目的是使干混砂浆保水性能好、黏聚性和触变性好，施工方便。

保水剂

保水剂是改善干混砂浆保水性能的关键外加剂，也是决定干混砂浆材料成本的关键外加剂之一。

1. 纤维素醚

纤维素醚是碱纤维素与醚化剂在一定条件下反应生成一系列产物的总称。碱纤维素被不同的醚化剂取代而得到不同的纤维素醚。按取代基的电离性能，纤维素醚可分为离子型（如羧甲基纤维素）和非离子型（如甲基纤维素）两大类。按取代基的种类，纤维素醚可分为单醚（如甲基纤维素醚）和混合醚（如羟丙基甲基纤维素醚）。按可溶解性不同，可分为水溶型（如羟乙基纤维素醚）和有机溶剂溶解型（如乙基纤维素醚）等，干混砂浆主要用水溶性纤维素醚，水溶性纤维素醚又分为速溶型和经过表面处理的延迟溶解型。纤维素醚在砂浆中的作用机理如下：

① 砂浆内的纤维素醚在水中溶解后，由于表面活性作用保证了胶凝材料在体系中有效地均匀分布，而纤维素醚作为一种保护胶体，“包裹”住固体颗粒，

并在其外表面形成一层润滑膜，使砂浆体系更稳定，也提高了砂浆在搅拌过程中的流动性和施工的滑爽性。

② 纤维素醚溶液由于自身分子结构特点，使砂浆中的水分不易失去，并在较长的一段时间内逐步释放，赋予砂浆良好的保水性和工作性。

（1）甲基纤维素醚（MC）

将精制棉经碱处理后，以氯化甲烷作为醚化剂，经过一系列反应而制成纤维素醚。其取代度一般为1.6～2.0，取代度不同溶解性也有不同。属于非离子型纤维素醚。

① 甲基纤维素醚可溶于冷水，热水溶解会遇到困难，其水溶液在pH＝3～12范围内非常稳定。与淀粉、瓜尔胶等以及许多表面活性剂相容性较好。当达到凝胶融化温度时，会出现凝胶现象。

② 甲基纤维素醚的保水性取决于其添加量、黏度、颗粒细度及溶解速度。一般添加量大，细度小，黏度大，则保水率高。其中添加量对保水率影响最大，黏度的高低与保水率的高低不成正比关系。溶解速度主要取决于纤维素颗粒表面改性程度和颗粒细度。在以上几种纤维素醚中，甲基纤维素醚和羟丙基甲基纤维素醚保水率较高。

③ 温度的变化会严重影响甲基纤维素醚的保水率。一般温度越高，保水性越差。如果砂浆温度超过40℃，甲基纤维素醚的保水性会明显变差，严重影响砂浆的施工性。

④ 甲基纤维素对砂浆的施工性和黏着性有明显影响。这里的“黏着性”是指工人涂抹工具与墙体基材之间感到的黏着力，即砂浆的剪切阻力。黏着性大，砂浆的剪切阻力大，工人在使用过程中所需要的力量也大，砂浆的施工性就差。在纤维素醚产品中甲基纤维素黏着力处于中等水平。

（2）羟丙基甲基纤维素醚（HPMC）

羟丙基甲基纤维素醚是近年来产量、用量都在迅速增加的纤维素品种。其是由精制棉经碱化处理后，用环氧丙烷和氯甲烷作为醚化剂，通过一系列反应而制成的非离子型纤维素混合醚。其取代度一般为1.2～2.0。其性质受甲氧基含量和羟丙基含量的比例不同而有差别。

① 理化性质

a. 外观：白色或类白色粉末，无嗅无味。

b. 颗粒度：100目通过率大于98.5%；80目通过率大于100%。

c. 碳化温度：280～300℃。

d. 相对密度1.26～1.31。

e. 变色温度：190～200℃。

f. 表面张力：20%水溶液为42～56mN/m。

g. 溶解性：溶于水及部分有机溶剂，如适当比例的乙醇/水、丙醇/水、二氯乙烷等。水溶液具有表面活性，透明度高、性能稳定。不同规格的产品凝胶温度不同，这就是 HPMC 的热凝胶性质。溶解度随黏度而变化，黏度越低，溶解度越大，不同规格的 HPMC 其性能有一定差异，HPMC 在水中的溶解不受 pH 值影响。

h. HPMC 随甲氧基含量减少，凝胶点升高，水溶解度下降，表面活性也下降。

i. HPMC 还具有增稠能力，排盐性、灰分低、pH 值稳定性、保水性、尺寸稳定性、优良的成膜性以及广泛的耐酶性、分散性和粘结性等特点。

② 功能

a. 可以使新拌砂浆增稠从而有一定的湿黏性，防止离析（增稠性）。

b. 保水性也是最主要的特性，有助于保持砂浆中自由水的量，从而使砂浆施工后，胶凝材料有更多时间水化（保水性）。高品质的羟丙基甲基纤维素能均匀且有效地分散在水泥砂浆和石膏基产品中，并包裹所有的固态颗粒，且形成一层润湿膜，其中的水分在相当长时间逐步释放，与无机胶凝材料发生水合反应，从而保证材料的黏结强度和抗压强度。

其本身具有引气性，可以引入均匀细小的气泡，提高砂浆施工性。

③ 羟丙基甲基纤维素在建筑建材领域的应用

a. 内、外墙耐水腻子（每吨腻子参考用量：3～5kg）。

优良保水性，可延长施工时间并提高工作效率。高润滑性，使施工更容易，平顺。提供细滑和均匀的质感，使腻子表面更光滑。

高的黏度，一般在 10 万～15 万黏度，使腻子同墙面的黏合性更强。

提高抗收缩性和抗龟裂性，改善表面品质。

b. 外墙保温砂浆

增强与墙体表面的黏合性，并能增强保水性，使砂浆的强度得以提高。

提高润滑性和可塑性从而改善施工性能，同淀粉醚配合使用可增强砂浆，更易于施工节省时间，并改善成本效益。

控制空气的渗入，从而消除了涂层的微裂隙，形成理想的光滑表面。

c. 石膏抹灰浆和石膏产品

改善均一性，使得抹灰浆更容易涂布，同时提高抗垂流能力增强流动性和可泵送性。从而提高工作效率。

高保水性，延长灰浆的可工作时间，并在凝固时产生高的机械强度。

通过控制灰浆的稠度，形成优质的表面涂层。

d. 水泥基抹灰浆和砌筑砂浆

改善均一性，使得保温砂浆更容易涂布，同时提高抗垂流能力。

高保水性，延长灰浆的可工作时间，改善工作效率，并有助灰浆在凝固期形成高机械强度。

备有特别的保水性，更适用于高吸水性的砖。

e. 板材填缝料

优良保水性，可延长晾置时间并提高工作效率。高润滑性，使施工更容易，平顺。

提高抗收缩性和抗龟裂性，改善表面品质。

提供细滑和均匀的质感，并且使接合表面的黏合性更强。

f. 瓷砖黏合剂

使干混配料易于混合，不会产生团块，从而节约了工作时间，并使施工更快速更有效，可改善施工性，并降低成本。

通过延长晾置时间，提高了贴砖效率。

提供极佳的黏着效果，具有高抗滑性。

g. 自流平地面材料

提供黏度，可作为抗沉淀助剂。

增强流动性和可泵送性，从而提高铺地面的效率。

控制保水性，从而大大减少龟裂和收缩。

（3）羟乙基纤维素醚（HEC）

羟乙基纤维素（HEC）是以天然高分子材料纤维素为原料，经一系列化学加工而制得的非离子型纤维素醚。其是一种无嗅、无味、无毒的白色粉末或颗粒，能溶解于冷水，形成透明的黏稠溶液，溶解不受 pH 值影响。其具有增稠、黏合、分散、乳化、成膜、悬浮、吸附、表面活性、保持水分和抗盐等特性。其技术指标见表 7-11。羟乙基纤维素的优点：①高增稠效果；②优良的流变性能；③分散性和溶解性；④储存稳定性。

表 7-11　羟乙基纤维素醚（HEC）的技术指标

项目	标准
外观	白色或微黄色粉末
摩尔取代物（MS）	1.8～2.8
水不溶物（%）	≤0.5
干燥失重（WT%）	≤5.0
炽灼残渣（WT%）	≤5.0
pH 值	6.0～8.5
黏度（mPa·s）2%，20℃的水溶液	30000、60000、100000

羟乙基纤维素醚（HEC）的特点如下：

① 羟乙基纤维素醚可溶于冷水中，热水溶解较为困难。其溶液在高温下稳

定，不具有凝胶性。在砂浆中高温下可使用时间较长，但保水性较甲基纤维素醚低。

② 羟乙基纤维素醚对一般酸碱都具有稳定性，碱能加快其溶解，并对黏度略有提高，其在水中分散性比甲基纤维素醚和羟丙基甲基纤维素醚略差。

③ 羟乙基纤维素醚对砂浆抗垂挂有好的性能，但对水泥的缓凝时间较长。

④ 国内一些企业生产的羟乙基纤维素醚，因含水量大，灰分高而导致其性能明显低于甲基纤维素。

在建筑施工和建材领域的应用：由于保水能力较强，HEC 是水泥浆、砂浆有效的增稠剂和粘结剂，将其掺入砂浆中可改善流动性和施工性能，并能延长水分蒸发时间，提高混凝土初期强度和避免裂纹。用于粉刷石膏、粘结石膏、石膏腻子可显著提高其保水性和粘结强度。

（4）羧甲基纤维素醚（CMC）

由天然纤维（棉、等）经过碱处理后，用一氯醋酸钠作为醚化剂，经过一系列反应处理而制成离子型纤维素醚。其取代度一般为 0.4 ~ 1.4，其性能受取代度影响较大。

（1）羧甲基纤维素醚吸湿性较大，一般条件储存会含有较大水分。

（2）羧甲基纤维素醚水溶液不会产生凝胶，随温度升高而黏度下降，温度超过 50℃时，黏度不可逆。

（3）其稳定性受 pH 值影响较大。一般可用于石膏基砂浆中，不能用于水泥基砂浆中。在高碱性时，会失去黏度。

（4）其保水性远远低于甲基纤维素醚。对石膏基砂浆有缓凝作用，并降低其强度。但羧甲基纤维素醚价格明显低于甲基纤维素醚。

2. 淀粉及淀粉醚

淀粉是由葡萄糖组成的多糖高分子化合物，有直链状和支叉状两种分子，分别称为直链淀粉（含量约 20%）和支链淀粉（含量约 80%）。常见的有面粉、玉米粉、红薯粉。为了改善淀粉在建材中的使用性质，可以采用物理和化学的方法对其进行改性，使其性质更加适合不同用途的建材产品的需要。常用的改性淀粉及其特点如下：

预糊化淀粉：冷水可溶形成黏度，无须加热，使用方便；

醋酸酯化淀粉：糊化温度降低，黏度、透明度和保水稳定性提高；

交联淀粉：耐受能力提高，糊丝短，体态细腻；

氧化淀粉：黏度降低，成膜性好，凝胶能力增强；

醚化淀粉：糊化温度降低，黏度升高，抗老化能力提高；

磷酸酯淀粉：保水能力提高，具有一定的乳化性；

羧甲基淀粉：强水溶性，溶于冷水，黏稠度高，透明度高；

酸变性淀粉：热黏度降低，可配制高浓度淀粉糊；

复合改性淀粉：可以综合不同变性方式的优点。

（1）预糊化淀粉。预糊化淀粉是一种加工简单，用途广泛的变性淀粉，应用时只要用冷水调成糊，免除了加热糊化的麻烦。淀粉颗粒在适当温度下（各种来源的淀粉所需温度不同，一般 60 ~ 80℃）在水中溶胀、分裂、形成均匀糊状溶液的作用称为糊化作用。糊化作用的本质是淀粉粒中有序及无序（晶质与非晶质）态的淀粉分子之间的氢键断开，分散在水中成为胶体溶液。是一种物理方法改性淀粉，具体类比就是淀粉浆糊制作。

预糊化淀粉生产方法：马铃薯淀粉→淀粉乳→糊化→干燥→粉碎→包装。

预糊化淀粉在建筑建材中的应用如下：

在建筑工业中（保温砂浆、腻子粉、瓷砖粘结、建筑砂浆等）可使施工性能提高，生产成本降低 10% ~ 20%。高黏度预糊化淀粉可作为水泥基产品、石膏基产品的外加剂。与其他建筑外加剂有很好的相溶性。与羟丙基甲基纤维素醚（HPMC）配合使用，能起到增稠作用，促进内部结构，具有更好的抗裂性、提高和易性，能明显减少羟丙基甲基纤维素添加量。高黏度预糊化淀粉在建材工业具有极其广泛的用途，用量很大，可以作为缓凝剂、保水剂、增稠剂和粘结剂。在普通干混砂浆、外墙外保温砂浆、自流平砂浆、干粉抹面粘结剂、瓷砖粘结干粉砂浆、高性能建筑腻子、抗裂内外墙腻子、防水干混砂浆、石膏灰泥、刮涂补白剂、薄层接缝等材料中起到重要的作用，对灰泥体系的保水性、坚固性、缓凝性和施工性也有重要的作用。

（2）醚化淀粉。醚化淀粉是淀粉分子中羟基与醚化剂反应形成含有醚键的一类淀粉衍生物，是一种化学改性淀粉。醚化淀粉包括多种类型的产品。淀粉醚根据醚化替代，分羧甲基淀粉醚（CMS）、羟丙基淀粉醚（HPS）、羟乙基淀粉醚（HES）、阳离子淀粉醚等，常用的淀粉醚指羟丙基淀粉醚（HPS）。当淀粉醚溶于水后会均匀分散在水泥砂浆体系中，由于淀粉醚分子呈网状结构，且带负电，因此会吸附带正电的水泥颗粒，作为过渡桥梁可以将水泥连接起来，从而赋予浆体较大的屈服值，起到提高抗下垂或抗滑移的作用。

醚化淀粉主要功能：非常好的快速增稠能力：中等黏度，有较高的保水性；用量小，极低的添加量即能达到很高的效果；提高材料自身的抗下垂能力；有很好的润滑性，能改善材料的操作性能，使操作更滑爽。

（3）预糊化淀粉和醚化淀粉的区别。两者不是同一种产品。淀粉醚用于腻子粉中效果非常明显，增稠，还可以抗流挂现象，改善施工性能也非常好，还广泛用于瓷砖胶等建筑行业。预糊化淀粉可用于内墙腻子（无水泥），不适合用于外墙腻子（易与水泥起反应）。两者都有增稠的作用。

（4）羧甲基淀粉（CMS-Na）。羧甲基淀粉钠（CMS-Na）又称为羧甲基淀粉，是一种阴离子淀粉醚，是能溶于冷水的电解质。其是一种水溶性阴离子高分子型化合物。它无味、无毒、不易霉变、当取代度大于 0.2 以上时易溶于水。产品性能指标见表 7-12。

表 7-12　羧甲基淀粉钠性能指标

指标名称	Ⅰ型	Ⅱ型	Ⅲ型
外观	白色或微黄色粉末	白色或微黄色粉末	白色或微黄色粉末
黏度，2%	<100	100~200	200~400
有效成分	≥90%	≥90%	≥90%
取代度 DS	0.2~0.6	0.2~0.6	0.2~0.6
水分	≤10%	≤10%	≤10%
pH 值	8~11	8~11	8~11

建筑行业中作为腻子粉、乳胶漆中作增稠保水剂；水泥抹灰砂浆、水泥保温抗裂砂浆、瓷砖黏结剂、外墙防水腻子；可作为乳胶稳定剂、选矿浮选剂以及吸湿剂、黏合剂、污水重金属去除剂、增稠剂、肥料晶体、洗衣粉、饲料造粒等；可与海藻酸钠、羧甲基纤维素、黄原胶配伍使用。

注意事项：灰钙基［含有 $Ca(OH)_2$］和水泥基腻子粉（碱性高）不宜使用 CMC 和 CMS，因为 CMC、CMS 在生产过程中使用的氯乙酸属于酸性，纤维素生产过程中残留的物质与水泥、灰钙粉［$Ca(OH)_2$］起反应，所以不能复配。耐水腻子适合的是羟丙基淀粉醚（HPS）。

（5）羟丙基淀粉醚。羟丙基淀粉醚是以天然多糖为原料经过高度醚化改性而成，能提高产品的溶解稳定性，表面活性、保水性、黏度等。羟丙基淀粉醚作为建筑材料的添加剂，能起到增稠作用，促进内部结构，具有更好的抗裂性，抗流挂性及提高和易性。羟丙基淀粉醚作为增稠剂适合用在水泥基、灰钙基、中性及碱性石膏基产品中。其应用特性：①很好的快速增稠能力，有一定的保水性；②提高材料的抗下滑能力；③延长材料的开放时间；④改善材料的操作施工性能，使操作更滑爽。产品性能见表 7-13，在砂浆中的掺量见表 7-14。

表 7-13　羟丙基淀粉醚的产品性能

项目	指标
外观	白色精细粉末
溶解性	能在冷水中溶解
水分（%）	≤5
羟丙基含量（%）	20~40
pH 值（3.75%，25℃）	呈碱性 8.0~11.5
细度	<350μm
黏度（mPa·s）5%，20℃的水溶液	400~1200

表 7-14 羟丙基淀粉醚在砂浆中的添加比例

材料类型		在材料中的质量比
黏合剂（瓷砖黏结剂等）	水泥基	0.03% ~0.10%或（0.3~1.0）kg/t
	石膏基	0.03% ~0.10%或（0.3~1.0）kg/t
抹灰复合材料（腻子、砂浆等）	水泥基	0.01% ~0.10%或（0.1~1.0）kg/t
	石膏基	0.02% ~0.20%或（0.2~2.0）kg/t

其应用领域：①内外墙腻子粉：在各类（水泥、石膏、灰钙基）内外墙腻子中，淀粉醚主要是提高腻子的施工性及触变性，使操作更滑爽，提高手感及施工性。②黏合剂：淀粉醚提高瓷砖胶粘剂、保温板胶粘剂、墙砖填缝剂等的附着力，流动性好，具有良好的成膜性，凝沉性弱，黏度稳定。③砂浆：淀粉醚能有效提高各种保温砂浆、抹灰砂浆、抹面砂浆、砌筑砂浆、干混砂浆等的流变性，对砂浆的流挂现象有显著的改善作用。④与甲基纤维素醚混用，主要特性如下：

① 淀粉醚通常和甲基纤维素醚配合使用，显示了两者较好的协同效果，在甲基纤维素醚中加入适量的淀粉醚，可以明显提高砂浆的抗垂性和抗滑移性，具有较高的屈服值。

② 在含有甲基纤维素醚的砂浆中，添加适量的淀粉醚，能明显增加砂浆的稠度，提高流动性能，使施工更顺畅，刮抹更平滑。

③ 在含有甲基纤维素醚的砂浆中，加入适量的淀粉醚，可以增加砂浆的保水性，延长开放时间。

④ 淀粉醚是一种可溶于水的化学改性淀粉醚，可与干粉砂浆中其他添加剂相容，广泛用于瓷砖胶粘剂、修补砂浆、粉刷石膏、内外墙腻子、石膏基嵌缝及填充材料、界面剂、砌筑砂浆中。同时可以降低纤维素醚用量0.05% ~0.1%。

（6）瓜耳胶醚。瓜耳胶醚是由天然瓜耳豆经改性而成的一种性能较为特殊的淀粉醚。其主要由瓜耳胶与丙烯酸基官能团发生醚化反应，生成含有2－羟丙基官能团结构，是一种多聚半乳甘露糖结构。

① 与纤维素醚相比，瓜耳胶醚更易溶于水。瓜耳胶醚的pH性能基本上没有影响。

② 在低黏度、少掺量的条件下，瓜耳胶可以等量取代纤维素醚，而具有相近的保水性。但稠度、抗垂挂性、触变性等明显改善。

③ 在高黏度、大掺量条件下，瓜耳胶不能代替纤维素醚，两者混合使用会产生更优异的性能。

④ 瓜耳胶应用于石膏基砂浆中可明显降低施工时的黏着性，使施工更滑爽。对石膏砂浆的凝结时间和强度，无不利影响。

⑤ 瓜耳胶应用于水泥基砌筑和抹灰砂浆中可等量替代纤维素醚，并赋予砂

浆更好的抗垂挂性、触变性和施工的滑爽性。

⑥ 瓜耳胶还可用于瓷砖粘结剂、地面自流平剂、耐水腻子、墙体保温用聚合物砂浆等产品中。

⑦ 由于瓜耳胶价格明显低于纤维素醚，砂浆中使用瓜耳胶会带来产品配方成本的明显降低。

3. 可再分散型聚合物乳胶粉

可再分散型乳胶粉由特制聚合物乳液经过喷雾干燥加工而成。在加工过程中，保护胶体、抗结硬剂等成为不可缺少的助剂。经过干燥后的胶粉是一些聚集在一起的 80 ~ 100mm 的球形颗粒。这些颗粒可溶于水，并形成比原来乳液颗粒略大的稳定分散液，这种分散液失水干燥后会成膜，这种膜和一般乳液成膜一样不可逆，遇水不会再分散成为分散液。

可再分散型胶粉可分为苯乙烯-丁二烯共聚物、叔碳酸乙烯共聚物、乙烯-醋酸乙酸共聚物等，并以此为基础接枝有机硅、月桂酸乙烯等改善性能。不同的改性措施使可再分散胶粉具有耐水、耐碱、耐候以及柔性等不同的性能。含有月桂酸乙烯和有机硅，可使胶粉具有良好的疏水性。高度支链化的叔碳酸乙烯酯，具有较低的 T_g 值，很好的柔性。

上述几种胶粉应用于砂浆中，均对水泥的凝结时间有延缓作用，但比直接应用同类乳液的延缓作用小。相比而言，苯乙烯-丁二烯的延缓作用最大，乙烯-醋酸乙烯的延缓作用最小。若掺量太小对砂浆性能的改善作用不明显。

其性能特点：具有极突出的粘结强度，提高砂浆的柔性并有较长的开放时间，赋予砂浆优良的耐碱性，改善砂浆的黏附性、抗折强度、防水性、可塑性、耐磨性能和施工性外，在柔性抗裂砂浆中更具有较强的柔韧性。

其应用领域：瓷砖粘结剂；外墙外保温系统黏结砂浆；外墙外保温系统抹面砂浆；瓷砖勾缝剂；自流性水泥砂浆；内、外墙柔性腻子；柔性抗裂砂浆；胶粉聚苯颗粒保温砂浆；干粉涂料；对柔韧性由较高要求的聚合物砂浆产品。

4. 纤维材料

（1）木纤维

木纤维是以植物为主要原料，采用一系列技术加工而成的，其性能不同于纤维素醚。其主要性能如下：

① 不溶于水和溶剂，也不溶于弱酸和弱碱溶液。

② 应用于砂浆中，在静止状态下会搭接成三维立体结构，增加砂浆触变性和抗垂性，改善施工性。

③ 由于木纤维所具有的三维立体结构，在所拌砂浆中具有“锁水”性能，砂浆中水分不会轻易被吸收或移走。但其不具有纤维素醚的高保水性。

④ 木纤维所具有的良好毛细管效应，在砂浆中具有“导水”功能，使砂浆表面和内部水分含量趋于一致，从而减少因不均匀收缩而产生的裂缝。

⑤ 木纤维能减小砂浆硬化体的变形应力，减轻砂浆收缩开裂的发生。

（2）聚丙烯纤维

聚丙烯纤维是以聚丙烯为原料加适入适量改性剂制成的。纤维直径一般为40μm左右，抗拉强度300～400MPa，弹性模量≥3500MPa，极限延伸率15%～18%，其性能特点如下：

① 聚丙烯纤维在砂浆中呈均匀三维乱向分布，形成网络加强体系。若每吨砂浆中掺入1kg聚丙烯纤维，则可得到3000万根以上的单丝纤维。

② 砂浆中加入聚丙烯纤维，可以有效减少砂浆在塑性状态的收缩裂缝。无论这些裂缝是可见的还是不可见的，都能明显减少新拌砂浆的表面泌水与集料沉降。

③ 对于砂浆硬化体，聚丙烯纤维可以显著降低变形裂缝的数量。即当砂浆硬化体因变形产生应力时能够抵抗和传递应力，当砂浆硬化体产生裂缝时，能够钝化裂缝尖端的应力集中，约束裂缝扩展。

④ 聚丙烯纤维在干混砂浆生产中的高效分散，会成为一个难题。混合设备、纤维品种与掺量，砂浆配比以及其工艺参数都将成为影响分散性的重要因素。

5. 塑性减水剂

塑性减水剂是水泥混凝土中用量最大的外加剂。几乎所有的减水剂都是由表面活性剂物质组成，减水剂的性能由其所采用的表面活性物质的分子结构与水泥颗粒之间产生的界面作用决定。由于水泥颗粒在水化过程中带有不同极性而相互吸引，包裹了许多拌合水而产生絮凝结构。使用中为了达到满意的施工性能往往需要加入更多的水，这样会使硬化体强度等性能降低。减水剂加入水泥浆后，其疏水基团定向吸附在水泥颗粒表面带有同号电性，增大了水泥颗粒表面的ζ电位，使颗粒之间因同性静电而相斥，破坏了水泥颗粒的絮凝结构，使水泥颗粒得到了有效分散，释放出絮凝结构中的游离水，达到减水的目的。用于粉体干混砂浆的减水剂主要有木钙木钠类、萘系磺酸盐甲醛缩合物、粉体聚羧酸减水剂等。

（1）木质素减水剂

木质素减水剂通常由亚硫酸法生产纸浆的副产品制得。一般包括木钙、木钠与木镁三种，常用木钙和木钠即木质素磺酸钙和木质素磺酸钠，通常呈褐色和黄色粉末状。木质素减水剂一般减水率为8%～12%，掺量为胶凝材料用量的0.1%～0.2%。对水泥有缓凝作用，若掺量过大会引起水泥浆体长时间不凝固，对水泥砂浆有引气作用。

木质素减水剂掺量小，价格低，适用于减水率要求低的干混砂浆。与高效减水剂配合使用会取得更好的效果。

（2）萘系减水剂

萘系减水剂（FDN）是采用工业萘、甲醛、浓硫酸和液碱为主要原料在一定反应条件下制备而成，主要成分为萘磺酸盐甲醛缩合物。通常以液态或粉状形式作为最终产品，是目前应用量最大的减水剂之一。粉状产品掺量一般为水泥质量0.5% ~1.0%，减水率可达16% ~22%。

砂浆中掺入该减水剂可明显提高强度，对凝结时间略有延长，并能改善水泥及其他外加剂在砂浆中分散性，明显提高砂浆的施工性、抗渗性、抗冻性、抗化学侵蚀性、减少收缩率。在水泥砂浆中，因减水率高、价格适中而广泛应用。但该减水剂用于石膏基砂浆中，减水效果不明显。

（3）粉体聚羧酸超塑化剂

粉体聚羧酸超塑化剂（PCE）减水率一般可达到25% ~30%。粉状聚羧酸超塑化剂一般用于特种干混砂浆，如地面自流平砂浆、灌浆料以及耐火浇注料等产品。掺量一般为胶凝材料用量的0.2% ~1.0%。

6. 引气剂

引气剂是一种通过物理方法使新拌混凝土或砂浆中形成稳定气泡的表面活性剂。其主要有松香及其热聚物类、非离子型表面活性剂类、烷基苯磺酸盐类、木质素磺酸盐类、羧酸及其盐类等几种。

引气剂常被用来配制抹灰砂浆与砌筑砂浆。由于引气剂的加入，会带来砂浆性能一些变化：①由于气泡引入增加新拌砂浆的合易性和施工性，减少泌水。②单纯用引气剂会降低砂浆中的强度和弹性模具。若引气剂与减水剂共同使用，且适当配比，强度值可不降低。③能显著提高砂浆硬化体的抗冻性并改善砂浆的抗渗性，提高砂浆硬化体的抗侵蚀性。④引气剂带来砂浆含气量的增加会增加砂浆的收缩，通过减水剂的加入可使收缩值适当降低。

由于粉体引气剂加入量非常少，一般仅占胶凝材料总量的0.01% ~0.03%，必须保证在砂浆生产时精确计量、均匀掺入；搅拌方式、搅拌时间等因素会严重影响引气量。因此，在目前国内的生产与施工条件下，砂浆中加入引气剂一定要进行大量的试验工作。

7. 早强剂

用于提高混凝土和砂浆的早期强度，常用硫酸盐类早强剂，主要有硫酸钠、硫代硫酸钠、硫酸铝及硫酸钾铝等。

一般无水硫酸钠的应用较多，其掺量较低，一般为胶凝材料用量的1% ~2%，早强效果好，但掺量太大时会引起后期膨胀开裂，同时会产生返碱，影响外观和表面装饰层效果。

甲酸钙也是一种很好的早强剂，其早强效果好，副作用少，与其他外加剂相容性好，许多性能优于硫酸盐类早强剂，但价格较高。

8. 防冻剂

如果在负温下使用普通水泥基砂浆，若不采取防冻措施将会发生冻害，破坏硬化浆体的强度。防冻剂从防止结冻和提高砂浆早期强度两个途径防止冻害的发生。

在常用的防冻剂中，亚硝酸钙和亚硝酸钠的防冻效果最好。亚硝酸钙由于不含钾、钠离子用于混凝土可减少碱集料的发生，但用于砂浆时工作性略差，亚硝酸钠则具有较好的工作性。防冻剂与早强剂和减水剂复合使用，可得到满意的使用效果。应用防冻剂的干混砂浆在超低负温下使用时，应适当提高拌合物温度，如用温（热）水拌和。

防冻剂用量过大会降低砂浆后期强度，砂浆硬化体表面会出现返碱等问题，影响外观和表面装饰层效果。

9. 消泡剂

水泥基干混砂浆在加水生产和搅拌施工过程中经常产生大量气泡，这些气泡产生的泡沫会导致生产的水泥基砂浆产品表面不平整、不光洁及蜂窝、麻面等现象，严重影响美观度等。砂浆体导致起泡的原因有各种助剂的添加还有高速搅拌带入的空气。消泡剂也是一类表面活性剂，常用的消泡剂有磷酸三丁酯、有机硅类化合物、聚醚类、高碳醇（二异丁基甲醇）、脂肪酸及其酯、二硬脂酸酰乙二胺等。在干混砂浆中，应掺加粉体消泡剂以消除气泡，如聚乙二醇或聚硅氧烷类，推荐掺量为水泥用量的0.01%～0.20%。

10. 膨胀剂

根据《混凝土膨胀剂》（GB/T 23439—2009）标准，与水泥、水拌和后经水化反应生成钙矾石、氢氧化钙或钙矾石和氢氧化钙，使混凝土产生体积膨胀的外加剂，就是混凝土膨胀剂。按照成分不同可以分为：①硫铝酸钙类混凝土膨胀剂，与水泥和水拌和后经水化反应生成钙矾石的混凝土膨胀剂，其主要成分是煅烧的铝矾土和石膏的混合物；②氧化钙类混凝土膨胀剂，以 CaO 作为膨胀源，是用石灰石、石膏和黏土作为原材料，再高温煅烧成含 40%～50% f-CaO 的膨胀熟料，与水泥和水拌和后经水化反应生成氢氧化钙的混凝土膨胀剂；③硫铝酸钙-氧化钙类混凝土膨胀剂，是含有钙矾石和氧化钙两种膨胀源的复合型膨胀剂，与水泥和水拌和后经水化反应生成钙矾石和氢氧化钙的混凝土膨胀剂，钙矾石的膨胀主要发生在7d前，后期膨胀效果较差，而 $Ca(OH)_2$ 的膨胀主要发生在7d以后，硫铝酸钙-氧化钙类混凝土膨胀剂就是很好地利用了这两种膨胀源的复合膨胀剂；④氧化镁类膨胀剂，主要是通过氧化镁水化生成氢氧化镁结晶而产生膨胀，体积可增加94%以上。它具有水化需水量少，膨胀过程可调控，水化产物稳定的特点，适用于补偿大体积混凝土温降收缩、混凝土自收缩和干燥收缩，可广泛应用于水工建筑、地下工程等。

在砂浆行业，膨胀剂主要是用于生产，灌浆膨胀砂浆，膨胀砂浆可用于机械设备的底座灌浆、地脚螺栓的固定、梁柱接头、装配式建筑套筒灌浆料、预应力钢筋混凝土孔道压浆剂、构件补强、加固等。

11. 彩色无机颜料

砂浆中常用的无机彩色颜料有氧化铁（红、黄、褐、黑）、二氧化锰（褐、黑)、氧化铬（绿）、钴蓝（蓝）、群青蓝（靛蓝）、孔雀蓝（海蓝）、炭黑（黑）等。砂浆颜色与化学颜料对照表见表 7-15。

表 7-15　砂浆颜色与化学颜料对照表

水泥品种	砂浆色调	化学颜料	备注
白色水泥	灰至黑	氧化铁黑、矿物黑、碳黑	化学颜料对砂浆的凝结及强度影响不大
	蓝	绀青蓝、钛化青蓝	
	浅红至深红	氧化铁红	
	棕	氧化铁棕、天然赫土	
	象牙色 奶油色 浅黄	氧化铁黄、铬酸铝、铅铬黄	
	绿	氧化铬、钛青绿	
	白	二氧化钛、硫酸钡	
	金色	硫化锡	

(1) 白色颜料：主要有钛白、锌钡白、氧化锌等品种。钛白是目前应用最广的白色颜料。其白度、遮盖力、着色力、耐候性、耐化学品性均优于其他白色颜料。

钛白，化学组成为二氧化钛，有两个主要晶型具有实用意义，即锐钛型和金红石型。二氧化钛的颗粒，经用铝、硅、钛、锆的盐类，进行表面处理，即得到各种型号的颜料钛白粉。作为颜料用的钛白主要用于生产涂料。锌钡白，又名立德粉。由重晶石化学加工而制成硫化钡的溶液，与硫酸锌溶液反应得到硫酸钡-硫化锌共沉淀物，后者再经焙烧、水磨、烘干，即得到锌钡白。表面处理后的锌钡白，有较好的研磨润湿性能，适于涂料、橡胶和油墨等工业使用。

(2) 黑色颜料：是仅次于白色颜料的重要颜料。其主要品种是炭黑。颜料用炭黑的性能与橡胶加工用的不同。颜料用炭黑的主要质量指标是黑度与色相。

(3) 红色颜料：无机颜料中的红色颜料，主要是氧化铁红。氧化铁有各种不同的色泽，从黄色到红色、棕色直至黑色。氧化铁红是最常见的氧化铁系颜料。其具有很好的遮盖力和着色力、耐化学性、保色性、分散性，价格较低廉。

(4) 黄色颜料：主要有铅铬黄（铬酸铅）、锌铬黄（铬酸锌）、镉黄（硫化镉）和铁黄（水合氧化铁）等品种。其中以铅铬黄的用途最广泛，产量也最大。铅铬黄的遮盖力强，色泽鲜艳，易分散，但在日光照射下易变暗。锌铬黄的遮盖力和着色力均较铅铬黄差，但色浅，耐光性好。镉黄具有良好的耐热、耐光性，色泽鲜艳，但着色力和遮盖力不如铅铬黄，成本也较高，在应用上受到限制。铁黄色泽较暗，但耐久性、分散性、遮盖力、耐热性、耐化学性、耐碱性都很好，而且价格低廉，因此广泛用于建筑材料的着色。

(5) 绿色颜料：主要有氧化铬绿和铅铬绿两种。氧化铬绿的耐光、耐热、耐化学药品性优良，但色泽较暗，着色力、遮盖力均较差。铅铬绿的耐久性、耐热性均不及氧化铬绿，但色泽鲜艳，分散性好，易于加工，因含有毒的重金属，自从酞菁绿等有机颜料问世以后，用量已渐减少。

（6）蓝色颜料：主要有铁蓝、钴蓝、群青等品种。其中群青产量较大，群青耐碱不耐酸，色泽鲜艳明亮，耐高温。铁蓝耐酸不耐碱，遮盖力、着色力高于群青，耐久性比群青差。自从酞菁蓝投入市场后，由于它的着色力比铁蓝高两倍，其他性能又好，因而铁蓝用量逐年下降。钴蓝耐高温，耐光性优良，但着色力和遮盖力稍差，价格高，用途受到限制。群青遇氢氧化钙变白，因此不能用于水泥着色。

7.2 干混砂浆的配比

7.2.1 常规干混砂浆配比

特种砂浆的种类很多，由于我国幅员辽阔，全国各地原材料水泥、掺合料和砂的品质差异较大，这里列举一些常用的干混砂浆配比仅作为参考。具体见表 7-16 ~ 表 7-36。

表 7-16 瓷砖胶粘剂的典型配方 I （kg/t）

瓷砖胶粘剂的组成	瓷砖胶粘剂的类型	
	A 标准型	B 柔性优质聚合物改性瓷砖粘接剂
通用硅酸盐水泥 42.5 级	450	350
石英砂（0.06 ~ 0.4mm）	520	580
纤维素醚（黏度约为 40000mPa · s）	4	3
可再分散乳胶粉	0 ~ 40	50 ~ 100

表 7-17 瓷砖胶粘剂的典型配方 II （kg/t）

瓷砖胶粘剂的组成	瓷砖胶粘剂的类型		
	普通	标准	高品质
通用硅酸盐水泥 42.5 级	250 ~ 300	300 ~ 500	400 ~ 500
石英砂（0.06 ~ 0.4mm）	750 ~ 700	700 ~ 500	600 ~ 500
纤维素醚（黏度约为 40000mPa · s）	3	4	5
可再分散乳胶粉	5 ~ 10	10 ~ 20	20 ~ 60
木质纤维	—	—	5

表 7-18　瓷砖胶粘剂参考配合比Ⅲ　　(kg/t)

瓷砖胶黏剂的组成	质量比
普通 42.5 级硅酸盐水泥	400
石英砂	550
重钙粉	50
羟丙基甲基纤维素醚（黏度 4 万 mPa・s）	2～4
可再分散乳胶粉	12～15

注：加水搅拌至适宜稠度（60～90）mm 即可施工。

表 7-19　瓷砖胶粘剂配比Ⅳ　　(kg/t)

瓷砖胶黏剂的组成	质量比
42.5 级普通硅酸盐水泥	350
石英砂 0.06～0.4mm	600
重钙粉（粉煤灰）	50
可分散乳胶粉	10～20
HPMC	2～3
淀粉醚	0.2～0.5

表 7-20　瓷砖填缝剂参考配比 I　　(kg/t)

材料组成	质量比
42.5R 硅酸盐水泥	300
重钙粉	300
石英砂（100～150 目）	400
可分散乳胶粉	10～15
HPMC	2～3
木质素醚	2～3
彩色无机盐颜料	10～25
憎水剂	2～3

表 7-21　瓷砖填缝剂参考配比Ⅱ　　(kg/t)

瓷砖填缝剂类型	A	B
（白色）通用硅酸盐水泥 42.5 级	250～300	200～250
高铝水泥	0～100	0～100
颜料（白色 TiO_2；黑色氧化铁）	0～50	—
石英砂（0.06～0.4mm）	600～700	600～800
纤维素醚	3～5	3～5
可再分散乳胶粉	0～20	10～50
改善施工性所用的添加剂	0～10	0～30

注：改善施工性所用的添加剂：硅灰、引气剂（0.2～0.5）、憎水剂（3～5）等。

表 7-22　瓷砖填缝剂参考配比Ⅲ　(kg/t)

材料组成	质量比
(白色) 通用硅酸盐水泥 42.5 级	360
灰钙粉	5～10
重钙粉	150
石英砂 (0.06～0.4mm)	450
纤维素醚	1～2
可再分散乳胶粉	25～30
膨润土 (保水剂)	5～10
羧酸粉体减水剂	0.3～0.5

表 7-23　憎水型勾缝剂参考配合比　(kg/t)

材料组成	质量比
白色或通用硅酸盐水泥 42.5 级	200
重钙粉	100
细砂或石英砂 (0.06～0.4mm)	700
羟丙基甲基纤维素醚 (黏度 4 万 mPa·s)	2～4
可再分散乳胶粉	25
粉体憎水剂 (道康宁 SHP-50-60 系列)	3～5

注：加水搅拌至适宜稠度 (60～90) mm 即可施工。

表 7-24　外墙用瓷砖勾缝剂参考配比　(kg/t)

组分	质量比
通用硅酸盐水泥 42.5 级	300～400
重钙粉	50～100
高铝水泥	0～20
石英砂 (0.06～0.4mm)	400～500
氧化铁颜料	0～20
纤维素醚	1～3
可分散乳胶粉	5～20
憎水剂 (道康宁 SHP-50-60 系列)	2～5

表 7-25　新型砌筑干混砂浆参考配合比　　(kg/t)

组分	常规性砌筑砂浆	加气轻质混凝土砌筑砂浆
普通硅酸盐水泥 42.5 级	150 ~ 200	200 ~ 300
重钙粉或粉煤灰	50 ~ 150	50 ~ 100
灰钙粉	0 ~ 60	50
0 ~ 4.75mm 干河砂或机制干砂	600 ~ 800	600 ~ 700
高黏度纤维素醚	0.2 ~ 0.4	0.4 ~ 0.5
引气剂	0.2 ~ 0.4	
缓凝剂（葡萄糖酸钠或蔗糖）	0 ~ 0.2	

注：变换水泥和重钙粉或粉煤灰的比例，保持胶凝材料和细集料总量为 1000kg，可得 M5、M7.5、M10、M15、M20 等。

表 7-26　机喷轻质石膏砂浆参考配比　　(kg/t)

组分	质量比
ß-半水脱硫石膏	700
70 ~ 140 目水洗砂	234
马来胶或 702 胶粉	5
纤维素醚	2.5
匀质触变剂	1.5
有机膨润土	5
建筑石膏用缓凝剂	2
总计	950

注：以上粉体加入表观密度为（100 ~ 150）kg/m^3，（70 ~ 90）目的玻化微珠 $0.5m^3$，混合均匀，即为 1t 机喷轻质石膏成品。

表 7-27　抹面砂浆的参考配方　　(kg/t)

组分	质量比
普通 42.5 级硅酸盐水泥	150 ~ 250
粉煤灰 FA	50 ~ 100
石英砂或干净的中细砂	600 ~ 800
羟丙基甲基纤维素醚（黏度 10 万 mPa · s）	2 ~ 4
可再分散乳胶粉	15
憎水剂	2 ~ 5

注：胶凝材料总量（水泥和粉煤灰） = （200 ~ 350） kg/t，变换 FA 和水泥比例可满足 M5 ~ M20 的强度要求；胶凝材料 + 砂总量控制在 1000kg/t。

表 7-28　修补加固用早强型灌浆料参考配比　(kg/t)

组分	质量比
42.5 级或 52.5 级硫铝酸盐水泥	300～500
细砂（M_X = 2.0～2.3）	700～500
羟丙基甲基纤维素醚（黏度 4 万 mPa·s）	2～4
可再分散乳胶粉	10～20
聚丙烯纤维	0～2
木质纤维	0～2
消泡剂	2～3
粉体缓凝剂（硼酸钠，酒石酸类）	胶凝材料用量的 0.05%～0.10%
粉体减水剂（萘系或聚羧酸系）	胶凝材料用量的 0.5%～1.2%， 水灰比 = 0.30～0.40，可配制 C30～C80

表 7-29　防水砂浆的参考配比 I　(kg/t)

组分	质量比
42.5 级水泥	200～300
粉煤灰	50～100
细砂（M_X = 2.0～2.3）	600～750
羟丙基甲基纤维素醚	2～4
可再分散乳胶粉	10～15
聚丙烯纤维	0～2
木质纤维	0～3
消泡剂	1～2
粉体防水剂或憎水剂	2～5

注：变化水泥和粉煤灰比例，可以满足 M7.5～M30 的防水砂浆。

表 7-30　防水砂浆的参考配比 II　(kg/t)

组分	参考配方
42.5 普通硅酸盐水泥	350
快硬硫铝酸盐水泥	25～50
石英砂（80～150 目）	300
石英砂（100～200 目）	300
可分散乳胶粉	40～45
憎水剂	2～3
HPMC	1～3，黏度 1 万～2 万 mPa·s

用于干混砂浆产品的憎水性添加剂应该具有如下的特点：①应为粉末状产

品；②具有良好的拌和性能；③使砂浆整体产生憎水性并维持长期作用效果；④对表面的黏结强度没有负面影响；⑤对环境友好。硬脂酸钙，由于难以迅速与水泥砂浆均匀拌和，对于干混砂浆特别是机械施工的抹灰材料并不是一个适宜的憎水性添加剂。硅烷基粉末添加剂，是可以满足上述要求的高性能憎水剂，可以用来开发出具有憎水性能的干混砂浆产品。该产品是采用易溶于水的保护胶体和抗结块剂通过喷雾干燥将硅烷包裹后获得的粉末状硅烷基产品。当砂浆加水拌和后，该产品的保护胶体外壳迅速溶解于水并释放出包裹的硅烷使其再分散到拌合水中。在水泥水化后的高碱性环境下，硅烷中亲水的有机官能团水解形成高反应活性的硅烷醇基团，硅烷醇基团继续同水泥水化产物中的羟基基团进行不可逆反应形成化学结合，从而使通过交连作用连接在一起的硅烷牢固地固定在水泥砂浆中孔壁的表面。由于憎水的有机官能团朝向孔壁的外侧，使得孔隙的表面获得了憎水性，由此为砂浆带来了整体的憎水效果。

防水砂浆施工：清理基层泥沙、杂物、油污等；抹防水层分两层施工（每层10mm厚）。底层先抹素灰浆1mm，再抹防水砂浆层，初凝时压实，用木抹子搓成麻面；抹第二层防水砂浆后赶光压实（如需装饰施工必须搓成麻面）。按正常洒水养护，喷洒水泥养护剂效果更佳。

表7-31 普通抹灰干混砂浆的配比 (kg/t)

组分	质量比
普通42.5级硅酸盐水泥	100~120
粉煤灰	100~130
中细砂（M_X=2.0~2.3）	800~750
羟丙基甲基纤维素醚（黏度8万~10万mPa·s）	0.3~1.0

注：M5~M15，总胶材为200~250kg/t，加水搅拌至适宜稠度60~90mm即可施工。

表7-32 机喷干混砂浆M5参考配方 (kg/t)

组分	质量比
普通42.5级硅酸盐水泥	120
粉煤灰	130
中细砂（M_X=2.0~2.3）	750
羟丙基甲基纤维素醚（黏度8万~10万mPa·s）	0.3~0.5
聚丙烯纤维	1~2
可分散乳胶粉	0~0.5

注：加水搅拌至适宜稠度90~100mm即可施工。

粉刷石膏作为一种新型的内墙抹灰材料，具有轻质、防火、保温隔热、吸声、高强不收缩、不易开裂、施工方便的特点，得到了市场广泛认可和大力推广。石膏胶凝材料凝结硬化快，适用于机械化喷涂，特别适用于加气混凝土墙体的抹灰。粉刷石膏砂浆参考配比见表7-33～表7-36。

表7-33　粉刷石膏参考配比　(kg/t)

组分	质量比
半水石膏	300～500
石英砂	400～500
纤维素醚	2～3
木质纤维	3～5
缓凝剂：柠檬酸或柠檬酸钠	2～3
减水剂：密胺型磺酸化缩聚物粉末	3～6

表7-34　轻质粉刷石膏参考配比　(kg/t)

组分	质量比
半水石膏	600～700
熟石灰	20～50
石英砂	0～300
粉体引气剂	0.3～0.5
纤维素醚	3～5
石膏用缓凝剂：柠檬酸或柠檬酸钠	2～3
减水剂：密胺型磺酸化缩聚物粉末	3～7

表7-35　黏结石膏参考配比　(kg/t)

组分	质量比
半水石膏	700～1000
重钙粉	0～300
可分散乳胶粉	5～20
高黏度纤维素醚	4～7
缓凝剂：柠檬酸或柠檬酸钠	1～3

表7-36　粉刷石膏通用品参考配比　(kg/t)

组分	质量比
ß-半水石膏粉	450
重钙粉	200
石英砂	350
羟丙基甲基纤维素醚（黏度8万～10万mPa·s）	2～3
淀粉醚	0～1
石膏缓凝剂（柠檬酸钠或柠檬酸类）	1

注：加水搅拌至适宜稠度60～90mm即可施工。

7. 2. 2　外墙保温粘结砂浆

1. 粘结砂浆性能

粘结砂浆是由水泥、石英砂、聚合物粘结料配以多种添加剂经机械混合均匀而成。其主要用于粘结保温板的粘结，也被称为聚合物保温板粘结砂浆。该粘结砂浆采用优质改性特制水泥及多种高分子材料、填料经独特工艺复合而成，保水性好，粘贴强度高。其具有四大特点：

（1）同基层墙体和聚苯板等保温板均有较强的粘结作用。

（2）且耐水耐冻融，耐老化性能好。

（3）施工方便，是一种非常安全可靠的保温系统粘结材料。

（4）施工中不滑坠。具有优良的耐候、抗冲击和防裂性能。

外墙外保温系统是目前我国建筑墙体节能中应用最为广泛的节能技术措施，在全国大范围普及，在建筑节能方面做出了巨大的贡献。但是，目前市场上所出售的外墙外保温粘结砂浆普遍存在粘附能力较差的现象，这对于保证建筑外墙外保温工程质量及居民安全产生了巨大的负面影响。

典型的外墙保温粘结干混砂浆配方见表 7-37 ~ 表 7-40。

表 7-37　外墙保温粘结干混砂浆生产配比　　（kg/t）

组分	质量比
高铝水泥	200
硅酸盐水泥	100 ~ 150
细砂（或石英砂）	600 ~ 650
重钙粉	50 ~ 20
可再分散性乳胶粉	20 ~ 30
纤维素醚	2 ~ 4
憎水剂	1 ~ 3

表 7-38　外墙保温粘结干混砂浆生产配比　　（kg/t）

组分	质量比
42. 5 级普通硅酸盐水泥	300
干细砂（或石英砂）	600
重钙粉	100
熟石灰	0 ~ 30
可再分散性乳胶粉	20 ~ 25
纤维素醚	2. 5 ~ 4
木质纤维	2 ~ 3

表 7-39　外墙外保温系统粘结干混砂浆基本配方　（kg/t）

原材料	规格	质量比
硅酸盐水泥	P·O 42.5	250 ~ 350
级配石英砂	0.1 ~ 0.4mm	500 ~ 650
重钙粉		50 ~ 100
HPMC	50000cp·s	1 ~ 5
乳胶粉	固含量≥99%	20 ~ 40

表 7-40　外墙外保温系统抹面干混砂浆基本配比

原材料	规格	质量比
硅酸盐水泥	P·O 42.5	250 ~ 350
级配石英砂	0.1 ~ 0.4mm	600 ~ 700
乳胶粉	固含量≥99%	40 ~ 60
HPMC	50000cp·s	3
聚丙稀抗裂纤维	中短纤维	1 ~ 2

2. 外墙保温粘结砂浆常见问题

（1）保温层脱落。

① 基层结构因素。框架结构外墙在混凝土梁柱和砌体接缝处，易发生因砌体变形而造成的保温层破坏。脚手架洞口等未砌实，形成保温层局部基层不牢而破坏。外墙装饰构件固定不牢、移位，形成推拉作用，使保温层局部空鼓、产生裂纹后长期渗水，最终导致保温层脱落。

② 抗风压措施不当。保温板表面荷载过大，或对负风压抵抗措施采用不合理，如沿海地区或高层建筑外墙采用非钉粘结的粘结方式，极易使保温板块被风压破坏而空鼓脱落。

③ 墙体界面处理不当。除黏土砖墙外，其他墙体均应用界面砂浆处理后再涂抹浆体保温材料，否则易造成保温层直接空鼓或界面处理材质失效，形成界面层与主体墙空鼓，连带形成保温层空鼓。保温板表面也需要使用界面砂浆处理，否则也会造成保温层局部空鼓。

（2）抹面层开裂。

① 材料因素。外墙保温的保温板密度是 18 ~ 22kg/m^3，有些施工单位会以次充好，采用 18kg/m^{3}以下的保温板，密度不够，易导致抹面砂浆层开裂；保温板的自然收缩时间在自然环境中长达 60d，由于生产企业资金周转和成本控制等因素，陈化时间不到 7d 的保温板就已上墙，这样的结果是上墙后的保温板继续收缩，黏附再保温板上的抹面砂浆层被拉裂。

② 施工技术。基层表面的平整度过大，采用粘结剂厚度、多层板、表面打磨找平等调整方法都会导致保温质量存在缺陷；基层表面的灰尘、颗粒等妨碍粘

贴的物质没有进行界面处理；保温板粘结面积过小，不符合规范，达不到粘结面积的质量要求；在暴晒或高温天气下进行表面砂浆层施工，面层失水过快导致裂缝产生。

③ 温差变化。膨胀聚苯板和抗裂砂浆这两层材料的导热系数不同，膨胀聚苯板的导热系数为 0.042W/(m·K)，抗裂砂浆的导热系数为 0.93W/(m·K)，导热系数相差 22 倍。夏季太阳直射在抹面砂浆表面时，抹面砂浆表面温度可达 50～70℃，遇突然降雨砂浆表面温度会降至 15℃左右，温差可达 35～55℃。这种温差变化和昼夜温差、季节气温的影响，导致抹面砂浆层发生变形的量差大，容易产生裂缝。

（3）外墙面砖空鼓、脱落。

① 气温变化。不同季节和昼夜的温差变化，使得饰面砖受到三个方向温度应力的影响，饰面层会产生局部应力，集中在纵横墙体或屋面与墙体的交接处，若是在大面积墙面中部，或者相邻面砖的局部挤压，就会引起面砖脱落。

② 材料质量。因为抹面砂浆层变形空鼓，导致面砖大面积脱落；组成的复合墙体由于各层的材料不相容，变形不协调，导致面砖产生位移；外墙的防水措施没有做到位。导致水分渗入，引起冻融，反复冻融循环，造成面砖粘结层破坏，引起面砖脱落。

③ 外力因素。一些外力的因素也会导致面砖脱落，如地基不均匀沉降引起结构物墙体变形、错位，造成墙体严重开裂、面砖脱落；风压、地震等自然因素也会导致面砖脱落。

7.2.3　外墙保温干混砂浆

保温砂浆是以各种轻质材料为集料，以水泥为胶凝材料，掺和一些改性添加剂，经生产企业搅拌混合而制成的一种预拌干粉砂浆。其主要用于建筑外墙保温，具有施工方便、耐久性较好等优点。目前市面上的保温砂浆主要有以下两种：

（1）无机保温砂浆（玻化微珠防火保温砂浆，复合硅酸铝保温砂浆）。

（2）有机保温砂浆（胶粉聚苯颗粒保温砂浆）。

1. 无机保温砂浆

无机保温砂浆（玻化微珠防火保温砂浆，复合硅酸铝保温砂浆）是一种用于建筑物内外墙粉刷的新型保温节能砂浆材料，以无机玻化微珠（又称闭孔膨胀珍珠岩）作为轻集料，由胶凝材料、抗裂添加剂及其他填充料等组成的干粉砂浆。其具有节能利废、保温隔热、防火防冻、耐老化的优异性能以及价格低廉等特点，有着广泛的市场需求。

（1）无机保温砂浆性能特点：

① 无机保温砂浆有极佳的温度稳定性和化学稳定性。无机保温砂浆材料保

温系统是由纯无机材料制成。其耐酸碱、其耐腐蚀、不开裂、不脱落、稳定性高，不存在老化问题，与建筑墙体同寿命。

② 施工简便，综合造价低。无机保温砂浆材料保温系统可直接抹在毛坯墙上，其施工方法与水泥砂浆找平层相同。该产品使用的机械、工具简单。施工便利，与其他保温系统比较有明显的施工期短、质量容易控制的优势。

③ 适用范围广，阻止冷热桥产生。无机保温砂浆材料保温系统适用于各种墙体基层材质、各种形状复杂墙体的保温。全封闭、无接缝、无空腔，没有冷热桥产生。不但可以做外墙外保温还可以做外墙内保温，或者外墙内外同时保温，及屋顶的保温和地热的隔热层，为节能体系的设计提供一定的灵活性。

④ 绿色环保无公害。无机保温砂浆材料保温系统无毒、无味、无放射性污染，对环境和人体无害，同时其大量推广使用可以利用部分工业废渣及低品级建筑材料，具有良好的综合利用环境保护效益。

⑤ 强度高。无机保温砂浆材料保温系统与基层粘结强度高，不产生裂纹及空鼓，在所有的保温材料中具有一定的技术优势。

⑥ 防火阻燃安全性好。无机保温砂浆材料保温系统防火不燃烧。可广泛用于密集型住宅、公共建筑、大型公共场所、易燃易爆场所、对防火要求严格场所，还可作为放火隔离带施工，提高建筑防火标准。

⑦ 热工性能好。无机保温砂浆材料保温系统蓄热性能远大于有机保温材料，可用于南方的夏季隔热。同时其导热系数可以达到 0.07W/(m·K) 以下，而且导热性能可以方便地调整以配合力学强度的需要及实际使用功能的要求，可以在不同的场合使用，如地面、天花等场合。

⑧ 防霉效果好。可以防止冷热桥传导，防止室内结露后产生的霉斑。

⑨ 经济性好。如果采用适当配方的无机保温砂浆材料保温系统取代传统的室内外批荡双面施工，可以达到技术性能和经济性能的最优化方案。

（2）无机保温砂浆性能指标：

无机保温砂浆（玻化微珠防火保温砂浆，复合硅酸铝保温砂浆）性能指标，见表 7-41。

表 7-41　无机保温砂浆性能指标

项目	单位	Ⅰ型性能指标	Ⅱ型性能指标
堆积密度	kg/m^3	240～300	301～400
导热系数	W/(m·K)	≤0.070	≤0.085
抗压强度	MPa	≥0.20	≥0.40
线性收缩率	%	≤0.30	≤0.30

（3）施工方法：

① 基层表面应无粉尘和无油污及影响粘结性能的杂物。

② 热天或基层干燥即可基层吸水量大时应用水湿润，使基层达到内湿外干，表面无明水。

③ 将保温系统专用界面剂按照水灰比 1∶4 搅拌均匀，批刮于基层上，并拉成锯齿状，厚度约为 3mm，或用喷涂方法也可。

④ 将无机保温砂浆按照水灰比 1∶1 搅拌成浆体，应搅拌均匀，无粉团。

⑤ 将无机保温砂浆根据节能要求进行粉抹，2cm 以上需分两次施工，两遍抹灰间隔应在 24h 以上，用喷涂方法也可以。

⑥ 将抗裂砂浆涂抹于保温砂浆上，厚度为 2mm。

⑦ 在抗裂砂浆表面挂上抗碱网格布。

⑧ 在抗碱网格布上再次涂抹 2 ~ 3mm 厚度的抗裂砂浆。

⑨ 保护层施工完毕后，养护 2 ~ 3d（视气温而异）即可进行后序饰面层施工。

2. 有机材料保温砂浆

胶粉聚苯颗粒保温砂浆是一种双组分的保温材料，主要由聚苯颗粒加由胶凝材料、抗裂添加剂及其他填充料等组成的干粉砂浆，为均匀灰色粉体。典型配比见表 7-42 和表 7-43。

（1）性能特点：

① 可再生分散胶粉、无机胶凝材料、优质集料及具有保水、增加、蓄变、抗裂等功能的助剂预混干拌而成。

② 对多种保温材料均具有良好的黏结力。

③ 良好的柔性、耐水性、耐候性；导热系数低、保温性能稳定、软化系数高，耐冻融、抗老化。

④ 现场直接加水调和使用，方便操作；透气性好，呼吸功能强，既有很好的防水功能，又能排解保温层的水分。

⑤ 综合造价较低。

⑥ 保温性能优越。

（2）性能指标。胶粉聚苯颗粒保温砂浆具体参数如下：干密度约 220kg/m^3，导热系数约 0.058W/(m·K)，抗压强度约 220kPa。

（3）适用方向：主要用于墙面、屋顶面、室内的保温隔热和隔声。

（4）施工方式：

① 基层表面应无粉尘和无油污及影响粘结性能的杂物。

② 热天或基层干燥即可，基层吸水量大时应用水湿润，使基层达到内湿外干，表面无明水。

③ 将保温系统专用界面剂按照水灰比 1∶4 搅拌均匀，批刮于基层上，并拉成锯齿状，厚度约为 3mm，或用喷涂方法也可。

④ 将胶粉聚苯颗粒保温砂浆按照胶粉料∶聚苯颗粒∶水 = 1∶0.08∶1 搅拌成浆

体，应搅拌均匀，无粉团。

⑤ 将胶粉聚苯颗粒保温砂浆根据节能要求进行涂抹，2cm 以上需分两次施工，两遍抹灰间隔应在 24h 以上，用喷涂方法也可以。

⑥ 将抗裂砂浆涂抹于保温砂浆上，厚度为 2mm。

⑦ 在抗裂砂浆表面挂上抗碱网格布。

⑧ 在抗碱网格布上再次涂抹 2～3mm 厚度的抗裂砂浆。

⑨ 保护层施工完毕后，养护 2～3d（视气温而异）即可进行后序饰面层施工。

表 7-42　玻化微珠无机保温材料参考配比　(kg/t)

组分	质量比
普通 42.5 级硅酸盐水泥	750
灰钙粉	50
粉煤灰	200
木质纤维	2
羟丙基甲基纤维素醚	6
可再分散乳胶粉	12～15
聚丙烯纤维	1～2

备注：胶粉料（t）：玻化微珠（m^3）=1∶7 或 1∶5。Ⅰ型（建筑保温砂浆）、Ⅱ型（建筑保温砂浆）。加水搅拌至适宜稠度即可施工。

表 7-43　聚苯颗粒保温系统参考配方　(kg/t)

组分	质量比
普通 42.5 级硅酸盐水泥	700
灰钙粉	50
粉煤灰	250
木质纤维	2
羟丙基甲基纤维素醚（黏度 10 万 mPa·s）	4～6
可再分散乳胶粉	12～15
聚丙烯纤维	1～2

备注：胶粉料（t）：聚苯颗粒（m^3）=1∶8～1∶6。加水搅拌至适宜稠度即可施工。

3. 外墙保温砂浆的精细化施工

（1）施工准备：

① 施工前应清除基层表面的灰尘、油污、碎屑、螺栓眼处理等，并冲水试验无渗漏后进行喷浆，混凝土墙采用界面剂厚度为 2～2.5mm。

② 孔洞应修平整，基层应达到一般抹灰基层标准。

③ 外墙窗边、门边用抗渗砂浆（或水泥砂浆）粉。

④ 钢丝网铺到窗边、门边 30 ~ 50mm。

⑤ 先粉大面积外墙，后粉护角（用抗渗砂浆或保温砂浆）。

⑥ 伸缩缝的设置，每层一道互相通圈（塑料条）高度间隔不大于 3m。

⑦ 面砖为美观可以不设缝，如设伸缩缝在面层上做（面砖上口要封死，用防水硅胶）。

⑧ 塑料条用硅胶粘上去（硅胶本身防水），钢丝网不需断开铺。

（2）保温砂浆施工流程：

① 基层处理→套方、做灰饼→界面剂打底层→20mm 厚保温砂浆（分两次抹）→电锤钻孔（10 号钻头孔深要大于钉子 10mm，钻头长度一般为 10cm）→铺设钢丝网→抹 12 ~ 15mm 抗裂砂浆→验收、浇水养护。

② 基层处理：a. 清除已验收合格的基层墙面浮尘、挂浆、漆料、油污、空鼓及风化物等影响粘结度的材料；b. 对墙体用 2m 靠尺检查，最大偏差值不大于 4mm，超过部分剔凿或用 1∶3 水泥砂浆修平整。

③ 套方、找规矩、做灰饼做同基层处理，灰饼厚度根据保温层厚度而定，在涂抹保温砂浆前，阳角处均用 1∶3 水泥砂浆做护角，再抹保温砂浆（也可以先粉刷大面保温砂浆，后粉刷窗、门边用高抗渗砂浆）。

（3）粉刷保温砂浆：

① 拌制保温砂浆复合材料时应视环境温度和基层干湿度确定水灰比，一般浆料比为粉料∶水 =1∶0.65，稠度宜控制在 60 ~ 90mm 范围内，一般应在 4h 内完成。

② 拌制时间 6 ~ 8min，第一次掺量不宜多，需一边搅拌一边掺水，控制稠度。

③ 确定好施工厚度，抹 2 ~ 2.5mm 厚的界面剂，随即粉刷保温砂浆，（如厚度超过 20mm 保温层时，抹第一遍保温砂浆应由下而上涂抹，操作工人要手腕用力、压实），待材料达到终凝时，即保温砂浆层达到凝固时（约 24h），可抹第二遍保温砂浆（按第一遍抹法），待第二遍保温砂浆达到七成干时，用抹子压实搓平后，用刮尺按标筋刮面，不平处补保温砂浆直至平整为止。

④ 根据环境季节温度做好保温层的养护，待保温层终凝 24h 左右再浇水湿润。保持表面不出现发白现象，夏天上午两次浇水湿润，下午两次浇水湿润。对走道等易被碰撞的部位，应放置临时防护栏等来保护保温层。

（4）铺设、安装镀锌铁丝网、配套保温钉：

① 待保温层达到强度（3d ~ 4d 后）时（有一定强度，自然干燥）分格弹线。

② 按一定间距用电锤打孔（孔距大约 50cm，梅花形，孔的深度从保温层算

起要 10cm 左右)。

③ 铺设镀锌铁丝网（弯曲面朝里，接头处要相互搭接 50 ~ 80mm)。

④ 按原先的孔距安装保温钉并与钢丝网固定。

（5）抗渗防裂砂浆施工：

① 抗渗防裂砂浆抹面层施工准备：防裂砂浆面层抹灰必须在保温砂浆充分凝固 3 ~ 4d 后进行，施工前 1d 浇水湿润，抹灰前 1h 再浇一遍水。

② 防裂砂浆应随拌随用，停放时间不宜超过 2h，落地灰不得回收使用，稠度控制在 60 ~ 90mm。

③ 防裂砂浆面层根据环境季节温度做好养护，材料终凝后浇水养护，夏天浇水养护上午和下午都不得少于两次，浇水养护间隔不得大于 4h。

（6）饰面砖或喷涂真石漆：

① 弹分格线，提前 1d 淋水湿润。

② 贴砖前检查抗裂砂浆是否压实，不得有漏网、麻面、空鼓等现象。

③ 贴砖前应选砖、试铺，应采用瓷砖胶或者瓷砖粘结剂。

④ 铺贴面砖后，应及时清理墙面、勾缝，缝的宽度和深度应符合设计及规范要求。

⑤ 清洁墙面、拉拔试验、验收。

7.2.4 外墙外保温板系统及施工工艺介绍

外墙外保温是将保温隔热体系置于外墙外侧，使建筑达到保温的系统。该系统通常是在基层墙体外侧利用粘结材料固定一层保温材料，并在保温材料的外侧用玻璃纤维网或镀锌钢丝网加强并涂刷粘结胶浆，最外层是饰面层。外墙外保温的优点：保温效果好、不占用室内空间。其缺点：成本高、施工难度大（特别是高层)、施工工艺要求高、影响落脚手架的时间增加了关键工期。外墙外保温系统结构示意图见图 7-1（有锚钉系统）和图 7-2（无锚钉系统)。

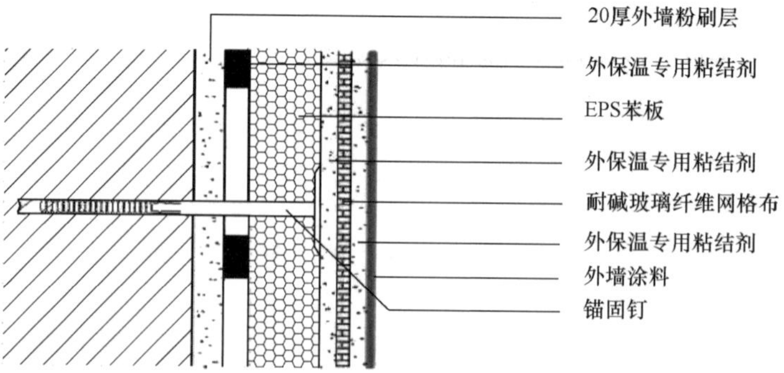

图 7-1　有锚固钉的外墙外保温系统示意图

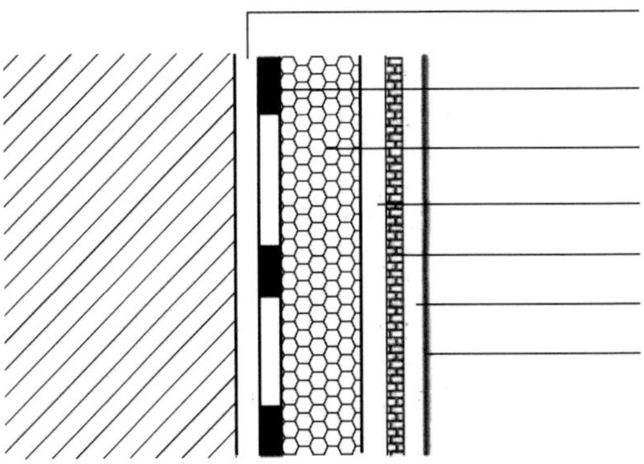

图 7-2　无锚固钉的外墙外保温系统示意图

常用的外墙外保温材料及其优缺点如下：

（1）膨胀聚苯板（EPS 板）：导热系数 0.038 ~ 0.041，保温效果好，价格便宜强度稍差。

（2）挤塑聚苯板（XPS 板）：导热系数 0.028 ~ 0.03，保温效果更好，强度高耐潮湿价格贵，施工时表面需要处理。

（3）胶粉聚苯颗粒保温浆料：导热系数 0.057 ~ 0.06，阻燃性好，废品回收及保温效果不理想，对施工要求高。

（4）聚氨酯发泡材料：导热系数 0.025 ~ 0.028，防水性好，保温效果好，强度高价格较贵。

（5）珍珠岩等浆料：导热系数 0.07 ~ 0.09，防火性好，耐高温保温效果差，吸水性高。

外墙外保温体系在国外称为 EIFS 系统，即外墙保温和装饰系统。可以提供优异的能源利用效率和较高的设计灵活性、创意性；是集节能、保温、隔声、装饰效果为一体的轻质、环保、非承重性外围护建筑墙体系统。外墙外保温的多种技术在欧美等一些发达国家有近 30 年成功应用的实践，表明只要材料选用得当，配方合理，施工严格规范，外墙保温和装饰系统在建筑节能领域的应用具有足够的安全性、可靠性、经济性及良好的社会效益。

外墙外保温板系统（EPS）施工控制要点：

1. 基层清理

外墙粉刷砂浆质量的好坏对保温板的铺贴起着决定性的作用，对于平整度的要求是每 2m 不超过 4mm（用 2m 以上靠尺进行检查）。粉刷基层检测：保温板铺贴前（一般在粉刷后 7d，可以视天气情况做一定调整），对粉刷基层进行抽测（粘结强度大于 0.45MPa，含水率小于 10%），合格后方可进行下道工序施工。

2. 粘结砂浆拌制

保温系统所用材料为成品材料，因此对于专用粘结剂（抹面砂浆）的要求如下：粘结抹面砂浆以质量比4∶1（干粉∶水）的比例进行搅拌，均匀后静止5min即可使用。气温在30℃以下时拌制完毕的材料必须在30～40min内用完，30℃以上（含）时拌制完毕的材料必须在15～20min内用完。

3. 保温板的铺贴

在粉刷施工完毕后，开始进行苯板的铺贴。苯板铺贴前需要进行以下准备工作：

在操作层的铺贴起始面沿墙面四周弹出水平线；在底部安装铝托架，安装时用水平仪。考虑在粘结剂未干前保温板没有足够的承载力，因此苯板的铺贴应该从下往上进行，铺贴时还必须采用靠尺进行施工，以保证平整度要求。苯板的排列要求自墙面底部起横排布板，逐块粘贴，每排按顺序依次粘贴，排与排之间错缝粘贴，外转角也应错缝。每一排的板与板间接缝要错开1/2板长，苯板最小长度应保证在200mm以上（含）。所有保温板之间的缝隙不能超过1.5mm。

（1）保温板的粘贴：

① 控制粘结剂用量，方齿抹灰刀成约45°角刮过，拉出灰条，宽大约5cm。

② 粘结剂的涂抹面积应大于整板面积的40%。

③ 粘贴应尽量摆正位置，若有所偏差可滑动就位，粘贴应轻柔，用工具拍压紧贴墙面（严禁用手拍击），并使用2m以上靠尺来测量，确保平整，保温板粘贴应该尽可能靠紧，接缝尽可能小。

条粘法：采用条粘与点粘相结合的方法，即苯板4个边采用条粘，宽度为50mm，中间另行布置几个点，直径大于100mm。苯板四侧不得留有粘胶，周围挤出的粘胶必须立即刮掉，保证保温板的侧面缝隙没有留有粘胶。

点粘法：整板共布置16个点（顶排6个点，下两排各5个点），粘结剂厚度控制在6mm左右，直径在150mm左右。

④ 粘贴应尽量摆正位置，若有所偏差可滑动就位，粘贴应轻柔，用工具拍压紧贴墙面（严禁用手拍击），并使用2m以上靠尺测量，确保平整，保温板粘贴时，两块板应该尽可能靠紧，接缝尽可能小。

（2）缝隙修补。保温板的尺寸偏差造成的缝隙（宽大于1.5mm）应该用条形保温材料密封。

（3）打磨。在苯板铺贴完毕后，24h后进行打磨。用美工刀割去凸出于墙面部分，然后用打磨板磨去板缝处的不平整；使用2m以上靠尺进行检查，使整个保温墙面的平整度不超过4mm/2m。

（4）苯板断开处或收口的地方均采用密封胶封闭。

4. 加固层的施工

（1）施工前应先检查苯板是否干燥、清洁。

（2）将整个墙面使用粘结抹面砂浆进行满批打底。

（3）在粘结抹面砂浆没有凝固之前将耐碱网格布抹入粘结抹面砂浆中。

（4）粘结抹面砂浆应充分把网格布包裹，但网格布应尽量靠近加固层的表面约 2/3 处。具体以看不见网格布颜色而看得见网格布格子的标准来控制施工质量（意思就是网格布外层的粘结剂越少越好，压入网格布或外层的粘结剂上完后用 2m 刮刀在外表面刮平整即可）。

（5）耐碱玻璃纤维网格布不管上下左右，接头处均应保证搭接 10cm 宽度。

（6）加固层中粘结抹面砂浆的厚度为 3mm 左右。为了防止加固层的开裂，不能使加固层和饰面层过厚来掩盖保温板的不平整。

（7）在常温下，干燥 1d 后即可进行饰面层的施工。低温及高湿环境下干燥时间可能会延长至 2d。

（8）若遇到高温天气，粘结抹面砂浆在终凝后可对其表面洒水润湿养护，以防其表面失水过快而产生毛细裂缝。

（9）必须先上胶再埋网，严禁边铺网边上胶。

（10）当遇到门窗洞口时，应在洞口四角处沿 45°方向补贴一块标准网格布，长 30cm×20cm，以防开裂。并且此步骤应在大面积铺设之前完成。门窗处和接口处需要使用丙烯酸密封胶灌注防水。

（11）粘结剂满批后达到墙面平整，完成后若有不平整处，则在间隔 6～8h 后进行打磨平整，以成为合格的涂料基层。

（12）建筑底层需要再铺设一层加强型网格布，以保护受撞击的墙体。

7.2.5　抗裂砂浆

抗裂砂浆（anti-crackmortar），由聚丙烯纤维和木质素纤维配以聚合物胶粉和其他外加剂，另外加水泥和砂按一定比例加水搅拌制成的能满足一定变形而保持不开裂的砂浆。其最主要特点是聚丙烯纤维和木质素纤维的在砂浆中的应用。聚丙烯纤维的掺量在砂浆中一般为 0.9～1.2kg/m^3；用于内外墙腻子粉、嵌缝剂、抹灰砂浆中的聚丙烯纤维长度宜不大于 3.5mm；一般砂浆中聚丙烯纤维长度不大于 7mm。常用的聚丙烯纤维抗裂砂浆参考配比见表 7-44～表 7-47。

表 7-44　普通通用抗裂砂浆　（kg/t）

组分	型号	质量比
水泥	42.5 级	200～300
干河砂	细度模数 2.0～2.5	750～650
重钙粉		50
HPMC	10 万 mPa·s	2
可分散乳胶粉		7～20
木质纤维		3
PP 纤维		1

注：加水稠度达到 60～90mm。可分散乳胶粉用量根据具体工程要求。

表 7-45 普通内墙抹面抗裂砂浆配比 (kg/t)

组分	型号	质量比
水泥	42.5 级	200～300
干河砂	细度模数 2.0～2.5	770～670
HPMC	10 万 mPa·s	2
可分散乳胶粉		5
膨润土		30
PP 纤维		1

注：加水适量，稠度达到 60～90mm。

表 7-46 普通外墙抹面抗裂砂浆配比 (kg/t)

组分	型号	质量比
水泥	42.5 级	200～300
干河砂	细度模数 2.0～2.5	770～670
HPMC	10 万 mPa·s	2～3
可分散乳胶粉		15～20
木质纤维	500～1000μm	2
PP 纤维	3.5mm	1
甲酸钙		5

注：加水适量，稠度达到 60～90mm。

表 7-47 外墙外保温抹面抗裂砂浆配比 (kg/t)

组分	型号	质量比
水泥	42.5 级	300～350
干河砂	细度模数 2.0～2.5	650～600
重钙粉		50
HPMC	10 万 mPa·s	2～3
可分散乳胶粉		20
PP 纤维	3.5mm	1
甲酸钙		5

注：加水适量，稠度达到 60～90mm。

7.2.6 界面处理剂

界面处理剂是一种胶粘剂，一般是由醋酸乙烯-乙烯制成，具有超强的粘结力，优良的耐水性和耐老化性。它的主要作用是提高抹面砂浆对基层的粘结强度，可有效地避免抹面层空鼓、脱落和收缩开裂等问题。界面处理剂主要用于处理混凝土、加气混凝土、灰砂砖及粉煤灰表面等墙材的表面，可以大大增强新旧混凝土表面以及混凝土表面与抹面砂浆的粘结力，可以取代传统混凝土表面的凿毛工序，从而提高工程质量、加快施工进度、降低劳动强度，是现代施工不可缺少的配套材料。我国界面处理剂用量每年在 500 万 t 以上。目前我国具有较为全面的界面处理剂标准体系，如《混凝土界面处理剂》（JC/T 907—2018）、《水工混凝土界面处理剂施工技术规范》（DL/T 5761—2018）、《墙体用界面处理剂》（JG/T 468—2015）、《水泥基自流平砂浆用界面剂》（JC/T 2329—2015）、《外墙外保温系统用水泥基界面剂和填缝剂》（JC/T 2242—2014）等。

界面处理剂按照成品形态一般可以分固体、液体和固体液体双组分三种。市场上一般有干混砂浆界面剂和 VAE 乳液型界面剂。VAE 乳液是醋酸乙烯 - 乙烯共聚乳液的简称，是以醋酸乙烯和乙烯单体为基本原料，加入乳化剂和引发剂通过高压乳液聚合方法共聚而成的高分子乳液。醋酸乙烯含量在 70% ~95% 范围内通常呈乳液状态，称为 VAE 乳液。VAE 乳液型界面剂采用 VAE 乳液为基料，配以多种助剂科学配方精制而成，具有很强的渗透性，可以充分浸润基层材料表面，提高新抹砂浆与基层材料的吸附力，增加粘结性能，避免水泥砂浆与光滑墙面粘结时空鼓，适用于各种新建工程和维修改造工程，并增强基体墙体材料的防水性。干混砂浆界面处理剂的参考配合比见表 7-48 和表 7-49。

表 7-48　干混砂浆界面处理剂的参考配合比 I　（kg/t）

组分	质量比
普通 42.5 级硅酸盐水泥	450 ~ 600
细砂或石英砂	500 ~ 400
羟丙基甲基纤维素醚	3 ~ 4
可再分散乳胶粉	15 ~ 35
聚乙烯醇粉末	2 ~ 4

注：加水搅拌至适宜稠度 60 ~ 90mm 即可喷涂、涂刷、甩浆或涂抹施工。

表 7-49　干混砂浆界面处理剂的参考配合比 II　（kg/t）

界面处理剂	A	B
P · O 42.5 级水泥	450	375
双飞粉	—	125
石英砂	500	500
纤维素醚	3 ~ 5	5
可再分散乳胶粉	15 ~ 30	—

注：水料比 = 0.25∶1，用量 1 ~ 2kg/m²。

界面处理剂的施工方法有喷涂、涂刷、甩浆或涂抹。根据不同的墙材基面情况，从节约材料保证质量的方面选择合适的施工方法。

（1）干混砂浆类界面处理剂。

① 墙体基面必须结实，无灰尘油脂和松散材料，对于干燥并具有较高吸水率的表面可以先用水润湿。

② 界面处理剂的搅拌：将袋装的干混砂浆界面处理剂倒入清水中，同时不停地搅拌 3 ~ 7min，混合均匀为止。

③ 施工：可通过甩浆法造成墙面基层麻点，或涂抹法造成划道凹点，以及拉毛法等，在界面处理剂终凝后再进行后续材料的施工。

④ 抹面砂浆的抹灰工序（挂网，人工或机喷，找平）。

⑤ 抹面砂浆的养护：在高温或干燥环境下，宜在砂浆表面硬化后喷水养护 7d。

（2）乳液类界面处理剂。

① 施工环境必须干燥，相对湿度应小于 70%，通风良好，环境温度不低于 5℃。

② 基层处理：墙体基面首先应除去浮土、油脂和松散材料，对于干燥并具有较高吸水率的表面可以先用水润湿。

③ 配制界面处理剂：乳液∶水泥∶砂 = 1∶1∶(1 ~ 1.5)，水泥为 42.5 级普通硅酸盐水泥。搅拌 3 ~ 7min，均匀为止。

④ 施工：用刷子、扫帚等工具甩刷于基层上，拉毛成粗糙面，待水分挥发、浆体发黏、收浆，接近初凝，而后续材料可以压入又不下滑，即可进行抹面砂浆材料的后续施工。

⑤ 施工工具应及时用水清洗。

7.2.7 自流平水泥砂浆

自流平水泥砂浆是最复杂的特种干混砂浆之一。它是一种可以提供终饰面层（如地毯、木地板等）的平整光滑的地板表面。其关键的性能要求有快硬和低收缩等。自流平水泥砂浆是以水泥为基料，与其他改性材料经高度复配而制成的水硬性复合材料。目前现有的各种配方虽各不相同，但原理大致一样，主要由五大部分组成：①混合胶凝材料；②矿物填料；③调凝剂；④流变改性剂；⑤增强组分，见表 7-50。水料比 = 0.2 左右。参考配合比见表 7-51 和表 7-52。

表 7-50 自流平水泥砂浆的组成 （%）

1	混合胶凝材料系统	30 ~ 40	普通硅酸盐水泥/高铝水泥/α-半水石膏/硬石膏
2	矿物填料	55 ~ 68	石英砂；碳酸钙粉
3	调凝剂	~ 0.5	缓凝剂-酒石酸；促凝剂-碳酸锂
4	流变改性剂	~ 0.5	超塑化剂-减水剂；消泡剂；稳定剂
5	增强组分	1 ~ 4	可再分散胶粉
6	额外的组分	20 ~ 25	水

表 7-51　自流平水泥砂浆参考配合比　(kg/t)

组分	质量比
P·O 42.5 级水泥	200～300
42.5 级高铝水泥或硫铝酸盐水泥	50～100
重钙粉	100～200
干石英砂	300～400
消泡剂	1.0～2.0
蜜胺系粉体减水剂或萘系粉体减水剂或粉体聚羧酸减水剂	5～10
可分散乳胶粉	20～30
纤维素醚	1～3
酒石酸	1～3
碳酸锂或硫酸锂	1～2

表 7-52　M20～M30 自流平水泥砂浆参考配合比　(kg/t)

组分	质量比
普通 42.5 级硅酸盐水泥	300～350
高铝水泥	0～70
无水石膏或 β 型石膏	30～50
石英砂（60～140 目）	400
重钙粉（400 目）	70～100
Ⅱ级粉煤灰	60
可分散乳胶粉	2～5
减水剂（萘系或粉体聚羧酸）	3～5
纤维素醚（400CPS）	1～3
有机硅烷类消泡剂	1～3
锂盐早强剂	1～3

注：5℃以上砂浆施工。

(1) 胶凝材料系统一般由普通硅酸盐水泥（OPC）、高铝水泥（CAC）和硫酸钙混合而成，以提供足够的钙、铝和硫来形成钙钒石。这是因为钙钒石的形成有 3 个主要特点：①形成速度快；②高结合水能力；③补充收缩的能力，完全符合自流平水泥砂浆必须提供的宏观性能要求。

(2) 自流平水泥砂浆颗粒级配需要将较粗的填料（如石英砂）和磨得更细的填料（如磨细碳酸钙粉）配合使用，以达到最佳的密实性效果。

(3) 自流平水泥砂浆里面产生的硫酸钙是使用 β-半水石膏（β-$CaSO_4 \cdot 1/2H_2O$）或硬石膏（$CaSO_4$）；它们能以足够快的速度释放硫酸根而无须增加用水量。

(4) 可再分散胶粉是自流平水泥砂浆的关键成分。它可以提高流动性、表面耐磨性、拉拔强度和抗折强度。此外，它还可以降低弹性模量，从而减小系统的内部应力。可再分散胶粉必须能够形成坚固的聚合物膜。高性能的自流平水泥砂浆产品含有最高达 8% 的可再分散胶粉，并以高铝水泥为主。这种产品可以保证快速凝结硬化和24h 后的高早期强度，从而满足第二天进行施工作业的要求，如翻新工程。

(5) 自流平水泥砂浆既需要通过促凝剂（如碳酸锂）达到早期水泥凝结强度，又需要通过缓凝剂（如酒石酸）来减缓石膏凝结速度。

(6) 超塑化剂（聚羧酸减水剂）在自流平水泥/砂浆里起到减水作用因而提供流动和找平性能。

(7) 消泡剂不仅可以减少含气量提高最终后期强度，还可以获得均匀、光滑和坚固的表面。

(8) 少量的稳定剂（如纤维素醚）可以防止砂浆的离析和表皮的形成，从而造成对最终表面性能的负面影响。可再分散胶粉会进一步改善流动性能并对强度起到促进作用。

1. 自流平水泥砂浆的基本要求

(1) 具有良好的流动性，在几毫米厚的情况下，具有较好的流平性，并且浆体具有较好的稳定性，使之尽量减少产生离析、分层、泌水、翻泡等不良现象，并且要保证具有足够的可使用时间，通常在40min以上，以便于施工操作。

（2）平整度要好，并且表面无明显缺陷。

（3）作为地面材料，其抗压强度、耐磨性、抗冲击性、耐水性等物理力学性能应达到一般室内建筑地面的要求。

（4）耐久性要好。

（5）施工简便、速度快、省时、省工。

2. 自流平水泥/砂浆的主要技术性能

（1）流动度。流动度是反映自流平水泥砂浆性能的重要指标。一般施工流动度210～260mm。

（2）浆体稳定性。该指标是反映自流平水泥砂浆稳定性的指标。将拌好的浆料倒在水平放置的玻璃板上，20min后观察，应无明显的泌水、分层、离析、翻泡等现象。该指标对材料成型后的表面状况及耐久性影响较大。

（3）抗压强度。作为地面材料，该指标必须符合水泥地面的施工规范，国内普通水泥砂浆面层地面要求为抗压强度15MPa以上，水泥混凝土面层抗压强度为20MPa以上。

（4）抗折强度。工业用自流平水泥砂浆抗折强度应大于6MPa。

（5）凝结时间。自流平水泥/砂浆的凝结时间，确定浆体搅拌均匀后，保证其使用时间在40min以上，操作性就不受影响。

（6）耐磨性。自流平水泥/砂浆作为地面面层材料，必须耐受正常的地面交通往来。由于其流平层较薄，在地面基层坚实的情况下，其承载作用力主要在表面，而不是在体积上。因此其耐磨性比抗压强度还重要。

（7）对基层的粘结拉伸强度。自流平水泥/砂浆与基层的黏结强度直接关系到浆体硬化后是否出现空鼓、脱落现象，对该材料的耐久性影响较大。在实际施工过程中，涂刷地面界面剂，使之达到一个较适应自流平材料施工的条件。国内水泥地面自流平材料的粘结拉伸强度通常为0.8MPa以上。

（8）抗裂性。抗裂性是自流平水泥/砂浆的一个关键指标，其大小关系到自流平材料硬化后，是否产生裂纹、空鼓、脱落等现象。能否正确地评价自流平材料的抗裂性，关系到能否正确评价自流平材料产品的成败。

3. 自流平水泥砂浆的施工

（1）基层处理。将基层清理干净，除去浮灰、油迹等不利黏结的物质。若基层坑洼较大，需做补平处理。

（2）表面处理。在清理过的基层地面上涂刷两遍地面界面处理剂。

（3）自流平施工。按照材料的用量，水固比（或液固比）及施工面积计算各种材料用量，用搅拌机搅拌均匀，将搅拌好的浆体倒于地面上，接槎处可轻轻刮平。

（4）养护。根据各种自流平材料的要求进行养护即可。

需要说明的是，全国各地的石英砂粒型、级配、需水量等都有差异，水泥与外加剂包括缓凝剂都有适应性，干混自流平水泥砂浆的配方不可能是唯一不变的，需要根据当地的原材料、气候条件做试配，才能得出比较合理的配方。

7.2.8 装配式建筑套筒灌浆料

装配式建筑是指用工厂中预制好构件在工地经装配、连接以及部分现浇而成的混凝土建筑。它可实现批量生产，建筑速度快，施工简易化、减少劳动力，环境污染小并可提高建筑质量。但在建造更高更大的装配式建筑时，为保障建筑整体稳定性及抗震性，则需通过建筑构件的连接。装配式建筑构件的连接方式主要包括浆锚连接、间接连接、套筒灌浆连接，目前套筒灌浆连接的市场占有率达到 80% 以上。对于套筒结构的性能强弱除了套筒的数量、布置、套筒本身的性能外，最主要的是套筒内灌浆料的性能。

水泥基灌浆料是一种由 52.5 级普通硅酸盐水泥或硫铝酸盐水泥、细集料、减水剂、外加剂和矿物掺合料等原材料，经工业化生产的具有合理级配的干混料。水泥基灌浆材料加水拌和均匀后（一般水料比为 0.12 ~ 0.14 或水胶比为 0.24 ~ 0.28）因其具有自流性好、强度高、无毒、无害、对水质及周围环境无污染、绿色环保且在施工方面具有质量可靠、降低成本、缩短工期和使用方便等优点而被广泛应用于装配式建筑灌浆、设备安装以及混凝土加固修补等工程。其参考配比见表 7-53。灌浆料套筒外部及内部结构见图 7-3。

表 7-53　装配式建筑套筒灌浆料参考配比　　（kg/m^3）

组分	质量比
42.5、52.5 级硫铝酸盐水泥或 P·O 52.5	900
水洗河砂 D_{max}≤2.36mm	880
硅灰	10 ~ 20
粉体聚羧酸减水剂	4 ~ 6
消泡剂	1.0 ~ 2.0
HPMC	0.05 ~ 0.08
硼酸钠/葡萄糖酸钠	0.28 ~ 0.40
酒石酸	0.28 ~ 0.40
水	230 ~ 240

注：初始流动度 320mm；30min 流动度 280mm 以上。1d 强度≥50MPa，28d 强度≥85MPa。

基于装配式建筑套筒灌浆料基本性能要求，利用当地原材料通过单独一种早强高强型硫铝酸盐水泥或 P·O 52.5 级水泥与掺合料、颗粒≤2.36mm 粒型好级配好的砂子以及各种外加剂复配，控制水灰比、减水剂掺量等优化措施，配制具有早强高强、工作性好、30min 内流动性损失小、微膨胀、不泌水、不离析，满足装配式建筑要求的套筒灌浆料，是保证装配式建筑套筒灌浆料施工质量的关键技术。

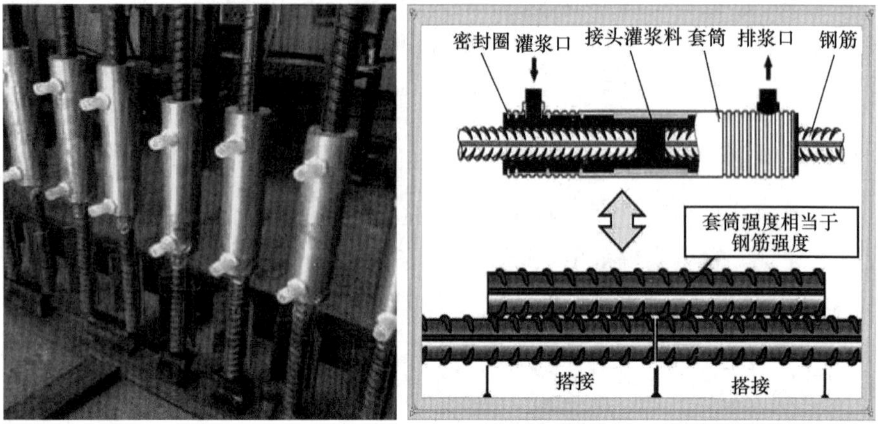

图 7-3　灌浆料套筒外部及内部结构

7.2.9　堵漏王

堵漏王，又称堵漏灵，是以特种水泥、集料和各种无机有机添加剂，经特殊工艺加工而成的具有堵漏功效的粉体材料，用于快速修补、防潮堵漏工程。根据凝结时间的不同要求，分为速凝型（主要用于抗渗堵漏）和缓凝型（主要用于防潮、防渗）两种，均为单组分灰色粉料。可用于各种砖石、混凝土结构的建筑物或构筑物的渗漏修缮，尤其适用于各种地下工程的带水堵漏。产品应符合《无机防水堵漏材料》（GB 23440—2009）指标要求。

1. 产品特点

（1）无毒、无味、不燃，可用于饮用水工程。

（2）凝结硬化快、速凝、高早强。

（3）抗渗、堵漏、微膨胀，瞬间止水。

（4）迎、背水面均可施工，施工方便。

（5）可带水施工，防潮、抗渗、快速堵漏。

（6）堵漏凝固的时间任选，防水粘贴一次完成，粘结力强，抗渗抗压。

（7）与基体结合成整体，不老化，耐水性好。

2. 施工方法

（1）无渗水面施工：

① 基面必须充分湿润至饱和（但无积水），并要求牢固、干净、平整。不平处可先用水泥砂浆找平。

② 配料：无渗水面施工宜选用缓凝型堵漏灵。将料按粉∶水＝1∶（0.30～0.35）搅拌成均匀的腻子状。手工拌料一次不宜超过 5kg，否则要用搅拌器拌料。

③ 上料：按“抹面工法”的次序进行上料，共做两层。先用抹子或刮板上第一层料；待涂层硬化后将其浸湿（但无积水）再上第二层料。每一层上料的间隔时间为1h左右（时间过长，会影响两层间粘结力）上料时要使劲来回多刮抹几次，使涂层密实，同时注意搭接。每层用料约1.2kg/m^2，总用料约2.4kg/m^2，涂层厚度约1.5mm。

④ 保湿养护。待涂层硬化后，马上进行保湿养护，保证涂层潮湿以防粉化。第一次养护应小心以免破坏涂层，养护2～3d；养护方式可为：喷水、盖湿物、涂养护液等。

（2）渗水面施工：

① 基面处理要求潮湿、牢固、干净、平整。

② 配料：严重渗漏和渗水基体宜选用速凝型堵漏灵，混合均匀（根据所需时间进行配比），将粉按粉∶水＝1∶（0.3～0.35）搅拌成均匀的腻子状。一次配料不宜太多，以免凝固造成浪费。

③ 按“抹面工法”次序上料，共做2～3次。其具体做法：用干布将基面擦干后，迅速用抹子上第一层料，待涂层硬化后擦干表面上第二层料，若还有较多渗水，再用同样方法上第三层料，若只是局部渗水，只需在渗水处再加一层，直至不漏。上料时要稍用力并来回多抹几次使涂层密实，同时注意搭接。每层用料约1.2kg/m^2，三层做法约3.6kg/m^2，涂层厚度约2.2mm。

④ 保湿养护。方法同上。

（3）漏水口施工：

① 配料比例：粉∶水＝1∶0.25或1∶（0.3～0.35）。

② 上料：根据口子形状将堵漏材料捏成略小于口子尺寸的料团，放置一会儿（以手捏有硬感为宜）后塞进漏水口，并用木棒挤压、轻砸，使其向四周挤实，即可瞬间止漏。然后在口子外面周围用抹子上一层刮抹料，约10cm。堵漏前，要将口子周围可能要漏水的部位做防水处理。

③ 湿养护：待涂层硬化后，马上进行保湿养护以防粉化，第一次养护应小心以免破坏涂层，养护方式可为喷水、盖湿物、涂养护液等。

3. 堵漏王建议配方

堵漏王，分为缓凝型（Ⅰ型）和速凝型（Ⅱ型）两种，当然其配方组成也不尽相同，建议的配方组成见表7-54。

表7-54　堵漏王建议配方　(kg/t)

原料组成	缓凝型（Ⅰ型）	速凝型（Ⅱ型）
42.5级硫铝酸盐水泥或快硬硫铝酸盐水泥	700～800	700～800
石英砂	300～200	300～200
萘系减水剂	5～8	5～8

续表

原料组成	缓凝型（Ⅰ型）	速凝型（Ⅱ型）
氯化锂或碳酸锂	7~8	7~8
硫酸钠	7~10	7~10
HPMC	2~4	2~4
粉体消泡剂	0.5~1	0.5~1
缓凝剂：酒石酸+硼酸钠	0.2~0.6	—
碳酸钠	3~5	3~5

7.2.10 水泥基渗透结晶型防水涂料

水泥基渗透结晶型防水涂料是1942年德国化学家Lauritz Jensen（劳伦斯·杰逊）在解决水泥船渗漏水的实践中产生与发明的。欧美称为：Capillary/Crystalline Waterproofing Materials，简称CCCW。1965年CCCW从欧洲引进到日本、韩国等地，由于其综合性能及性价比优于其他类型的防水材料，该材料迅速成为全世界最主流的防水材料之一，占据巨大的市场份额。水泥基渗透结晶型防水涂料中溶出的硅酮离子随着表层水在混凝土中渗透扩散，与混凝土中的钙离子发生化学反应，生成不溶于水的硅酸钙水化物——枝蔓状结晶体（硫铝酸钙），结晶体充满毛细管孔隙并与混凝土结合成整体，堵塞混凝土内部的毛细孔道，从而使混凝土致密，防止水渗漏。并且CCCW具有催化特性，一旦遇水可以不断产生化学反应，生成的结晶体不断生长并填充混凝土内部的毛细孔隙，因此，混凝土结构即使局部受损发生渗漏，在遇到水后也会产生结晶作用自行修补愈合（0.4mm的裂缝）。CCCW具有多次抗渗和自我修复的特点和性能，并且具有极强的抗压能力，最高可达3.0MPa，防水层和混凝土表面形成完整的体系，不会分离，并且材料可以充分吸收混凝土表面的水分来参与其结晶反应，不会发生空鼓现象。由于具有透气不透水的特点，因此可以和混凝土结构同步进行养护。

水泥基渗透结晶型防水涂料是以特种水泥、石英砂等为基料，渗入多种活性化学物质制成的粉状刚性防水材料。与水作用后，材料中含有的活性化学物质通过载体水向混凝土内部渗透，在混凝土中形成不溶于水的结晶体，堵塞毛细孔道，从而使混凝土致密、防水。用于隧洞、地下连续墙、电缆隧道、地下涵洞、工业与民用建筑地下室地下车库、浴厕间、水库、水池、游泳池、电梯井等新建工程的防水施工；结构开裂（微裂）、渗水点、孔洞的堵漏施工，混凝土设施的弊病维修，混凝土结构及水泥砂浆等防腐。

XYPEX（赛柏斯）是著名国际品牌，目前已经有国产同类产品的品牌。产品性能应符合《水泥基渗透结晶型防水材料》（GB 18445—2012）。水泥基渗透结晶型防水涂料参考配比见表7-55与表7-56。

表 7-55　水泥基渗透结晶型防水涂料参考配比 I　(kg/t)

42.5 级通用硅酸盐水泥	400～500
石英砂	300～450
水泥基渗透结晶型母料	30～50
纤维素醚	1～2
可分散乳胶粉	20～30

表 7-56　水泥基渗透结晶型防水涂料参考配比 II　(kg/t)

原材料名称	规格型号	配比
普通硅酸盐水泥	42.5 级	500
石英砂	60～100 目混合砂	370
快硬硫铝酸盐水泥	42.5 级	60
重钙粉	300 目以上	50
膨润土	600 目以上	20
水泥基渗透结晶型活性母料	国产或进口	50

1. 施工方法

(1) 检查混凝土结构：对所有要涂刷的混凝土须仔细检查，如有结构上的缺陷，如裂缝、蜂巢麻面状的劣质表面，均应修凿、清理，用灰浆填平后再做防水。

(2) 清理基层表面：基层表面必须保持干净，以提供充分开放的毛细管系统，使之利于渗透。基面上的水泥粉末、灰尘、油污等要清除掉。无论是新浇筑的混凝土还是旧有的混凝土，都要用水润湿，但不能有明水。新浇的混凝土表面在浇筑 20h 后方可进行涂刷。

(3) 防水层施工：

① 涂刷或喷涂：在准备妥当的混凝土表面，按质量比涂刷或喷涂。其配比：粉料∶水＝2∶1；用量：1.0～1.5kg/m^2。施工要求一次涂布完成。要注意涂布基面的清洁和湿润处理（充分湿润，但不可有明水），如施工过程中发现局部基面还是过于干燥，必须重新湿润。暴晒在阳光下的涂层应持续 1～2d 用清水进行湿润养护。

拌料时应注意搅拌均匀，浆料中不能有没拌开的干料球。施工时，把按要求调配好的浆料均匀涂布在需要防水的基面上。迎水面防水施工时，因无法预知可能存在的渗水部位，应略增加用量，尽可能提高防水涂层的抗渗能力，并注意蜂窝状基面的处理。背水面施工时，细小的渗漏都易察觉，在防水施工前先进行堵漏。

② 撒干粉：在未浇筑混凝土拌合物前，以撒干粉形式按 1.2～1.5kg/m^2 用量，把该产品撒在垫层上，撒干粉时间为浇筑混凝土 30min 前。

③ 在混凝土浇筑振捣第一次抹平后，混凝土初凝前，以撒干粉形式按1.2～1.5kg/m^2 用量将该产品撒放在混凝土表面，然后压实后抹平。

一级防水要求材料用量为3.0kg/m^2，涂刷分三遍完成；二级防水要求材料用量为1.5kg/m^2，涂刷分两遍完成。

（4）养护。正确的固化对确保砂浆层的耐久性和质量是非常重要的。为了防止涂层表面产生裂缝、粉化，防水涂料涂层应保持潮湿，一旦施工后防水材料涂层开始固化即需开始养护，用喷雾水对防水材料涂层进行喷淋，1d需喷3～4次，如天热，须增加喷淋的次数。施工后2d内必须防雨淋、风沙、污水及霜冻。对于需要盛装液体的混凝土构件，在养护3d后，再放置14d的时间，方可使用。

2. 作为防水剂使用

水泥基渗透结晶型母料，还可以作为水泥砂浆和混凝土中的防水剂。它是在混凝土或水泥砂浆配料生产时加入的粉剂，即和水泥同步使用，省工省时，它使混凝土结构防水、防腐，并使结构提高强度。防水剂的添加量：为混凝土中胶凝材料质量的0.8%～2.0%，砂浆中胶凝材料质量的2.0%～3.0%。

7.3　水泥基墙体饰面砂浆

饰面砂浆简称彩色砂浆，是一种新型环保装饰材料，具有色彩质感自然、视觉柔和、成本低及易施工等特点，通过不同的施工方法能达到丰富多彩的艺术造型，为现代建筑物内外墙装饰开辟了一条新的途径，符合“安全环保、节能”的发展趋势要求。一般用在外墙面装饰，可创造性地制造光滑批荡面、喷点浮雕、拉毛等各种艺术图案。

1. 饰面砂浆的常规配方

饰面砂浆的底色分为黑色和白色。底色干混砂浆参考配比见表7-57。墙体饰面（主材）砂浆的参考配比见表7-58。

表7-57　底色干混砂浆配比　　（kg/t）

黑色砂浆		白色砂浆	
42.5级水泥	250	32.5级白水泥	250～300
石英砂	500	石英砂	500
粉煤灰	200	双飞粉	200
双飞粉	100	可分散乳胶粉	30～40
可分散乳胶粉	30～40	有机硅憎水剂	3～5
有机硅憎水剂	3～5	纤维素醚	2～5
纤维素醚	2～5	消泡剂	2～3
消泡剂	2～3	有机硅憎水剂	3～5
铁黑颜料	30～40	钛白粉	30

表 7-58　墙体饰面（主材）砂浆的参考配比　(kg/t)

42.5 级通用硅酸盐水泥	250 ~ 280
石英砂	650 ~ 750
双飞粉	30 ~ 50
纤维素醚	2 ~ 5
可分散乳胶粉	30 ~ 40
有机硅憎水剂	3 ~ 5
消泡剂	1 ~ 2
无机颜料	0 ~ 5
抑制泛碱剂	3 ~ 5

2. 饰面砂浆的施工流程

饰面砂浆的施工流程：基层墙体处理→刷涂封闭底漆→涂布底色砂浆→贴模具、压平→涂布墙体饰面（主材）砂浆→脱模→干燥后做罩面。

（1）采用喷涂方式：将彩色砂浆与清水按 1:（0.38 ~ 0.4）的质量比，先将水倒入拌料桶内，后将粉料倒入，再用电动搅拌器充分搅拌成均匀、流动性较大的胶浆，即可使用。用喷枪将胶浆均匀地喷于工作面上，至少喷涂两次（三次最佳），每次喷涂时间间隔约为 2h。待胶浆喷涂完成 12 ~ 24h 干固后，再喷涂 1 ~ 2道专用防污罩面剂。

（2）采用抹底方式。将彩色砂浆与清水按 3:1 的质量比，先将水倒入拌料桶内，后将粉料倒入，再用电动搅拌器充分搅拌成均匀、无粉粒膏糊状，待其静置 10min 即可用各种纹理工具滚压成图案。待表面图案施工完成 12 ~ 24h 干固后，再喷刷 1 ~ 2 道专用防污罩面剂。

喷涂施工用量为 2.0 ~ 2.5kg/m^2；涂抹施工用量为 2.0 ~ 2.5kg/m^2；镘刀施工用量为 3 ~ 4kg/m^2。

3. 饰面砂浆的施工过程控制

饰面砂浆在施工过程中容易出现色差和接槎等现象，引起色差的主要原因：粉料颜色控制、浆料搅拌过程控制和施工控制。

（1）粉料颜色控制：尽量选择在落水管、分割缝等地方作为不同作业区的划分界线，这样可以避免接槎的出现。

（2）浆料搅拌过程控制：在砂浆搅拌过程中，应该保证水、搅拌工具的洁净度。饰面砂浆在不同水灰比情况下水化干燥后颜色也存在明显差异，因此，在浆料搅拌过程中应该严格控制用水量。

（3）施工控制：在进行饰面砂浆施工时，涂抹工具应该尽量选择木抹子或塑料抹子，钢抹子虽然施工速度快，但容易造成浆料泌水，从而导致饰面砂浆干燥后出现色差。大面积作业时应该尽量选择用吊篮施工，避免使用脚手架施工。

7.4 其他特种砂浆——硫黄砂浆

硫黄砂浆是指将硫黄加热到一定温度形成液态并充分脱水后加入适当比例的预热干燥石英粉和石英砂，形成的一种新型热塑性材料。它具有硬化快、高早强、处理方便、可回收、经济安全等优异性。M50硫黄砂浆组成及配合比为：硫黄:石英砂:石英粉 = 1:1.358:0.758，即 $1m^3$ 硫黄砂浆用硫黄385kg、石英砂523kg、石英粉292kg。

1. 硫黄砂浆的熬制

（1）将准备好的大锅和炉子吊放在墩柱顶部，做好硫黄砂浆熬制的一切前提准备工作。

（2）将硫黄打成2~5cm的小块，按比例称好分批放入锅中，加热到130~150℃使其熔化，边熔边放边搅，注意防止局部过热，以达到充分脱水的目的。

（3）硫黄脱水后，分批将已搅拌均匀的130℃烘干石英砂、石英粉放入锅中不断搅拌、脱水，混合均匀；注意要严格控制熬制温度，一般为140~170℃，最高不超过180℃，熬制3~4h。

（4）待硫黄砂浆熬制均匀、颜色一致、气泡完全消失时，先取样检查，以确定其熬制质量，如不符合要求，应继续熬制，直到合格。

（5）硫黄砂浆质量检定：在140℃时，浇入“8”字形抗拉试模中，观察其冷却时应无涌泡、凹陷、不密实、分层现象，将其打断观察，其颈部断面内，若肉眼可见小孔多于5个，说明熬制时间不够，通常延长熬制时间，直到肉眼可见小孔少于或等于5个为止。

（6）硫黄砂浆6h抗压强度为48.7MPa，24h后抗压强度为51.7MPa。

2. 硫黄砂浆的固有特性

（1）硫黄砂浆的优异性。

① 硬化快，高早强。在冷却到110℃以后硫黄砂浆迅速硬化，当降至85℃后硬化基本完成。其硬化还与成型模板的散热性及外部气温环境有关，一般硬化时间在0.5~2h。在24h内就可达到100%的设计抗压强度。

② 可熔性好，处理方便。当温度在20~80℃范围时，硫黄砂浆无软化现象。但超过90℃时，硫黄砂浆出现明显的软化，120℃时完全液化。在结构物表层涂抹脱模剂，液状硫黄砂浆在表层硬化后即可自然分离，对混凝土构件无任何污染。

③ 操作简单，经济效益好。硫黄砂浆液化后由于其较高的流动性，可采用直接灌注法。因此可以适应几乎任何形状、尺寸的模板，不会存在操作死角。硫黄砂浆能迅速硬化且强度高，能大大节省施工间歇时间及人力物力，因此也能产生较好的经济效益。

（2）硫黄砂浆灌注成型施工中的常见通病及预防措施。

硫黄砂浆在浇注中易出现脱层、涌泡。硬化后敲击表层有空响，不密实。原因分析：

① 浇注过程中混入杂质，以及需预埋电阻丝导致分层灌注，上下层浇注间隔时间太长或基层质量差，造成脱层。

② 原材含水，模板散热差、熬制时间短，气泡没完全排尽，造成涌泡、空鼓。

预防措施：切实保证基层质量，基层上设有隔离层时，隔离层与基层必须粘结良好。基层表面应晾干、烘干或用热风器吹干。石英粉和石英砂必须炒干后使用，并保证出锅温度为 130 ~ 150℃，出锅前应进行温度检查。

③ 熬制时间应充分，浇注前应对熔化物进行外观检查，以不出现明显气泡即可。浇注温度应保持在 135 ~ 145℃。不合格可重新熬制，在二次熔化时可外加 5% ~ 10% 的硫黄。

第 8 章　建筑腻子基础知识与施工

8.1　建筑腻子的定义

建筑腻子是施涂于建筑物内外墙面，起弥补基层缺陷或表现多种花纹和质感作用的涂装基层材料，常用于内外墙基面处理的涂料装饰配套产品。目前我国有《建筑外墙用腻子》（JG/T 157—2009）和《建筑室内用腻子》（JG/T 298—2010）两项标准。

8.2　建筑腻子的作用

（1）弥补墙体基层缺陷。找平，用刮尺在墙面或顶面上刮涂，使之满足装饰上对平整度的要求；填充细小孔洞和缝隙，使之满足表面光滑度的要求；遮蔽裂纹，弹性腻子可覆盖 0.5mm 以下的龟裂纹。

（2）表现多样化质感或花纹。

橘皮花纹：用拉花滚筒滚涂可产生橘皮花纹。

浮雕花纹：先用喷枪喷涂，然后用光面滚筒压平，可形成浮雕花纹。

其他个性化花纹：用其他涂装工具可形成多种能满足个性化要求的花纹或图案。

8.3　建筑腻子分类

按产品用途主要分为平壁型、浮雕型、拉花型、高弹抗裂型等。其中，平壁型按其适用场合可分为三种：找平型、平面型和光面型。找平型主要使基层获得所需的平整度；光面型主要使基层获得光滑、细腻的表面质感；平面型界于两者之间，既可做平基面，又可做光基面，但是单方面的效用不如前两者，适用于普通应用场合。一般光面型腻子应在使用找平型腻子找平的基面上使用。

按产品有无弹性，外墙建筑腻子可分为刚性和弹性（或称柔性）两大类，其中弹性腻子适用于抗裂或防裂的场合。

建筑装饰常用的腻子如下：

（1）聚醋酸乙烯腻子：用聚醋酸乙烯乳液（白乳胶）加填充料（滑石粉或钛白粉）和羧甲基纤维素醚溶液搅拌均匀而成。用于混凝土表面或砂浆表面内墙刮腻子。

（2）聚醋酸乙烯水泥腻子：用聚醋酸乙烯乳液加水泥和水搅拌而成。用于建筑物砂浆表面外墙刮腻子。

8.4　常用建筑腻子的配方组成

1. 腻子使用材料性能及其技术要求

羧甲基纤维素 CMC：白色絮状物，吸湿性强，易溶于水，在腻子中主要起提高腻子黏度的作用。腻子粉加入羧甲基纤维素 CMC、预糊化淀粉后的性能：

（1）有很好的快速增稠能力和粘结性能，同时有一定的保水性。

（2）提高材料的抗下滑能力（流挂性），改善材料的操作性能，使操作更滑爽；延长材料的开放时间。

（3）干了之后表面光滑，不脱粉，成膜性好，无刮痕。

（4）更重要的是用量少，极低的添加量即能达到很高的效果；同时生产成本则降低 10% ~20%。

建筑工业上用 CMC 主要用途是墙壁刮大白和腻子粉、腻子膏，可节约大量建筑材料，增强墙壁的保护层及亮度。

重钙粉：重钙粉也就是大白，要求色白质纯，细度要求过 80 目筛。

石膏：采用煅烧后的熟石膏（β-半水石膏）白色粉末，为气硬性胶凝材料，不可受潮和雨淋，严禁使用受潮和结块的石膏。

滑石粉：质软滑腻而轻。

可再分散性乳胶粉，是特制的乳液喷雾干燥后制成的粉体，是乙烯和醋酸乙烯酯共聚物，由于其具有高粘结能力和独特的性能，如抗水性、施工性及隔热性等，因此，有很广泛的应用且具有良好的可再分散性，与水接触时重新分散成乳液，并且其化学性能与初始乳液完全相同，与砂浆（腻子）中的水混合后，遇水乳化分散，重新形成稳定的聚合乳液，可再分散性乳胶粉在水中分散后，水分蒸发，在干燥后砂浆内形成聚合物膜，改善砂浆各项性能。可再分散性乳胶粉在腻子中的主要作用：

（1）提高腻子的粘着力和机械性能。可再分散性乳胶粉在与水接触后可以很快再分散成乳液，并具有与初始乳液相同的性质，即水分蒸发后可以形成膜，这种膜具有高柔韧性、高耐候性和对各种基材的高粘结性。

（2）提高腻子的内聚力，优异的耐碱性、耐磨性，增强抗折强度。

（3）提升腻子的耐水性、防渗透性。

（4）提高腻子的保水性，增加开放时间。

（5）提高腻子的抗冲性和增强腻子的耐久性。

2. 建筑腻子常见品种及特点

建筑腻子常见品种及特点见表8-1。常用的建筑腻子配方见表8-2～表8-14。

表8-1　腻子品种及特点

项目	腻子品种	主要组成材料	特点
外墙	水泥粉状腻子	水泥、甲基纤维素醚、重质碳酸钙、滑石粉、可再分散性乳胶粉等	腻子膜性能优异
	双组分腻子	水泥、重质碳酸钙、108胶粘剂等	腻子膜性能较好，成本低
内墙	水泥粉状腻子	白色硅酸盐水泥、灰钙粉、甲基纤维素醚、重质碳酸钙、滑石粉等	腻子膜性能较好，成本低
	石膏粉状腻子	煅烧β-半水石膏粉、甲基纤维素醚、重质碳酸钙、滑石粉、108胶粘剂等	腻子膜性能较好，成本低

表8-2　内墙腻子参考配比　（kg/t）

组成	质量比
灰钙粉	300
重钙粉	700
可再分散性乳胶粉	5～10
羟丙基甲基纤维素醚	3～5
淀粉醚	0～1

表8-3　超细腻子典型配方　（kg/t）

组成	质量比
白色硅酸盐水泥32.5级或42.5级	270
重钙粉	710
可再分散性乳胶粉	20
羟丙基甲基纤维素醚	3

表8-4　水泥基耐水腻子参考配方　（kg/t）

组成	质量比
白色硅酸盐水泥32.5级或42.5级	200～400
双飞粉（150～200目）	200～400
石英砂（100～325目）	400～200
可再分散性乳胶粉	10～30
羟丙基甲基纤维素醚	1～5

续表

组成	质量比
触变剂（淀粉醚，改善工作性能，有抗流挂和防下滑能力）	1～6
粉体消泡剂	1～3
水泥基渗透结晶型母料	5～10

表 8-5　外墙耐水腻子参考配比　（kg/t）

组　分	质量比
白色硅酸盐水泥 32.5 级或 42.5 级	200
灰钙粉	200
石英砂	200
重钙粉（40～80 目∶80～160 目∶160～200 目；内层 3∶2∶1；外层 1∶2∶3）	400
可再分散性乳胶粉	12～15
羟丙基甲基纤维素醚（黏度 10 万）	4～6
淀粉醚	0～1
憎水剂	2
木质纤维	2

表 8-6　内外墙腻子参考配比

外墙腻子粉配比		内墙腻子粉配比	
组成（kg/t）		组成（kg/t）	
双飞粉	600～650	双飞粉	1000
白色硅酸盐水泥	400～350	—	
预糊化淀粉	5～6	预糊化淀粉	5～6
CMC	10～15	CMC	10～15
或 HPMC	2.5～3	或 HPMC	2.5～3

表 8-7　普通外墙腻子粉参考配比　（kg/t）

名　称	质量比
42.5R 白色硅酸盐水泥	300
重钙粉（200 目）	600
灰钙粉	100
乳胶粉	15～20
HPMC	4～5
木质素醚	1～2
PP 纤维（2.5mm）	1～2
憎水剂	0

表 8-8　外墙柔性腻子粉　(kg/t)

名　称	质量比
42.5R 白色硅酸盐水泥	300
重钙粉（200 目）	600
灰钙粉	100
乳胶粉	20～25
HPMC	4～5
木质纤维素	1～3
PP 纤维（2.5mm）	1～2
憎水剂	2～3

表 8-9　瓷砖翻新腻子　(kg/t)

名　称	质量比
白色硅酸盐水泥（42.5R）	300
重钙（200 目）	300
石英砂（70～100 目）	300
灰钙	100
乳胶粉	35～40
HPMC	4～5
木质纤维素	1～2
PP 纤维（3mm）	1～2

表 8-10　面层建筑粉刷石膏配方 1　(kg/t)

组　分	质量比
β-半水石膏粉	350～300
重钙或滑石粉	650～700
石膏缓凝剂（柠檬酸钠，柠檬酸）	1
108 胶粉（聚乙烯醇缩甲醛胶）	3～5
备　注	加水搅拌至适宜稠度即可施工

表 8-11　面层建筑粉刷石膏配方 2　(kg/t)

组分	质量比
β-半水石膏粉	940～970
白色硅酸盐水泥 32.5 级	5～15
灰钙粉	5～15
羟丙基甲基纤维素醚（黏度 10 万）	1～5

续表

组分	质量比
石膏缓凝剂（柠檬酸钠，柠檬酸）	1 ~ 5
减水剂	0 ~ 5
备　注	加水搅拌至适宜稠度即可施工

表 8-12　石膏勾缝剂　(kg/t)

组分	质量比
β-半水石膏粉	500
重钙或滑石粉	500
石膏缓凝剂（柠檬酸钠，柠檬酸）	1.5
108 胶粉（聚乙烯醇缩甲醛胶）	5 ~ 6
备　注	加水搅拌至适宜稠度施工，石膏板结合处的抹缝

表 8-13　外墙水泥干粉耐水腻子　(kg/t)

组分	质量比
白色硅酸盐水泥 32.5 级	375
灰钙粉	175
重钙或滑石粉	450
108 胶粉（聚乙烯醇缩甲醛胶）	7 ~ 8
备　注	加水搅拌至适宜稠度即可施工

表 8-14　黏结石膏的参考配方　(kg/t)

组分	质量比
β-半水石膏粉	700 ~ 1000
重钙粉	300 ~ 0
羟丙基甲基纤维素醚（黏度 8 万 ~ 10 万）	4 ~ 5
可再分散性乳胶粉	0 ~ 20
石膏缓凝剂	1 ~ 3
备　注	加水搅拌至适宜稠度即可施工。用于粘贴石膏板、龙骨及纤维板等

硅藻泥的主要原材料是历经亿万年形成的硅藻矿物——硅藻土，硅藻是一种生活在海洋、湖泊中的藻类。硅藻泥采自生活在数百万年前的水生浮游类生物——硅藻沉积而成的天然物质，主要成分为蛋白石，富含多种有益矿物质，质地轻软，电子显微镜显示其粒子表面具有无数微小的孔穴，孔隙率达 90% 以上，比表面积高达 $65m^2/g$。

硅藻泥材质特点：① 均一彩色泥土状，高温着色，大量喷水后不花色，不流泥，用手掌轻按，具有天然泥的效果。② 粉磨、搅拌、施工无任何气味，无任何有害物质释放。③ 质地细腻，有微小沙粒，适合在平整干爽的室内墙面施工。④ 遇水吸收，遇火不燃，不具有刺鼻的异味。典型的硅藻泥配比见表8-15。

表8-15　硅藻泥的配合比 （kg/t）

组分	质量比
硅藻泥	400
重钙粉	100
细石英砂（100～325目）	500
羟丙基甲基纤维素醚（黏度4万mPa·s）	4～6
可再分散性乳胶粉	20～25
聚乙烯醇粉末	3～5
木质纤维	2

硅藻泥施工工艺：

（1）搅拌。在搅拌容器中加入施工用水量90%的清水，然后倒入硅藻泥干粉，浸泡（3～5）min，再用电动搅拌机搅拌约10min，搅拌的同时添加10%的清水调节施工黏稠度，泥性涂料，充分搅拌均匀后方可使用。

（2）涂抹。

两遍：第一遍涂平约1mm，完成后约50min（根据现场气候情况而定，以表面不黏手为宜，有露底的情况用料补平），涂抹第二遍（厚度约1.5mm）。总厚度为1.5～3.0mm。

（3）肌理图案制作。涂抹第二遍完成，根据实际环境干燥情况，掌握干燥时间，依据工法制作肌理图案。

（4）收光。制作完肌理图案后，用收光抹子沿图案纹路压实收光。

硅藻泥本身没有任何的污染，纯天然，而且有多种功能，是乳胶漆和壁纸等传统涂料无法比拟的，硅藻泥装饰的墙壁局部效果见图8-1。因为在施工硅藻泥的过程中没有味道，是纯天然的，便于修补。硅藻泥健康环保，不仅有很好的装饰性，还具有功能性，是替代壁纸和乳胶漆的新一代室内装饰材料。硅藻泥的功能特性如下：

（1）防火阻燃：硅藻泥是由无机材料组成，因此不燃烧，即使发生火灾，也不会冒出任何对人体有害的烟雾。当温度上升至1300℃时，硅藻泥只是出现熔融状态，不会产生有害气体等烟雾。

（2）呼吸调湿：随着不同季节及早晚环境空气湿度的变化，硅藻泥可以吸收或释放水分，自动调节室内空气湿度，使之达到相对平衡。尤其是沿海城市和南方空气较湿润的城市，调节室内空气湿度效果明显，减少潮湿的空气带来的烦恼。

（3）吸声降噪：由于硅藻泥自身的分子多孔结构，因此具有很强的降低噪声功能，可以有效地吸收对人体有害的高频音段，并衰减低频噪声。其功效相当于同等厚度的水泥砂浆和石板的 2 倍以上，同时能够缩短 50% 的余响时间，大幅度地减少了噪声对人身的危害，为人们创建一个宁静的睡眠环境。

（4）保温隔热：硅藻泥的主要成分硅藻土的热导率很低，本身是理想的保温隔热材料，具有非常好的保温隔热性能，其隔热效果是同等厚度水泥砂浆的 6 倍。

（5）色彩柔和：硅藻泥选用无机矿物颜料调色，色彩柔和。当人生活在涂覆硅藻泥的室内时，墙面反射光线自然柔和，人不容易产生视觉疲劳，同时硅藻泥墙面颜色持久，使用高温着色技术，不褪色，墙面长期如新，增加了墙面的寿命，减少墙面装饰次数，节约了居室成本。

硅藻泥的用途：硅藻泥的适用范围很广泛，可以适用在家庭（客厅、卧室、书房、婴儿房、天花板等墙面）、公寓、幼稚园、老人院、医院、疗养院、会所、主题俱乐部、高档饭店、度假酒店写字楼、风格餐厅等部位的装修装饰。

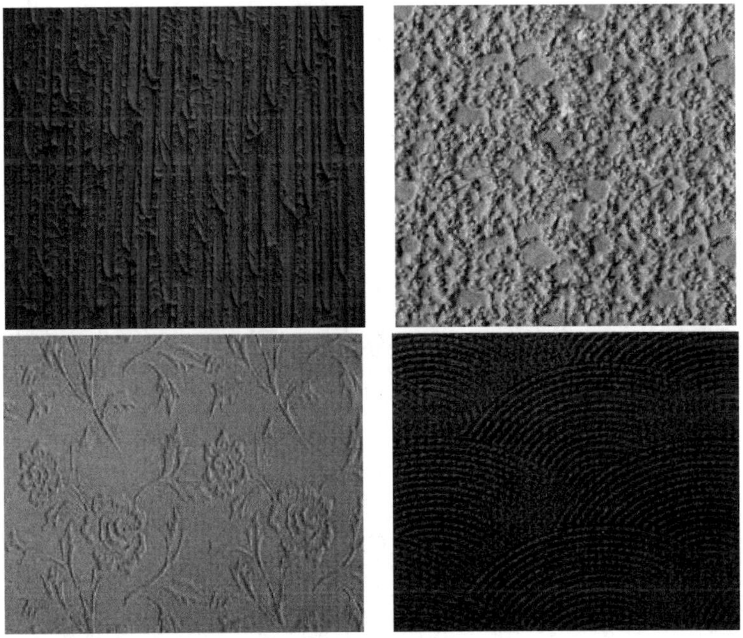

图 8-1　硅藻泥装饰的墙壁局部效果

8.5　建筑腻子施工工艺

（1）基层处理（水泥砂浆面）。

清除基层表面粉尘、油污、锈迹等，确保墙面清洁；

检查基层牢固度，疏松、空鼓部分应予以铲除；

墙上明显的凸出部位和砂浆疙瘩，应打磨平整；墙上洞口和缝口应用水泥砂浆进行填补；

检测基层酸碱度与基层含水率，确保含水率小于10%，pH值小于10；

对于吸水性强、比较疏松的基层，应用高渗型封底界面剂处理，进行封闭和加固。

（2）刮腻子。平壁型找平型腻子，主要用于找平基面，一般不在其表面直接进行涂刷涂料。施工时满批2~3遍，遍以修补为主，遍满批，要求批刮平整，不露底。可用2m铝合金直尺沿横向刮平，再沿纵向刮平，使之满足平整度和垂直度的要求。待实干后，打磨墙面，并打磨粉尘，用量为2.5~4.0kg/m^2。

光面型腻子，其一般应和找平型腻子配套使用，主要使基层表面满足光滑、细腻的要求，施工时一般批刮两遍即可，每遍厚度不超过0.5mm。待实干后，打磨墙面，并打磨粉尘，用量为1.2~1.5kg/m^2。

平面型腻子，适用于普通场合，以满足涂料装饰工程对基面的一般要求。施工时一般批刮两遍，每遍厚度在1mm左右。待实干后，打磨墙面，并打磨粉尘，用量为1.5~1.8kg/m^2。一般打磨时间不宜过迟，以12~24h为宜，过迟会影响打磨性。

拉花型，可在平壁型腻子层上进行操作，也可在较平实的基层上直接拉花。用拉花滚筒滚涂并拉出所需形状的花纹，花纹的深浅、大小决定腻子浆的厚薄，花纹深则要求腻子浆较厚，反之则要求较薄，一般用量为0.8~1.5kg/m^2。要求厚薄均匀纹理清晰。

浮雕型基层应先批刮平壁型腻子，待腻子层实干后，用喷枪将浮雕腻子喷涂表面，所用喷嘴的尺寸根据客户所需花纹大小而定，并根据客户要求决定是否滚压表面。如需要，则用光面滚筒在喷涂颗粒基本表干后滚压表面（蘸水或200号溶剂油滚压）。用量为1.0~1.8kg/m^2，要求颗粒圆润，分布应适中且基本均匀。

8.6 刮涂施工注意事项

刮涂腻子是采用抹子、刮板或油灰刀进行施工的，刮涂的要点是平、实、光，即腻子与基层接触紧密，粘结牢固，表面平整光滑以减少打磨的工作量。刮涂时，应注意如下事项：

（1）基层吸收性强时，应在刮涂腻子前用封闭底漆进行封闭，以免腻子中的胶料被基层过多地吸收，影响腻子的附着力和强度。

（2）掌握好刮涂时工具的倾斜度，用力均匀，以保证腻子饱满。

（3）为避免腻子收缩过大，出现开裂和脱落，一次刮涂不要过厚，根据不同腻子的特点，厚度以 0.5 ~ 1mm 为宜。

(4) 不要过多地往返刮涂，以免出现卷皮、脱落或将腻子中的胶料挤出，封住表面不易干燥。

(5) 根据涂料的性能和基层状况，选择适当的腻子和刮涂工具，用油灰刀填补基层孔洞和裂缝时，食指压紧刀片，用力将腻子压进缺陷内，要填满、填实，将四周的腻子收刮干净，使腻子痕迹尽量减少。

(6) 涂料施工时，需要待腻子层实际干燥后方可进行涂刷涂料，一般批刮后一道腻子后，需要 24h(25℃) 方可涂料施工。

8.7　腻子质量问题分析

墙面刮腻子施工质量问题主要是腻子面层发生裂缝、起泡、起皮、脱落，其原因如下：

(1) 粘结不牢。腻子发生裂纹、起皮、脱落主要是由于腻子与基层粘结不牢造成的。如基层清理不干净或者处理方法不当，没有彻底清除基层上的模板隔离剂、油渍、无机酸和有机酸，没有刷火碱水溶液（用于清除墙面油污），没有涂粘结剂，或者腻子配方乳液掺量不当，其结果均会降低腻子与基层的粘结强度。试验资料证明，基层处理好，掺乳液能提高砂浆与基层的粘结性能，一般粘结强度可以提高 0.4 ~ 0.7MPa。

(2) 腻子涂层太厚。腻子涂层厚度与材料和配合比选择有关。如刮大白腻子，滑石粉掺量较多，改善了腻子的润滑性能，一般情况下不会产生涂层过厚；但如果从腻子填充效果出发，大白粉掺量增大，由于大白粉的颗粒较粗，腻子润滑性能差，不好操作，这时可能产生涂层过厚的现象。由此可见，防止涂层过厚关键在于适当调整大白粉、滑石粉的掺量。

(3) 由于墙体主体结构或楼板应力造成的开裂，与腻子质量及施工方式没有关系。

(4) 其他原因造成腻子起皮、脱落，两遍腻子间隔时间太短，第一道腻子未干透即刮第二道腻子，容易造成干燥收缩，以致引起起皮、脱落。

8.8　腻子使用推荐方案

腻子使用有如下几种方案，根据工程实际和具体技术要求采用适合的方案。图 8-2 为内外墙腻子的包装和涂装场景。

(1) 普通外墙装饰方案：基层（一般为抹面砂浆面，下同）→（封底界面剂）→刚性平面型腻子→底色漆→面漆。

(2) 外墙装饰方案：基层→（封底界面剂）→刚性找平型腻子→刚性光面

型腻子（刚性平面型腻子）→底色漆→面漆。

（3）普通抗龟裂外墙装饰方案：基层→（封底界面剂）→柔性平面型腻子→底色漆→弹性面漆。

（4）抗裂外墙装饰方案：基层→（封底界面剂）→高弹抗裂腻子→弹性光面型腻子→底色漆→弹性面漆。

（5）拉毛造型外墙装饰方案：①平实基层方案：基层→封底界面剂（底色漆）→弹性拉毛型腻子→弹性面漆；②粗糙基层方案：基层→刚性平壁型腻子→封底界面剂→弹性拉毛型腻子→弹性面漆。

（6）普通浮雕造型外墙装饰方案：基层→（刚性平面型腻子）→封底界面剂→外墙浮雕型腻子→（封底界面剂或底色漆）→面漆（用弹性面漆更好）。

（7）瓷砖翻新外墙装饰方案：基层（瓷砖面）→瓷砖面腻子→刚性找平型腻子→（高弹抗裂腻子）→弹性光面型腻子→弹性面漆。

（8）金属漆外墙装饰方案：

普通型方案：基层→刚性找平型腻子→刚性光面型腻子→封底界面剂→金属漆中层漆→金属面漆→罩面剂。

抗裂型方案：基层→刚性找平型腻子→高弹抗裂腻子→弹性光面型腻子→封底界面剂→金属漆中层漆→金属面漆→罩面剂。

（9）外保温腻子装饰方案可用前面（3）、（4）、（5）方案进行配套，其中（5）中粗糙基层方案中，刚性平壁型腻子应改为柔性腻子。

8.9 内墙腻子使用方法

（1）基层应坚实、干净、大致平整、无明水，基层强度应高于或接近腻子的强度。

（2）吸水性强的基层应先用清水润湿或喷刷胶水进行封底处理后再刮腻子（稠度以适合施工为宜）。

（3）新抹灰的水泥墙应在养护期后再刮腻子。

（4）按腻子粉∶水 =1∶（0.25 ~0.3）的比例搅拌均匀，静置 10 ~20min，再次搅拌均匀即可使用。

（5）用钢刮板或抹刀按常规批刮，刮涂次数不可过多，通常批刮两次，第二次涂层在前涂层干透情况下方可施工。

（6）批刮厚度 0.8 ~1.5mm，用量 1 ~1.5kg/m^2，一般两遍即可。

（7）腻子干后，用 320#或 240#砂纸打磨，尽快涂刷涂料或粘贴墙纸。

图 8-2　内外墙腻子的包装和涂装情景

8.10　外墙腻子施工工艺

1. 外墙腻子粉的加工要点

外墙腻子粉具有粘结强度高、耐水性好、不收缩、不空鼓、不开裂、无气味、易操作、墙面致密、光洁度高、工程质量好等优点，适用于混凝土水泥砂浆、粉刷石膏、白灰砂浆、纸面石膏板、无机墙体材料等基面。

外墙腻子粉施工时先将腻子粉倒入水中。20kg 干粉加水（8～10）kg，静置 3～5min，再进行搅拌至浆体中无结块。施工中不露底、不漏刮，不留接缝痕迹。参考用量（1.0～1.5）kg/m^2。

2. 外墙建筑腻子粉的施工工艺

（1）瓷砖墙面翻新施工工艺。

① 清洗瓷砖墙面。用界面处理剂和外墙腻子粉相拌（用量为 4∶6）均匀后，刮于瓷砖墙面（用量要少，批刮要紧，每平方米腻子粉用量不大于 0.5kg），批刮后的表面呈现毛糙，待干。

② 用外墙腻子粉和清水相拌（用量为 7∶3）均匀后批于表面（可用 1m 直尺批刮），批刮表面不能有光滑感，待干后可用清水滚涂一遍。

③ 用外墙腻子粉和清水相拌（用量 6∶4）后批于表面，批刮后表面呈平整

状态，待稍干用砂皮打磨光滑，有条件的用清水在饰面上淋一遍，然后用稀释后的界面处理剂（1∶1）滚涂于表面，待干后进行表面敲击检查。

（2）混凝土表面施工工艺。

① 用外墙腻子粉和清水相拌（用量为7∶3）均匀后批于表面（可用1m直尺批刮），表面比较粗糙时可加入40～80目细砂，批刮表面不能有光滑感，待干后可用清水滚涂一遍。

② 用外墙腻子粉和清水相拌（用量6∶4）后批于表面，批刮后表面呈平整状态，待稍干用砂皮打磨光滑，有条件的用清水在饰面上淋一遍，然后用稀释后的界面处理剂（1∶1）滚涂于表面，待干后进行表面敲击检查。

注意事项：

（1）天气湿度大和雨天不能施工，气温低于5℃时不能施工，表面滚涂涂料要求间隔4～7d（待腻子的碱性成分中和后才能施工，否则容易产生泛碱现象）。

（2）干燥度过高时应反复在腻子表面淋水，可缩短腻子的中和时间，降低腻子的强度。

（3）玻璃马赛克饰面翻新建议不使用上述施工工艺，采用“专用界面胶”作界面材料。

（4）施工工艺可参照《建筑涂饰工程施工及验收规程》（JGJ/T 29—2015）。

第 9 章　干混砂浆生产设备

干混砂浆生产采用特殊混合机，不但适合于干混砂浆系列产品的制备，而且具有不同的容量和结构，可以实现快速、均匀地混合。在整个混合过程中，干混砂浆的温度应不超过 65℃，以免热塑性和对热敏感的外加剂有机组分性能劣化。干混砂浆的大型生产设备原来均从国外进口，但价格昂贵，致使建厂投资过高，在一定程度上制约了干混砂浆在我国的应用发展。近 10 年来国内已有多家企业研发和生产干混砂浆工艺设备，为大中小型干混砂浆生产线的建立提供了选择空间。

9.1　干混砂浆的生产工艺流程

干混砂浆生产工艺流程主要分下列 4 个生产环节：

（1）材料预处理和入仓。粒度和含水率不符合要求的原材料需要进行预处理，进行破碎、烘干、筛分后，通过输送设备入仓储存。使用干法制砂工艺的机制砂一般不需要烘干处理。

（2）各种原材料配料与称量。

（3）搅拌混合。

（4）成品散装或包装和运输。

干混砂浆生产工艺流程，见图 9-1。干混砂浆的生产控制系统界面见图 9-2。

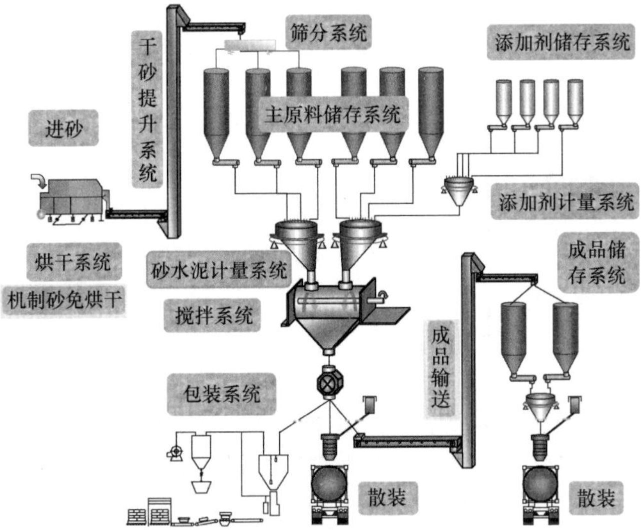

图 9-1　干混砂浆生产工艺流程图

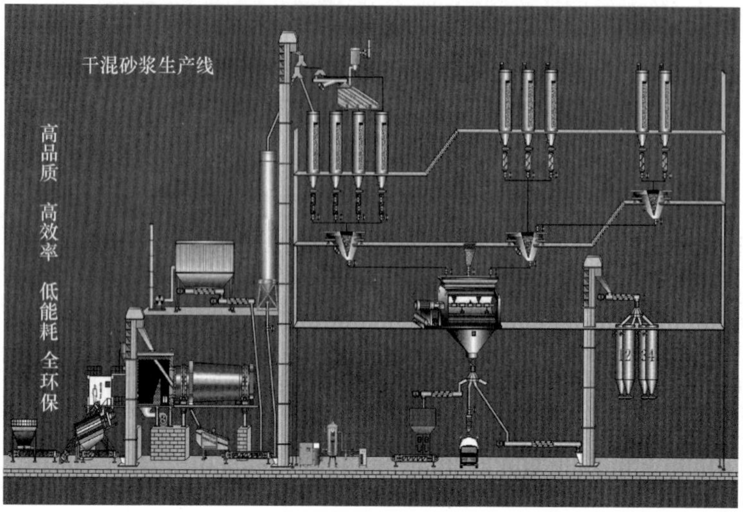

图 9-2　干混砂浆的生产控制系统界面

9.2　干混砂浆的生产工艺分类

预拌干混砂浆生产线应结合所在区域、地形、产品品种、资金状况、政策、市场情况等多种因素决定工艺布置方案。一般分为塔楼式、阶梯式、车间式等形式。

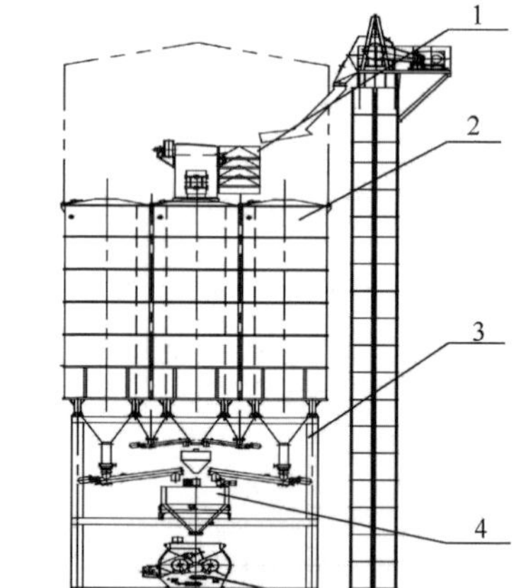

图 9-3　塔楼式干混砂浆生产线布局
1—砂筛分进料系统；2—储库；3—塔楼；4—喂料计量系统；5—混合系统；6—包装或散装发放系统

（1）塔楼式干混砂浆生产线布局见图 9-3，实物图见图 9-4。该生产线是将砂浆生产设备按照生产流程自上而下布置，依次是砂筛分机、原料储存仓、喂料机、计量秤、混合机、包装机或散装机等。这些设备安装在高达数十米的多层混凝土或钢结构楼内，外观形似高楼而得名。其适合于特种砂浆和普通预拌砂浆的生产。

（2）阶梯式干混砂浆生产线布局图见图 9-5，实物图见图 9-6。原材料需要二次提升。其适合于大规模普通砂浆的生产。

（3）车间式干混砂浆生产线布局见

图 9-4　塔楼式干混砂浆生产线外观

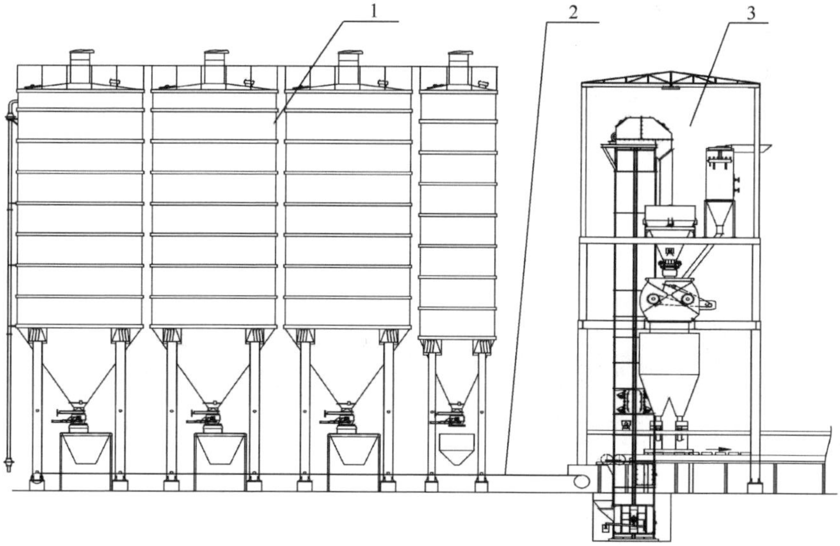

图 9-5　阶梯式砂浆生产工艺布局图

1—原料仓；2—管道输送；3—混料系统

图9-6　阶梯式砂浆生产线外观

图9-7。其适合于特种干混砂浆的生产。

图9-7　车间式干混砂浆生产线布局图

9.3　机械制砂-干混砂浆生产一体化成套生产系统

机械制砂-干混砂浆生产一体化成套生产系统是干混砂浆行业近年来的一个重大进展。其显著特点是用矿石、尾矿、固体废弃物（建筑固废、冶炼固废等）破碎整形为机制砂，直接用于制造干混砂浆。在生产过程中，只要通过控制入料矿石的表面含水率，就可保证破碎后所得砂子的含水率不大于0.5%，砂子就不需要烘干，可起到节省设备投资、降低能耗、节省场地的综合效果。由于这种机械制砂-干混砂浆一体化成套生产系统在实际的生产中不存在烘干环节，因而，目前市场上也将其称为“免烘干”干混砂浆生产线。机制砂生产过程中产生的微细矿粉，可以直接存放在干混砂浆粉罐中，在生产过程中作为砂浆掺合料混合在干混砂浆中。其工艺流程见图 9-8，生产线外观见图 9-9。

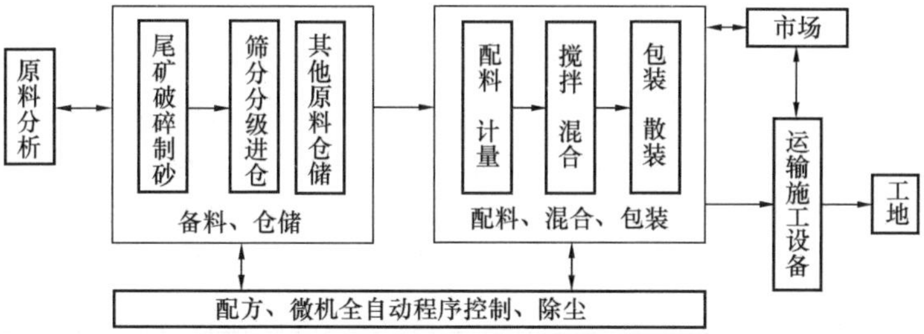

图 9-8　机械制砂－干混砂浆生产一体化成套生产系统工艺流程图

图 9-9　机械制砂-干混砂浆一体机生产线外观

第 10 章　建筑物外墙涂料与施工技术

涂料就是能够涂覆在被涂物件表面并能形成牢固附着的连续薄膜的材料。涂料是用有机、无机材料以装饰和保护物品的一种混合物。有机高分子材料构成了当今涂料市场主要部分。早期涂料大多以植物油为主要原料，故被称为“油漆”，如健康环保原生态的熟桐油。无论是传统的以天然物质为原料的涂料产品，还是现代发展中的以合成化工产品为原料的涂料产品，都属于有机化工高分子材料，所形成的涂膜属于高分子化合物类型。现代的涂料正在逐步成为一类多功能性的工程材料，是化学工业中的一个重要行业。

外墙装饰涂料直接暴露在大自然中，经受风、雨、日晒的侵袭，故要求涂料有耐水、保色、耐污染、耐老化以及良好的附着力，同时还具有抗冻融性好、成膜温度低的特点。外墙涂料按照装饰质感分为以下四类：

（1）薄质外墙涂料：质感细腻、用料较省，也可用于内墙装饰，包括平面涂料、沙壁状、云母状涂料。

（2）复层花纹涂料：花纹呈凹凸状，富有立体感。

（3）彩砂涂料：用染色石英砂、瓷粒云母粉为主要原料，色彩新颖，晶莹绚丽。

（4）厚层涂料：可喷、可涂、可滚、可拉毛，也能做出不同质感花纹。

建筑外墙涂料的性能要求如下：

（1）装饰性好：要求外墙涂料色彩丰富且保色性优良，能较长时间保持原有的装饰性能。

（2）耐候性好：外墙涂料，因涂层暴露于大气中，要经受风吹、日晒、盐雾腐蚀、雨淋、冷热变化等作用，在这些外界自然环境的长期反复作用下，涂层易发生开裂、粉化、剥落、变色等现象，使涂层失去原有的装饰保护功能。因此，要求外墙在规定的使用年限内，涂层应不发生上述破坏现象。

（3）耐沾污性好：由于我国不同地区环境条件差异较大，对于一些重工业、矿业发达的城市，由于大气中灰尘及其他悬浮物质较多，会使易沾污涂层失去原有的装饰效果，从而影响建筑物外貌。因此，外墙涂料应具有较好的耐沾污性，使涂层不易被污染或污染后容易清洗掉。

（4）耐水性好：外墙涂料饰面暴露在大气中，会经常受到雨水的冲刷。因此，外墙涂料涂层应具有较好的耐水性。

（5）耐霉变性好：外墙涂料饰面在潮湿环境中易长霉。因此，要求涂膜能抑制霉菌和藻类繁殖生长。

（6）弹性要求高：裸露在外的涂料，受气候、地质等因素影响严重，弹性外墙乳胶漆是一种专为外墙设计的涂料，能更好长久地保持墙面平整光滑。

10.1　薄质外墙涂料

大部分以彩色丙烯酸酯共聚乳液为代表的乳胶漆，均是薄质涂料。在我国，人们习惯上把以合成树脂乳液为基料，水为分散介质，加入颜料、填料和助剂，经一定工艺过程（高速分散混合）制成的涂料，称为乳胶漆。其特点是耐水、耐酸、耐碱、抗冻融等。作为水性涂料的一种，乳胶漆是目前使用最广泛的墙壁装饰材料之一。由于采用水作为涂料的溶剂，所以可以说乳胶漆是众多涂料中最具安全性的材料。乳胶漆中的几种主要成分，如作为溶剂的水、颜料、乳液、填充剂和各种助剂中，都基本不含对人体有害的物质。尤其是一些国内外知名品牌的产品，其使用的安全系数更高。

1. 乳胶漆的原材料

（1）乳液的选择。

乳液是影响乳胶漆性能的最主要的原料，呈乳白色。由一些石油化工原料如醋酸乙烯、丙烯酸酯、苯乙烯等，在水中经过聚合化学反应制成。因采用的原料和工艺的不同，产生的乳液在性能上也有差别。它的主要作用是粘结、抗水、抗碱和抗日光老化。常用的乳液有以下几种：

① 纯醋乳液：醋酸乙烯聚合而形成，耐水性、耐光性差，但硬度好，适用于内墙。

② 醋丙乳液：部分醋酸乙烯被丙烯酸单体取代，其耐水性、耐光性有改善，但不理想，硬度较好，涂刷性好，丰满度高，但耐水、耐碱、耐光性欠佳，多用于内墙。

③ 苯丙乳液：醋酸乙烯用苯乙烯和丙烯酸单体取代，其耐水性、耐光性有较明显改善，耐水性、耐碱性好，耐洗擦性强。但涂刷性欠佳，丰满度欠佳，经光照变黄明显，既可用于内墙，又可用于外墙。

④ 纯丙乳液：全部用丙烯酸单体聚合而成，耐水性、耐碱性好，耐洗擦性好，耐光保色性好，多用于外墙，也可用于内墙。

⑤ 硅丙乳液：由有机硅单体和丙烯酸单体共聚而成，耐水性、耐碱性好，耐光保色性好，耐污染性较好。

（2）颜料。常用的颜料有以下几种：

① 白色颜料：钛白粉（化学式：TiO_2），白色固体或粉末状的两性氧化物，是一种白色无机颜料，具有无毒、最佳的不透明性、最佳白度和光亮度，被认为是现今世界上性能最好的一种白色颜料，广泛应用于涂料、塑料、造纸、印刷油墨、化纤、橡胶、化妆品等工业。金红石型钛白粉，遮盖力好，耐光耐候性好，

光泽度高，适于外用及高档内用漆。锐钛型钛白粉：遮盖力较好，易粉化，适用于内墙。立德粉（锌钡白）：有一定的遮盖力，遇光易变黑，适用于内用。

② 彩色颜料：铁红、铁黄、铁黑、碳黑等无机系列，耐光保色性好，价廉，耐碱性好，但颜色不鲜艳，且耐污性稍好；大红、酞菁绿等有机系列：耐光保色性较差，价格昂贵，但颜色鲜艳，无法用无机颜料代替。不用或尽量少用含重金属氧化物的无机颜料。

（3）填料：主要用来降低光泽，提高膜厚，降低成本，如滑石粉、重钙粉和轻钙粉、高岭土及重晶石粉等。这些填料在第 7 章大部分有介绍，这里不再赘述。

（4）助剂：

防冻剂：丙二醇、二乙二醇等，掺量为涂料总质量的 0.1% ~1.0% 。

防腐剂：杀菌剂，液体，掺量为涂料总量的 0.10% ~0.25% ，适用于各种合成乳液、粘合剂、水性涂料、乳胶漆、油墨等，如丙烯酸乳液、苯丙乳液、乳胶漆、水乳型内外墙涂料，是涂料行业的高效防腐剂，它与各类表面活性剂及其他化工原料配伍性好。

分散剂：帮助颜料的分散，降低浆料黏度。有机类主要是非离子型表面活性剂，如聚氧乙烯烷基苯基醚，高分子类有聚甲基丙烯酸类钠（铵）盐、马来酸酐与二异丁烯共聚物的钠（铵）盐水溶液。高分子分散剂在颜料的分散过程中除提供静电排斥力外，还能提供有效的位阻斥力。掺量一般为颜料填料总用量的 0.05% ~1.0% 。

增稠剂：水溶性涂料可选用的增稠剂品种很多，主要有无机增稠剂、纤维素类、聚丙烯酸酯和缔合型聚氨酯增稠剂四类。无机增稠剂是一类吸水膨胀而形成触变性的凝胶矿物，主要有膨润土、凹凸棒土、硅酸铝等，其中膨润土最为常用；纤维素类增稠剂的使用历史较长、品种很多，有甲基纤维素、羧甲基纤维素、羟乙基纤维素、羟丙基甲基纤维素等，曾是增稠剂的主流，其中最常用的是羟乙基纤维素；聚丙烯酸酯增稠剂基本上可分为两种：一种是水溶性的聚丙烯酸盐，另一种是丙烯酸、甲基丙烯酸的均聚物或共聚物乳液增稠剂，这种增稠剂本身是酸性的，须用碱或氨水中和至 pH 8 ~9 才能达到增稠效果，也称为丙烯酸碱溶胀增稠剂，掺量一般为 0.1% ~0.5% 。

涂料消泡剂：是一种不含有机硅的复合型消泡剂，由于含有多种优质的消泡成分，适用于消除苯丙胶乳、乙丙胶乳、纯丙胶乳、醋酸乙烯胶乳等体系的泡沫，一般为液体产品，含固量在 30% 左右，掺量在高黏度的乳胶漆中添加量为 0.1% ~0.5% ，在低黏度乳胶漆和水溶性漆中添加量为 0.05% ~0.5% 。

水性涂料的成膜助剂：又称凝聚剂、聚结剂、成膜助溶剂或共溶剂，能够对乳液中的聚合物粒子产生溶解和溶胀作用，使粒子在较低温度下也能够随水分的挥发产生塑性流动和弹性变形而聚结成膜，但在成膜以后较短时间内又能挥发逸出，而不影响涂膜的玻璃化转变温度，高温下涂膜不回黏。①醇类（如苯甲醇 BA、乙二醇、丙二醇、己二醇）；②醇酯类［如十二碳醇酯（即 Texanol 醇酯或醇酯-12）］；③醇醚类（乙二醇丁醚 EB、丙二醇甲醚 PM、丙二醇乙醚、丙二醇丁醚、二丙二醇单甲醚 DPM、二丙二醇单丙醚 DPnP、二丙二醇单丁醚 DPnB、三丙二醇正丁醚 TPnB、丙二醇苯醚 PPH 等）；④醇醚酯类（如己二醇丁醚醋酸酯、3-乙氧基丙酸乙酯 EEP）等。成膜助剂掺量约占乳液用量的 3% ~5%。

涂料润湿剂：在涂料行业中分为底材润湿剂和润湿分散剂两种。其中底材润湿剂是用于改善涂料的表面张力和渗透性，使其能够更好地润湿底材，从而提高涂料的附着力，特别是在提高底漆对底材的附着力方面应用得非常广泛；而涂料用润湿分散剂除了兼具这一功能外，还有一个重要的功能就是对填料及颜料等的协助分散和协助防沉作用，有利于提高涂料产品品质的稳定性。液体，主要成分为烷基聚氧乙烯醚，掺量为涂料总量的 0. 1% ~0. 5%。

pH 值调节剂：氢氧化钠、氨水作中和剂，使高分子分散剂有水溶性。

总之，这些涂料助剂掺量一般都比较少，但作用很大，是不可或缺的涂料性能调节剂。

（5）水：一般用去离子水，用来作为载体和稀释剂。

2. 外墙乳胶漆典型配方

外墙乳胶漆配方很多，不同类别的聚合物乳液的原材料合成工艺也不同，这里只简单介绍复配的产品配方组成，仅供参考，见表 10-1。

表 10-1　外墙乳胶漆典型配方　（kg/m³）

序号	聚丙烯酸/苯丙乳液	去离子水	消泡剂	防霉剂	分散剂	pH 值调节剂	乙二醇	钛白重钙粉高岭土	成膜助剂	增稠剂	润湿剂	流平剂
1	350	250	1. 5	1	2	适量	9	400	9	3	2	—
2	200	300	1. 5	1. 5	5	适量	10	450	9	2	2	—
3	300	240	1	1. 5	1	0. 1	2	430	16	4	1. 5	6
4	500	250	1	1. 5	2	适量	5	250	15	3	1. 5	—
5	250	280	1	1. 5	5	适量	10	480	10	2	2	—

3. 施工操作方法

（1）基层处理。首先清除基层表面尘土和其他粘附物。较大的凹陷应用聚合物水泥砂浆抹平。并待其干燥，较小的孔洞、裂缝用水泥乳胶腻子修补。墙面泛碱起霜时用硫酸锌溶液或稀盐酸溶液刷洗，油污用洗涤剂清洗，最后用清水洗净。

对基层原有涂层应视不同情况区别对待：疏松、起壳、脆裂的旧涂层应将其铲除；粘附牢固的旧涂层用砂纸打毛；不耐水的涂层应全部铲除。

（2）刷底胶（木质及油漆面除外）。如果墙面较疏松，吸收性强，可以在清理完毕的基层上用辊筒均匀地涂刷1～2遍胶水打底（丙烯酸乳液或水溶性建筑胶水加3～5倍水稀释即成），不可漏涂，也不能涂刷过多造成流淌或堆积。

（3）局部补腻子。基层打底干燥后，用腻子找补不平之处，干后砂平。成品腻子使用前应搅匀，腻子偏稠时可酌量加清水调节。

（4）满刮腻子。将腻子置于托板上，用抹子或橡皮刮板进行刮涂，先上后下。根据基层情况和装饰要求刮涂2～3遍腻子，每遍腻子不可过厚。腻子干后应及时用砂纸打磨，不得磨出波浪形，也不能留下磨痕，打磨完毕后扫去浮灰。

（5）刷底涂料。将底涂料搅拌均匀，如涂料较稠，可按产品说明书的要求进行稀释。用滚筒刷或排笔刷均匀涂刷1遍，注意不要漏刷，也不要刷得过厚。底涂料干后如有必要可局部复补腻子，干后砂平。

（6）刷面涂料。将面涂料按产品说明书要求的比例进行稀释并搅拌均匀。墙面需分色时，先用粉线包或墨斗弹出分色线，涂刷时在交色部位留出1～2cm。一人先用滚筒刷蘸涂料均匀涂布，另一人随即用排笔刷展平涂痕和溅沫。应防止透底和流坠。每个涂刷面均应从边缘开始向另一侧涂刷，并应一次完成，以免出现接痕。第一遍干透后，再涂第二遍涂料。一般涂刷2～3遍涂料，视不同情况而定。

10.2 复层涂料/厚层涂料

复层涂料也称凹凸花纹涂料或浮雕涂料，有时也称喷塑涂料，是应用较广的建筑物内外墙涂料。其主要是以水泥系、硅酸盐系和合成树脂系等粘结料和集料为主要原料，用刷涂、滚涂或喷涂等方法，在建筑物表面上涂布2～3层，厚度为1～5mm的凹凸成平状复层建筑涂料。其饰面由多道涂层组成，外观可以是凹凸花纹状、波纹状、橘皮状及环状等。其颜色可以是单色、双色或多色；光泽可以是无光、半光、有光、珠光、金属光泽等。装饰效果豪华、庄重，立体感强。涂层粘结强度高，耐久性优良，对墙体有良好的保护作用，并有遮盖基层不平的“遮丑”作用。其适用于水泥砂浆、混凝土、水泥石棉板等多种基层，利用喷涂、滚涂方法进行施工。

一般复层涂料是由封底涂料、主层涂料及罩面涂料组成，三种涂料配套使用。封底涂料用于封闭基层和增强主层涂料的附着力；主层涂料是一类厚涂型中涂涂料，用于形成凹凸式平状装饰面，增强涂层的质感和强度；罩面涂料用于装饰面着色，提高耐候性、耐污染性和防水性等。

在国内应用最广的是合成树脂乳液系复层涂料。根据复层建筑涂料按其主层涂料中所用粘结料可分为类：合成树脂乳液系复层涂料（E）：用合成树脂乳液作为粘结料；反应固化型合成树脂乳液系复层涂料（RE）：用环氧树脂乳液等作为粘结料。外墙复层涂料示意图见图10-1。

图 10-1　外墙复层涂料

10.3　彩砂涂料（真石漆）

真石漆主要由高分子聚合物如苯丙或纯丙乳液、天然彩石砂（图 10-2）及相关助剂制成，干结固化后坚硬如石，看起来像天然真石一样，是一种装饰效果酷似大理石、花岗岩的涂料。其主要采用各种颜色的天然石粉配制而成，应用于建筑外墙的仿石材效果，因此又称液态石。由于真石漆具有很多优点，近年来在工民建领域获得了快速发展。真石漆图片，见图 10-3。

天然彩石砂，源自天然彩色大理石或花岗岩石材，具有颜色自然，无毒无污染，不易变色等特点。其生产流程可分如下步骤：①石料开采、运输。②石料初碎。石料经给料机输送至破碎机，初步破碎成直径 5 ~ 10cm 的粗料。③粗料粉碎。初步破碎完成的粗料，由输送带输送至粉碎机进行粉碎，此过程会产生粉尘污染，对产品的质量影响很大，要采用除尘器除尘。粉碎后的石材已经变成各种粒度彩砂石的混合物。④筛分。粉碎完成的彩砂石混合物被输送至振动筛，经振动筛简单分级，再进入回旋筛选出不同粒度的彩砂并进入相应的储存舱室。经过几个步骤的加工，笨重的原料彩石就变成了色彩均匀的五彩砂。

1. 真石漆优点

（1）装饰性强。具有仿天然石材、大理石、花岗岩的厚浆型涂料。自然色泽，具有天然石材的质感，各种线格设计，能提供各种立体形状的花纹结构，能从视觉上彰显整个建筑的高雅与庄重之美 ，是外墙干挂石材最佳替代品。

图 10-2　经破碎加工的天然彩石砂

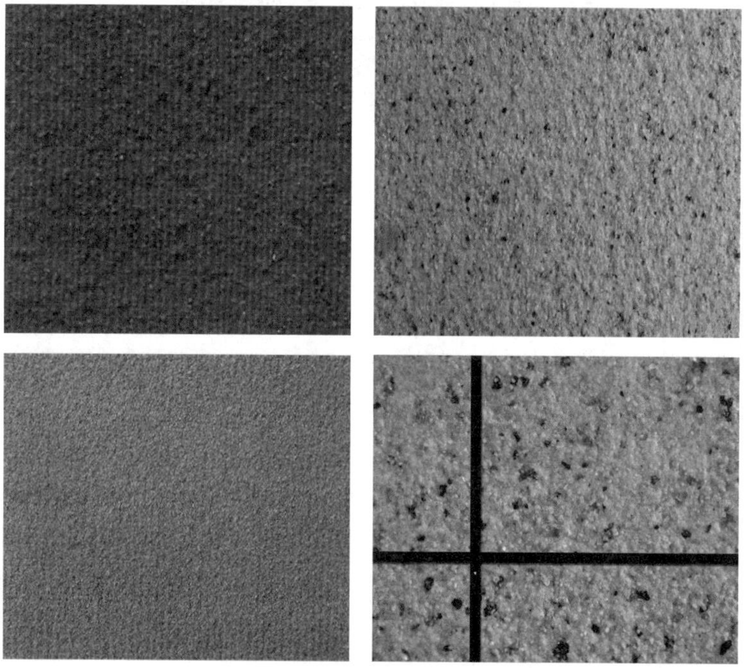

图 10-3　凝结固化后的真石漆

（2）适用面广。可用于水泥砖墙、泡沫、石膏、铝板、玻璃等多种基面，且可以随建筑物的造型任意涂装。

（3）水性环保。真石漆采用水性乳液，无毒环保，符合人们对环保的要求。

（4）耐污性好。90% 污物难以附着，雨水冲刷过后，亮丽如新，人工清洁更容易。

（5）使用寿命长。高品质的真石漆使用寿命可长达 15 年。

（6）经济实惠。质量好的真石漆，市场价格在 70～150 元/m^2（含施工），干挂石材含安装费至少在 400 元/m^2 以上，相比之下，真石漆占有绝对的性价比优势。

（7）无安全隐患。外墙采用石材干挂将加载上千吨额外负担，严重危及生命财产安全。真石漆用料 4 ~ 5kg/m^2，仅为石材质量的 1/30，附着力强，不会像石材整体脱落，有效保障安全。

2. 真石漆的配比组成

由于真石漆具备良好的附着力和耐冻融性能，因此特别适合在北方及寒冷地区使用。真石漆还具有施工简便，易干省时，施工方便等优点。真石漆配方组成见表 10-2 ~ 表 10-5。

表 10-2　真石漆配方组成

原材料	数量（kg）	备注
EA 乳液	200	有机硅改性丙烯酸乳液 EA
成膜助剂	10	
乙二醇单丁醚	5	
丙二醇	5	
石英砂	680	
消泡剂	2	
2% 羟乙基纤维素	100	有效掺量 2kg
氨水（调 pH 值）	0. 1	
增稠剂	4	
水	适量	

用于真石漆制备的乳液的粘结强度不应低于 3MPa，最低成膜温度应不低于 15℃。

表 10-3　真石漆配方组成

原材料	数量（kg）	备注
纯丙乳酸	300	
天然彩石砂	650	可以各种色彩
增塑剂	10	
增稠剂	30	
其他助剂	10	
先加入乳液、增稠剂、增塑剂等助剂搅拌均匀，再慢慢加入天然彩石砂搅拌均匀即可喷涂施工		

表 10-4　抗碱性真石漆封闭底油

原材料	数量（kg）	备注
纯丙乳酸	600	
水	350	

续表

原材料	数量（kg）	备注
防霉、防腐剂	20	
其他助剂	30	
先加入乳液、助剂等搅拌均匀，然后加入水搅拌均匀即可		

表 10-5　真石漆耐候防水保护面油

A 组分		B 组分		备注
原材料	数量（kg）	原材料	数量（kg）	
聚氨酯树脂	600	固化剂（75%）	660	水性异氰酸酯固化剂
二甲苯	200	醋酸丁酯	340	
乙酸丁酯	180			
抗紫外线剂	10			
其他助剂	10			
真石漆面油需按 A: B =4: 1 比例混合配制，搅拌均匀后方可使用，使用期限不能超过 4h，随配随用				

3. 真石漆的施工

(1) 真石漆施工流程。

基层处理→腻子找平→外墙底漆→分格缝划分→真石漆喷涂→清漆（面漆）罩面。

(2) 施工技术要求。

① 基层。适用于混凝土或水泥内外墙及砖墙体，还有石棉水泥板、木板、石膏板、聚氨酯泡沫板等底材。施工底材表面基层应平整、干净，并具有较好的强度，新墙体则应实体晾干 1 个月，方可施工，旧墙翻新，先要整平基层，除去松脱，剥落表层及粉尘油垢等杂质后方可施工。

平整度检查：用 2m 靠尺仔细检查墙面的平整度，平整度≤2mm，无明显的凹凸，基层需清洁、干燥，无污垢、油脂、空鼓、开裂、粘附颗粒。如不符合上述要求，重新批灰处理。

点补：将孔洞或明显的部分预先用水泥砂浆点补。

砂磨：用砂纸将明显影响平整度的突出部分打磨至符合平整度要求。

除尘：用刮刀和砂纸、毛刷清除墙面疏松的粘附颗粒及杂物。

② 腻子找平。

腻子施工不少于两遍，多遍为佳。第一层找平作用腻子厚度控制在 0.8 ~ 1.2mm，第二层平滑作用腻子厚度控制在 0.8mm 左右。

滴水线、滴水槽、分割缝应拉线找平进行细抹，滴水槽分割缝填补厚度应一致。为防止大幅墙面出现找补接痕，需使面层找补接口留在分割缝或转角处。

待腻子层完全干透后，应尽快用砂纸或砂布精心平整打磨、光洁打磨，打磨时要仔细，应避免由于漏打而造成墙面不平整。打磨过后的腻子应养护 23d，每天洒水两次。

待 pH 值≤10、墙面含水率≤10% 方可进行下道工序。

③ 外墙底漆。

外墙抗碱底漆，应针对为封闭水泥、砖石、混凝土等强碱基材而配制材料，应具有高渗透性、高封闭性、高抗碱性、超耐水性、良好施工性、优异的附着力、与碱油同化作用、起到降低基层 pH 值作用，有较强渗透力，使中涂和面漆更易涂刷，具有憎水性、防水性能好等特点要求。

施工条件：环境温度在 +5℃以上，相对湿度不高于 85%，墙面含水率小于 10%，pH 值小于 10。待底漆完全干透后方可进行下道工序。请勿在雨、雪、雾、霜、大风、基面温度低于 5℃环境下施工。

施工方法与厚度：刷涂、滚涂、喷涂均可。要求厚度均匀、颜色一致，不透底。施工厚度大于 0.2mm，方可达最佳效果。

a. 普通喷涂：喷嘴尺寸 1.5 ~2.0mm，压力 0.2MPa，喷涂时将空气压缩机压力调节为 0.4 ~0.7MPa。

b. 无气喷涂：最小工作压力 14MPa，喷嘴尺寸 0.58mm，喷嘴角度 65°。

c. 刷涂或滚涂：添加 25% 清水进行稀释（适用于水性底漆），搅拌均匀。视施工的难易程度和环境温度的不同可做适当调整，切勿过度稀释。

每千克底漆理论涂刷面积：5 ~$8m^2$/kg/层。

④ 分格条施工。

a. 根据已确定的分格线划分方案，弹出紫金线，依据紫金线贴分格条。

b. 弹紫金线、贴分格条时应注意：分隔均匀，线型匀称、横平竖直，与围绕的门窗边及其他线条相协调连接。

c. 分格条宽度 15mm。

⑤ 真石漆喷涂。

a. 施工条件：环境温度在 +5°C 以上，相对湿度不高于 85%，墙面含水率小于 10%，pH 值小于 10。

b. 开罐后的真石漆应充分搅拌均匀，当班用完，当班未使用完的下一班不得使用。对已稀释的真石漆不得倒回原桶。

c. 根据喷涂效果的要求选择合适口径的喷枪，一般选用中口径喷枪 ϕ4 ~ϕ6mm，喷嘴距墙面 40 ~50mm。喷涂时将空气压缩机压力调节为 0.4 ~0.7MPa。

d. 喷涂大面积墙面时，以分格线为交界处施工，控制喷涂厚度在 5kg/mm^2 左右，切勿过厚和过薄施工，保证喷涂效果、厚薄均匀和颜色一致。

⑥ 清漆（面漆）罩面。

a. 油性罩面漆施工配比：漆∶稀释剂 =10∶1。

b. 水性罩面漆施工配比：漆∶水 =10∶2。

开罐后搅拌均匀，直接使用，建议采用喷涂施工，喷涂漆用量为0.20～0.25kg/m^2。干膜厚度>0.2mm。

10.4 胶粘砂（石）地面

胶粘砂（石）透水路面是天然彩色砂或石子与高耐候有机硅改性聚氨酯树脂经特殊工艺制作而成，具有坚固美观、色泽天然绚丽、不易褪色的特点，是一种新颖的艺术景观铺装材料。而且胶粘石透水路面具有生态、透水、透气及较好的防滑功能且环保无毒、无辐射、无环境污染，是一种会呼吸的生态地面。胶粘砂（石）透水路面见图10-4。

图10-4　胶粘砂（石）透水路面

1. 胶粘透水砂（石）特点

（1）观赏性。进口无色透明改性树脂胶能充分显露彩石的本色，使彩石色泽鲜艳光亮，由各色彩石制成图案，效果更加绚丽缤纷，具有一定的观赏性和艺术性。

（2）耐久性。进口改性树脂胶能克服普通环氧树脂胶的耐候性、耐黄变性不足的缺点，具有极强的粘结力和柔韧性。

（3）透水透气性。粘结剂使彩石颗粒之间保留一定的缝隙，形成通道，透水透气性能非常优越。

（4）实用性。耐磨，防滑，降低噪声，吸收热能。

（5）易维护。雨水洗刷，人工清洗即可保持清洁和透水透气性能。

2. 胶粘石适用范围

各种高级景观广场，园林人行道路，游泳池和洗浴中心的地面和池底，阳台庭院的地面，树木的透水透气环保树池（坑）保护等，胶粘透水石适应基础范围广，各种水泥混凝土基层、透水混凝土基层、沥青混凝土基层均可铺装胶粘透水石。

3. 透水胶粘石透水地坪施工步骤

（1）基础要求。一般为普通素水泥混凝土地面。水泥强度要高，表面要光泽，不能太毛糙。施工的水泥混凝土路面要保持干燥，无粉浆，不能有潮湿水分存在。如果达不到要求，必须用机械处理。然后将边界部位用木模固定好。确定面层标高，建议每$2m^2$一个标高点。如果需要做图案，必须把图案位置确定好。如果中间有分界线，还必须先将分界线固定。

（2）根据施工的图案及施工要求选择好胶粘剂和彩色水洗石，水洗石集料的粒度范围为5～8mm。

（3）根据施工面积要求搅拌胶粘剂。胶粘剂由A、B双组分组成，按产品说明要求混合使用。胶粘剂搅拌均匀后，慢慢倒入一定数量的水洗石中。石和胶水的调配：根据碎石粒径大小一般采用：胶水∶石质量比例为1∶(20～35）或1∶(14～20)，根据实际情况而定。胶水和石要搅拌均匀，让每一颗石充分被胶水包裹。

（4）将搅拌好的聚合物石粒料倒入施工区域，将拌合料摊铺在作业面，用涂有脱模剂的铝合金耙尺初步摊平，然后用不锈钢镘刀压平抹光，局部缺失部分须人工填补至整个面层呈均匀平整状态。

（5）胶粘石路面面层保护剂，单组分材料，属于异氰酸酯改性产品，专用于地坪的罩面，有优异的耐黄变性和耐候性能。高透明度和高耐磨性使其能够有效保持彩色路面表层的鲜艳和耐磨。施工时基面必须保持干燥。养护时间4～6h即可交付使用。

（6）伸缩缝的处理。

① 伸缩缝应根据路面宽度设置，在纵横向设置伸缩缝，最大不宜超过6m。

② 切割伸缩缝需专人操作，切割时应放线切割，切割机要匀速前进并与放线位置保持一致。

③ 缩缝宽度应在5mm，深40mm，在生态彩色透水胶粘石浇筑6h左右即可按设计要求切割伸缩缝。也可分仓施工结合施工缝留置处切割。缝内灌砂后填充柔性胶条或泡沫棒，并用专用灌缝胶处理。

④ 浇筑完成的生态彩色透水胶粘石应设置胀缝，胀缝应贯穿到底，间距最大不应超过20m，胀缝宽度应控制在30～50mm，缝内灌砂后填充柔性胶条和泡

沫棒，并用专用灌缝胶处理。

⑤切缝时应配合清洗防止污染面层，切割缝完成后应再次冲洗干净，缝内填充柔性材料。

4. 胶粘石使用的胶水

一般是环氧树脂胶，也就是人们所说的AB胶。

调配树脂胶水，盛胶容器应保持清洁，A、B组分严格按质量比 $m_A:m_B=(2\sim2.5):1$ 配比，准确称量，沿容器内壁顺时针充分搅拌均匀，一般电动搅拌时间不低于3min，并且在30min内使用。胶水的使用温度+5℃以上。环氧树脂胶A与固化剂B组分见表10-6。

表10-6　环氧树脂胶A与固化剂B组分

A组分		
成分	质量百分数	成分说明
双酚A型环氧树脂	40.0%~45.0%	E-51
硅酸钙	35.0%~45.0%	填料
碳酸钙	5.0%~10.0%	填料
KH560	0.5%~1.0%	硅烷偶联剂
二氧化硅	2.0%~5.0%	填料
B组分		
成分	质量百分数	成分说明
四氢邻苯二甲酸酐	8.0%~10.0%	固化剂THPA
甲基四氢邻苯二甲酸酐	20.0%~25.0%	固化剂MTHPA
氨乙基哌嗪	1.0%~2.0%	促进剂
硅酸钙	35.0%~45.0%	填料
碳酸钙	5.0%~10.0%	填料

5. 胶粘石透水道面的性能

（1）胶粘石透水地面高透水性。胶粘石透水地面拥有15%~25%的孔隙，能够使透水速度达到31~52L/h，排水速率高。

（2）胶粘石透水混凝土的承载力完全能够达到C20~C25混凝土的承载标准，高于通常透水砖的承载力。

（3）胶粘石透水地面良好的装饰效果。胶粘石透水地面拥有色彩优化配比方案，能够配合设计出独特创意，以适于不同环境和个性所要求的装饰风格，这是通常透水砖难以比拟的。

（4）胶粘石透水地面易维护性。人们所担心的孔隙堵塞问题是没有必要的，特有的透水性铺装系统使其只需通过高压水洗的方式，就轻而易举地解决。

（5）胶粘石透水地面的抗冻融性。透水性铺装比通常混凝土路面拥有更强的抗冻融性，不会受冻融影响而断裂，因为它的结构本身有较大孔隙，可以容纳冰胀的应力。

（6）胶粘石透水地面耐用性。胶粘石透水地面耐用，耐磨特性优于沥青，接近普通的地坪，避免了通常透水砖存在的使用年限短、不经济等缺点。

附录　砂浆基本性能试验方法及国家有关政策法规

附录1　常用的建筑砂浆基本性能试验方法

（一）砂浆取样及试样制备

1. 取样

（1）建筑砂浆试验用料应从同一盘砂浆或同一车砂浆中取样。取样量不应少于试验所需量的4倍。

（2）当施工过程中进行砂浆试验时，砂浆取样方法应按相应的施工验收规范执行，并宜在现场搅拌点或预拌砂装卸料点的至少3个不同部位及时取样。对于现场取得的试样，试验前应人工搅拌均匀。

（3）从取样完毕到开始进行各项性能试验，不宜超过15min。

2. 试样的制备

（1）在实验室制备砂浆试样时，所用材料应提前24h运入室内。拌和时，试验室的温度应保持在（20±5）℃。当需要模拟施工条件下所用的砂浆时，所用原材料的温度宜与施工现场保持一致。

（2）试验所用原材料应与现场使用材料一致。砂应通过4.75mm筛。

（3）实验室拌制砂浆时，材料用量应以质量计量。水泥、外加剂、掺合料等的称量精度应为±0.5%，细集料的称量精度应为±1%。

（4）在实验室搅拌砂浆时应采用机械搅拌，搅拌机应符合现行行业标准《试验用砂浆搅拌机》（JG/T 3033—1996）的规定，搅拌的用量宜为搅拌机容量的30%～70%，搅拌时间应不少于120s。掺有掺合料和外加剂的砂浆，其搅拌时间应不少于180s。

3. 试验记录

试验记录应包括下列内容：

（1）取样日期和时间；

（2）工程名称、部位；

（3）砂浆品种、砂浆技术要求；

（4）试验依据；

（5）取样方法；

（6）试样编号；

（7）试样数量；

（8）环境温度；

（9）试验室温度、湿度；

（10）原材料品种、规格、产地及性能指标；

（11）砂浆配合比和每盘砂浆的材料用量；

（12）仪器设备名称、编号及有效期；

（13）试验单位、地点；

（14）取样人员、试验人员、复核人员。

（二）砂浆稠度试验

本方法适用于确定砂浆的配合比或施工过程中控制砂浆的稠度。

1. 仪器设备

（1）砂浆稠度仪：应由试锥、容器和支座三部分组成。试锥应由钢材或铜材制成，试锥高度应为145mm，锥底直径应为75mm，试锥连同滑杆的质量应为（300 ± 2）g；盛浆容器应由钢板制成，筒高应为180mm，锥底内径应为150mm；支座应包括底座、支架及刻度显示3个部分，应由铸铁、钢或其他金属制成（附图1）。

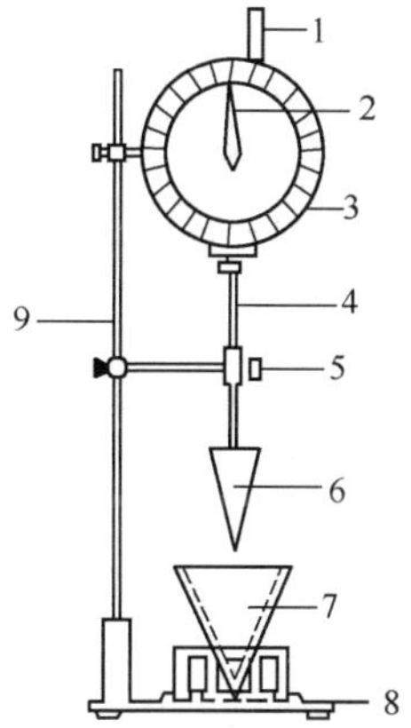

附图1　砂浆稠度测定仪

1—齿条测杆；2—指针；3—刻度盘；4—滑杆；5—制动螺丝；6—试锥；7—盛浆容器；8—底座；9—支架

（2）钢制捣棒：直径为10mm，长度为350mm，端部磨圆。

（3）秒表。

2. 试验步骤

（1）应先采用少量润滑油轻擦滑杆，再将滑杆上多余的油用吸油纸擦净，使滑杆能自由滑动。

（2）应先采用湿布擦净盛浆容器和试锥表面，再将砂浆拌合物一次装入容器；砂浆表面宜低于容器口10mm，用捣棒自容器中心向边缘均匀地插捣25次，然后轻轻地将容器摇动或敲击5～6下，使砂浆表面平整，然后将容器置于稠度测定仪的底座上。

（3）拧开制动螺丝，向下移动滑杆，当试锥尖端与砂浆表面刚接触时，应拧紧制动螺丝，使齿条测杆下端刚接触滑杆上端，并将指针对准零点。

（4）拧开制动螺丝，同时计时间，10s时立即拧紧螺丝，将齿条测杆下端接触滑杆上端，从刻度盘上读出下沉深度（精确至1mm），即为砂浆的稠度值。

（5）盛浆容器内的砂装，只允许测定一次稠度，重复测定时，应重新取样测定。

3. 数据处理

（1）同盘砂浆应取两次试验结果的算术平均值作为测定值，并应精确至1mm。

（2）当两次试验值之差大于10mm时，应重新取样测定。

（三）砂浆保水性试验

1. 目的和范围

本方法适用于测定砂浆保水性，以判定砂浆拌合物在运输及停放时内部组分的稳定性。

2. 试验条件

标准试验条件为空气温度（23±2）℃，相对湿度45%~70%。

3. 试验仪器

（1）可密封的取样容器，应清洁、干燥。

（2）金属或硬塑料圆环试模，内径100mm、内部深度25mm。

（3）2kg的重物。

（4）医用棉纱，尺寸为110mm×110mm，宜选用纱线稀疏，厚度较薄的棉纱。

（5）超白滤纸，符合GB/T 1914—2017规定的中速定性滤纸，直径110mm，200g/m^2。

（6）两片金属或玻璃的方形或圆形不透水片，边长或直径大于110mm。

（7）天平：量程为200g，感量应为0.1g；量程为2000g，感量应为1g。

（8）烘箱。

4. 试验步骤

（1）称量底部不透水片与干燥试模质量m_1和15片中速定性滤纸质量m_2。

（2）将砂浆拌合物一次性装入试模，并用抹刀插捣数次，当装入的砂浆略高于试模边缘时，用抹刀以45°角一次性将试模表面多余的砂浆刮去，然后用抹刀以较平的角度在试模表面反方向将砂浆刮平。

（3）抹掉试模边的砂浆，称量试模、底部不透水片与砂浆总质量m_3。

（4）用金属滤网覆盖在砂浆表面，再在滤网表面放上15片滤纸，用上部不透水片盖在滤纸表面，以2kg的重物把上部不透水片压住。

（5）静置2min后移走重物及上部不透水片，取出滤纸（不包括滤网），迅速称量滤纸质量m_4。

（6）按照砂浆的配比及加水量计算砂浆的含水率；当无法计算时，可按第6条砂浆含水率测试方法测定砂浆含水率。

5. 试验结果

（1）砂浆保水率应按下式计算：

$$W = \left[1 - \frac{m_4 - m_2}{\alpha \times (m_3 - m_1)}\right] \times 100\%$$

式中　W——砂浆保水率（%）；

m_1——底部不透水片与干燥试模质量（g），精确至1g；

m_2——15片滤纸吸水前的质量（g），精确至0.1g；

m_3——试模、底部不透水片与砂浆总质量（g），精确至1g；

m_4——15片滤纸吸水后的质量（g），精确至0.1g；

α——砂浆含水率（%）。

（2）取两次试验结果的算术平均值作为砂浆的保水率，精确至0.1%，且第二次试验应重新取样测定。当两个测定值之差超过2%时，此组试验结果应为无效。

6. 砂浆含水率测试方法

测定砂浆含水率时，应称取（100±10）g砂浆拌合物试样，置于一干燥并已称量的盘中，在（105±5）℃的烘箱中烘干至恒量。砂浆的含水率应按下式计算：

$$\alpha = \frac{m_6 - m_5}{m_6} \times 100\%$$

式中　α——砂浆含水率（%）；

m_5——烘干后砂浆样本的质量（g），精确至1g；

m_6——砂浆样本的总质量（g），精确至1g。

取两次试验结果的算术平均值作为砂浆的含水率，精确至0.1%。当两个测定值之差超过2%时，此组试验结果应为无效。

（四）新拌砂浆表观密度试验

本方法适用于测定砂浆拌合物捣实后的单位体积质量，以确定每立方米砂浆拌合物中各组成材料的实际用量。

1. 仪器设备

（1）容量筒：应由金属制成，内径应为108mm，净高应为109mm，筒壁厚应为2～5mm，容积应为1L。

（2）天平：称量应为5kg，感量应为5g。

（3）钢制捣棒：直径为10mm，长度为350mm，端部磨圆。

（4）砂浆密度测定仪（附图2）。

（5）振动台：振幅应为（0.5±0.05）mm，频率应为（50±3）Hz。

（6）秒表。

2. 试验步骤

（1）应按照本标准的规定测定砂浆拌合物的稠度。

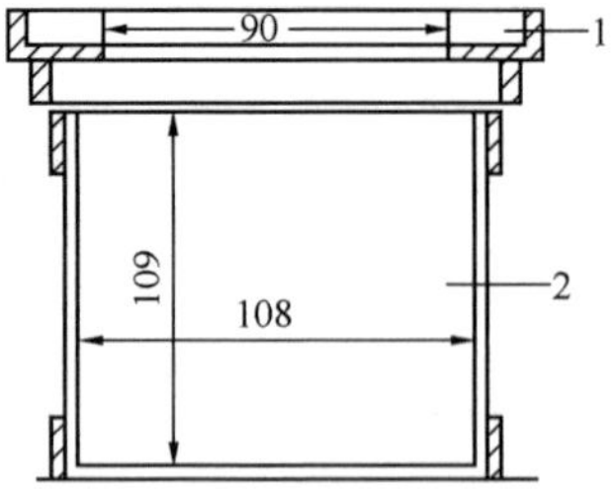

附图2　砂浆密度测定仪
1—漏斗；2—容量筒

（2）应先采用湿布擦净容量筒的内表面，再称量容量筒质量 m_1，精确至5g。

（3）捣实可采用手工或机械方法。当砂浆稠度大于50mm时，宜采用人工插捣法；当砂浆稠度不大于50mm时，宜采用机械振动法。

采用人工插捣时，将砂浆拌合物一次装满容量筒，使稍有富余，用捣棒由边缘向中心均匀地插捣25次。当插捣过程中砂浆沉入低于筒口时，应随时添加砂浆，再用木锤沿容器外壁敲击5～6下。

采用振动法时，将砂浆拌合物一次装满容量筒连同漏斗在振动台上振10s，当振动过程中砂浆沉入低于筒口时，应随时添加砂浆。

（4）捣实或振动后，应将筒口多余的砂浆拌合物刮去，使砂浆表面平整，然后将容量筒外壁擦净，称出砂浆与容量筒总质量 m_2，精确至5g。

3. 数据处理

（1）砂浆的表观密度 ρ（以 kg/m^3 计）按下式计算：

$$\rho = \frac{m_2 - m_1}{V} \times 1000$$

式中　ρ——砂浆拌合物的表观密度（kg/m^3）；

m_1——容量筒质量（kg）；

m_2——容量筒及试样质量（kg）；

V——容量筒容积（L）。

（2）表观密度取两次试验结果的算术平均值作为测定值，精确至 $10kg/m^3$。

注：容量筒的容积可按下列步骤进行校正：选择一块能覆盖住容量筒顶面的玻璃板，称出玻璃板和容量筒质量；向容量筒中灌入温度为（20±5）℃的饮用水，灌到接近上口时，一边不断加水，一边把玻璃板沿筒口徐徐推入盖严。玻璃板下不得存在气泡；擦净玻璃板面及筒壁外的水分，称量容量筒、水和玻璃板质量（精确至5g）。两次质量之差值（以kg计）即为容量筒的容积值（L）。

（五）砂浆凝结时间试验

本方法适用于采用贯入阻力法确定砂浆拌合物的凝结时间。

1. 仪器设备

（1）砂浆凝结时间测定仪：应由试针、容器、压力表和支座四部分组成，并应符合下列规定（附图3）。

① 试针：应由不锈钢制成，截面积应为 $30mm^2$。

② 盛浆容器：应由钢制成，内径应为140mm，高度应为75mm。

③ 压力表：测量精度应为0.5N。

④ 支座：应分底座、支架及操作杆三部分，应由铸铁或钢制成。

（2）定时钟。

2. 试验步骤

（1）将制备好的砂浆拌合物装入盛浆容器内，砂浆应低于容器上口10mm，轻轻敲击容器，并将砂浆抹平，盖上盖子，放在(20±2)℃的试验条件下保存。

（2）砂浆表面的泌水不得清除，将容器放到压力表座上，然后通过下列步骤调节测定仪：

① 调节螺母3，使贯入试针与砂浆表面接触。

② 拧开调节螺母2，再调节螺母1，以确定压入砂浆内部的深度为25mm后再拧紧螺母2。

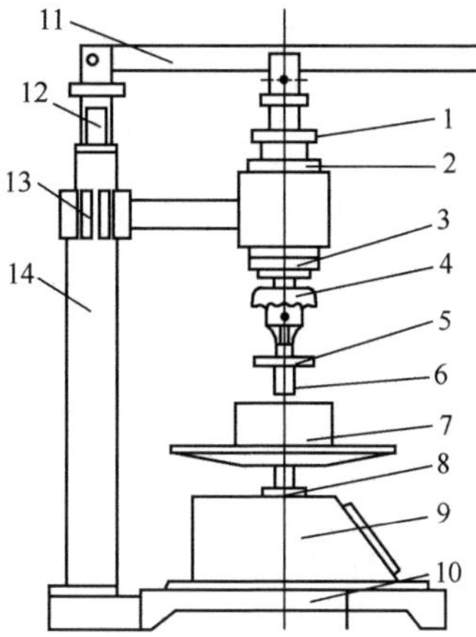

附图3 砂浆凝结时间测定仪

1、2、3、8—调节螺母；4—夹头；5—垫片；6—试针；7—盛浆容器；9—压力表座；10—底座；11—操作杆；12—调节杆；13—立架；14—立柱

③ 旋动调节螺母8，使压力表指针调到零位。

（3）测定贯入阻力值。用截面为30mm²的贯入试针与砂浆表面接触，在10s内缓慢而均匀地垂直压入砂浆内部25mm深，每次贯入时记录仪表读数N_p，贯入杆离开容器边缘或已贯入部位应至少12mm。

（4）在(20±2)℃的试验条件下。实际贯入阻力值应在成型后2h开始测定，并应每隔30min测定一次。当贯入阻力值达到0.3MPa时，应改为每15min测定一次，直至贯入阻力值达到0.7MPa为止。

注：在施工现场测定凝结时间时，砂浆的稠度、养护和测定的温度应与现场相同；在测定湿拌砂浆的凝结时间时，时间间隔可根据实际情况定为受检砂浆预测凝结时间的1/4、1/2、3/4等来测定，当接近凝结时间时可每15min测定一次。

3. 数据处理

（1）砂浆贯入阻力值应按下式计算：

$$f_p = \frac{N_p}{A_p}$$

式中 f_p——贯入阻力值（MPa），精确至0.01MPa；

N_p——贯入深度至25mm时的静压力（N）；

A_p——贯入试针的截面积，即30mm²。

（2）凝结时间的确定可采用图示法或内插法，有争议时应以图示法为准。图示法为从加水搅拌开始计时，分别记录时间和相应的贯入阻力值，根据试验所得各阶段的贯入阻力与时间的关系绘图，由图求出贯入阻力值达到0.5MPa的所需时间 t_s（min），此时的 t_s 值即为砂浆的凝结时间测定值。

（3）测定砂浆凝结时间时，应在同盘内取两个试样，以两个试验结果的算术平均值作为该砂浆的凝结时间值，两次试验结果的误差应不大于30min，否则应重新测定。

（六）砂浆立方体抗压强度试验

本方法适用于测定砂浆立方体的抗压强度，以确定砂浆表面抵抗压应力的能力。

1. 仪器设备

（1）试模：应为70.7mm×70.7mm×70.7mm的带底试模，应符合现行行业标准《混凝土试模》（JG 237—2008）的规定选择，应具有足够的刚度并拆装方便。试模的内表面应机械加工，其不平度应为每100mm不超过0.05mm，组装后各相邻面的不垂直度应不超过±0.5°。

（2）钢制捣棒：直径为10mm，长度为350mm，端部磨圆。

（3）压力试验机：精度应为1%，试件破坏荷载应不小于压力机量程的20%，且应不大于全量程的80%。

（4）垫板：试验机上、下压板及试件之间可垫以钢垫板，垫板的尺寸应大于试件的承压面，其不平度应为每100mm不超过0.02mm。

（5）振动台：空载中台面的垂直振幅应为（0.5±0.05）mm，空载频率应为（50±3）Hz，空载台面振幅均匀度应不大于10%，一次试验应至少能固定3个试模。

2. 试验步骤

（1）应采用立方体试件，每组试件应为3个。

（2）应采用黄油等密封材料涂抹试模的外接缝，试模内应涂刷薄层机油或隔离剂。应将拌制好的砂浆一次性装满砂浆试模，成型方法应根据稠度而确定。当稠度大于50mm时，宜采用人工插捣成型；当稠度等于或不大于50mm时，宜采用振动台振实成型。

① 人工插捣：应采用捣棒均匀地由边缘向中心按螺旋方向插捣25次，插捣过程中当砂浆沉落低于试模口时，应随时添加砂浆，可用油灰刀插捣数次，并用手将试模一边抬高5～10mm各振动5次，砂浆应高出试模顶面6～8mm。

② 机械振动：将砂浆一次装满试模，放置到振动台上，振动时试模不得跳动，振动5～10s或持续到表面泛浆为止，不得过振。

（3）应待表面水分稍干后，再将高出试模部分的砂浆沿试模顶面刮去并抹平；

（4）试件制作后应在温度为（20±5）℃的环境下静置（24±2）h，对试件进行编号、拆模。当气温较低时，或者凝结时间大于24h的砂浆，可适当延长时间，但应不超过2d。试件拆模后应立即放入温度为（20±2）℃，相对湿度为90%以上的标准养护室中养护。养护期间，试件彼此间隔不得小于10mm。混合砂浆、湿拌砂浆试件上面应覆盖，防止有水滴在试件上。

（5）从搅拌加水开始计时，标准养护龄期应为28d，也可根据相关标准要求增加7d或14d。

（6）试件从养护地点取出后应及时进行试验。试验前应将试件表面擦拭干净，测量尺寸，并检查其外观，并应计算试件的承压面积。当实测尺寸与公称尺寸之差不超过1mm时，可按照公称尺寸进行计算。

（7）将试件安放在试验机的下压板或下垫板上，试件的承压面应与成型时的顶面垂直，试件中心应与试验机下压板或下垫板中心对准。开动试验机，当上压板与试件或上垫板接近时，调整球座，使接触面均衡受压。承压试验应连续而均匀地加荷，加荷速度应为0.25～1.5kN/s；砂浆强度不高于2.5MPa时，宜取下限。当试件接近破坏而开始迅速变形时，停止调整试验机油门，直至试件破坏，然后记录破坏荷载。

3. 数据处理

（1）砂浆立方体抗压强度应按下式计算：

$$f_{m,cu} = K\frac{N_u}{A}$$

式中　$f_{m,cu}$——砂浆立方体试件抗压强度（MPa），应精确至0.1MPa；

N_p——试件破坏荷载（N）；

A——试件承压面积（mm^2）；

K——换算系数，取1.35。编者建议为了工程更安全，有关企业也可以选K取1.0～1.2。

（2）应以3个试件测值的算术平均值作为该组试件的砂浆立方体抗压强度平均值（f_2），精确至0.1MPa。

（3）当3个测值的最大值或最小值中有一个与中间值的差值超过中间值的15%时，应把最大值及最小值一并舍去，取中间值作为该组试件的抗压强度值。

（4）当两个测值与中间值的差值均超过中间值的15%时，该组试验结果应为无效。

（七）砂浆拉伸粘结强度试验

本方法适用于测定砂浆拉伸粘结强度。

试验条件应符合下列规定：①温度应为（20±5）℃；②相对湿度应为45%～75%。

1. 仪器设备

（1）拉力试验机：应能使试件的预期破坏荷载在其量程的 20% ~80% 范围内，精度应为 1%，最小示值应为 1N。

（2）拉伸专用夹具（附图 4、附图 5）：应符合现行行业标准《建筑室内用腻子》（JG/T 3049—1998）的规定。

（3）成型框：外框尺寸应为 70mm × 70mm，内框尺寸应为 40mm × 40mm，厚度应为 6mm，材料应为硬聚氯乙烯或金属。

（4）钢制垫板：外框尺寸应为 70mm ×70mm，内框尺寸应为 43mm ×43mm，厚度应为 3mm。

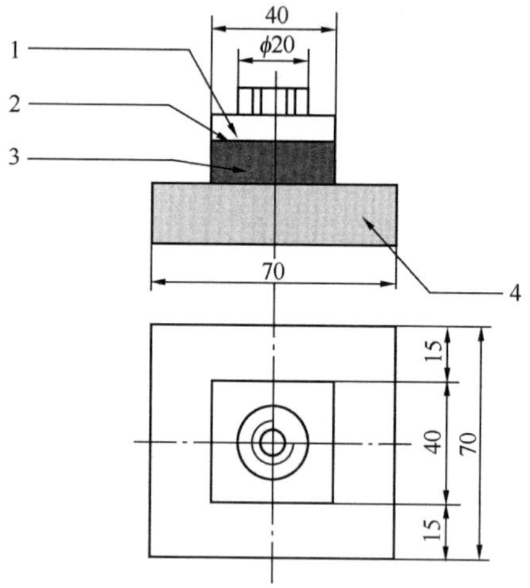

附图 4　拉伸粘结强度用钢制上夹具

1—拉伸用钢制上夹具；2—胶粘剂；
3—检验砂浆；4—水泥砂浆块

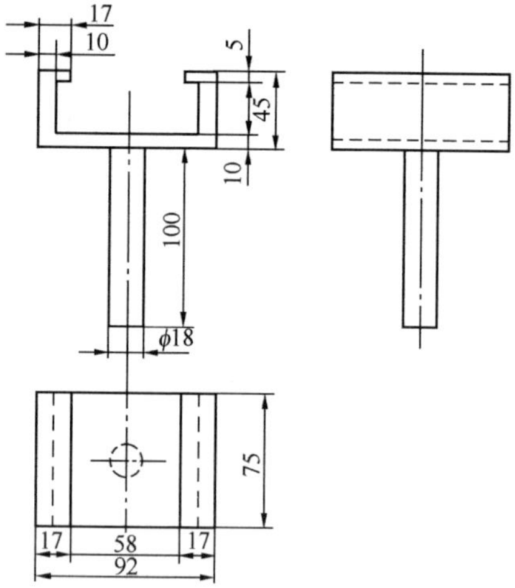

附图 5　拉伸粘结强度用钢制下夹具
（单位：mm）

2. 试验步骤

（1）基底水泥砂浆块的制备应符合下列规定：

① 原材料：水泥应采用符合现行国家标准《通用硅酸盐水泥》（GB 175—2007）规定的 42. 5 级水泥；砂应采用符合现行行业标准《普通混凝土用砂、石质量及检验方法标准》（JGJ 52—2006）规定的中砂；水应采用符合现行行业标准《混凝土用水标准》（JGJ 63—2006）规定的用水。

② 配合比：水泥: 砂: 水 =1: 3 : 0. 5（质量比）。

③ 成型：将制成的水泥砂浆倒入 70mm ×70mm ×20mm 的硬聚氯乙烯或金属模具中，振动成型或用抹灰刀均匀插捣 15 次，人工颠实 5 次，转 90°，再颠实 5 次，然后用刮刀以 45°方向抹平砂浆表面；试模内壁事先宜涂刷水性隔离剂，待干、备用。

④ 应在成型 24h 后脱模，并放入（20 ±2）℃水中养护 6d，再在试验条件下

放置 21d 以上。试验前，应用 200 号砂纸或磨石将水泥砂浆试件的成型面磨平，备用。

（2）砂浆料浆的制备应符合下列规定：

Ⅰ 干混砂浆料浆的制备

① 待检样品应在试验条件下放置 24h 以上。

② 应称取不少于 10kg 的待检样品，并按产品制造商提供的比例进行水的称量；当产品制造商提供的比例是一个值域范围时，应采用平均值。

③ 应先将待检样品放入砂浆搅拌机中，再启动机器，然后徐徐加入规定量的水，搅拌 3 ~ 5min。搅拌好的料应在 2h 内用完。

Ⅱ 现拌砂浆料浆的制备

① 待检样品应在试验条件下放置 24h 以上。

② 应按设计要求的配合比进行物料的称量，且干物料总量不得少于 10kg。

③ 应先将称好的物料放入砂浆搅拌机中，再启动机器，然后徐徐加入规定量的水，搅拌 3 ~ 5min。搅拌好的料应在 2h 内用完。

（3）拉伸粘结强度试件的制备应符合下列规定：

① 将制备好的基底水泥砂浆块在水中浸泡 24h，并提前 5 ~ 10min 取出，用湿布擦拭其表面。

② 将成型框放在基底水泥砂浆块的成型面上，再将按照本标准规定制备好的砂浆料浆或直接从现场取来的砂浆试样倒入成型框中，用抹灰刀均匀插捣 15 次，人工颠实 5 次，转 90°，再颠实 5 次，然后用刮刀以 45°方向抹平砂浆表面，24h 内脱模，在温度（20 ± 2）℃、相对湿度 60% ~ 80% 的环境中养护至规定龄期。

③ 每组砂浆试样应制备 10 个试件。

（4）拉伸粘结强度试验应符合下列规定：

① 应先将试件在标准试验条件下养护 13d，再在试件表面以及上夹具表面涂上环氧树脂等高强度胶粘剂，然后将上夹具对正位置放在胶粘剂上，并确保上夹具不歪斜，除去周围溢出的胶粘剂，继续养护 24h。

② 测定拉伸粘结强度时，应先将钢制垫板套入基底砂浆块上，再将拉伸粘结强度夹具安装到试验机上，然后将试件置于拉伸夹具中，夹具与试验机的连接宜采用球铰活动连接，以（5 ± 1）mm/min 速度加荷至试件破坏。

③ 当破坏形式为拉伸夹具与胶粘剂破坏时，试验结果应无效。

注：对于有特殊条件要求的拉伸粘结强度，应先按照特殊要求条件处理后，再进行试验。

3. 数据处理

（1）拉伸粘结强度应按下式计算：

$$f_{at} = \frac{F}{A_z}$$

式中 f_{at}——砂浆拉伸粘结强度（MPa）；

F——试件破坏时的荷载（N）；

A_z——粘结面积（mm^2）。

（2）应以10个试件测值的算术平均值作为拉伸粘结强度的试验结果。

（3）当单个试件的强度值与平均值之差大于20%时，应逐次舍弃偏差最大的试验值，直至各试验值与平均值之差不超过20%。当10个试件中有效数据不少于6个时，取有效数据的平均值为试验结果，结果精确至0.01MPa。

（4）当10个试件中有效数据不足6个时，此组试验结果应为无效，并应重新制备试件进行试验。

（八）砂浆抗冻性能试验

本方法可用于检验强度等级不小于M5的砂浆的抗冻性能。用在负温环境下冻结、在正温水中溶解的方法进行抗冻性能检验。

1. 仪器设备

（1）冷冻箱（室）：装入试件后，箱（室）内的温度应能保持在－20～15℃。

（2）篮框：应采用钢筋焊成，其尺寸应与所装试件的尺寸相适应。

（3）天平或案秤：称量应为2kg，感量应为1g。

（4）融解水槽：装入试件后，水温应能保持在15～20℃。

（5）压力试验机：精度应为1%，应能使试件的预期破坏荷载在其量程的20%～80%范围内。

2. 试验步骤

（1）砂浆抗冻试件的制作及养护应按下列要求进行：

① 砂浆抗冻试件应采用70.7mm×70.7mm×70.7mm的立方体试件，并应制备两组，每组3块，分别作为抗冻和与抗冻试件同龄期的对比抗压强度检验试件。

② 砂浆试件的制作与养护方法应符合本标准中立方体抗压强度试验的规定。

（2）砂浆抗冻性能试验应符合下列规定：

① 当无特殊要求时，试件应在28d龄期进行冻融试验。试验前2d，应把冻融试件和对比试件从养护室取出，进行外观检查并记录其原始状况，随后放入15～20℃的水中浸泡，浸泡的水面应至少高出试件顶面20mm。冻融试件应在浸泡2d后取出，并用拧干的湿毛巾轻轻擦去表面水分，然后对冻融试件进行编号，称其质量，然后置入篮框进行冻融试验。对比试件则放回标准养护室中继续养护，直到完成冻融循环后，与冻融试件同时试压。

② 冻或融时，篮框与容器底面或地面应架高20mm，篮框内各试件之间应至少保持50mm的间隙。

③ 冷冻箱（室）内的温度均应以其中心温度为准。试件冻结温度应控制在-20～-15℃。当冷冻箱（室）内温度低于-15℃时，试件方可放入。当试件放入之后，温度高于-15℃时，应以温度重新降至-15℃时计算试件的冻结时间。从装完试件至温度重新降至-15℃的时间应不超过2h。

④ 每次冻结时间应为4h，冻结完成后应立即取出试件，并应立即放入能使水温保持在15～20℃的水槽中进行融化。槽中水面应至少高出试件表面20mm，试件在水中融化的时间应不少于4h。融化完毕即为一次冻融循环。取出试件，并用拧干的湿毛巾轻轻擦去表面水分，送入冷冻箱（室）进行下一次循环试验，依此连续进行直至设计规定次数或试件破坏为止。

⑤ 每5次循环，应进行一次外观检查，并记录试件的破坏情况；当该组试件中有两块出现明显分层、裂开、贯通缝等破坏时，该组试件的抗冻性能试验应终止。

冻融试验结束后，将冻融试件从水槽中取出，用拧干的湿布轻轻擦去试件表面水分，然后称其质量。对比试件应提前2d浸水。

⑥ 应将冻融试件与对比试件同时进行抗压强度试验。

3. 数据处理

（1）砂浆试件冻融后的强度损失率应按下式计算：

$$\Delta f_m = \frac{f_{m1} - f_{m2}}{f_{m1}} \times 100\%$$

式中 Δf_m ——n次冻融循环后砂浆试件的砂浆强度损失率（%），精确至1%；

f_{m1} ——对比试件的抗压强度平均值（MPa）；

f_{m2} ——经n次冻融循环后的3块试件抗压强度的算术平均值（MPa）。

（2）砂浆试件冻融后的质量损失率应按下式计算：

$$\Delta m_m = \frac{m_0 - m_n}{m_0} \times 100\%$$

式中 Δm_m ——n次冻融循环后砂浆试件的质量损失率，以3块试件的算术平均值计算（%），精确至1%；

m_0 ——冻融循环试验前的试件质量（g）；

m_n ——n次冻融循环后的试件质量（g）。

（3）当冻融试件的抗压强度损失率不大于25%，且质量损失率不大于5%时，则该组砂浆试块在相应标准要求的冻融循环次数下，抗冻性能可判为合格，否则应判为不合格。

（九）砂浆收缩试验

本方法适应于测定砂浆的自然干燥收缩值。

1. 仪器设备

（1）立式砂浆收缩仪：标准杆长度应为（176±1）mm，测量精确度应为

0.01mm（附图6）。

（2）收缩头：应由黄铜或不锈钢加工而成（附图7）。

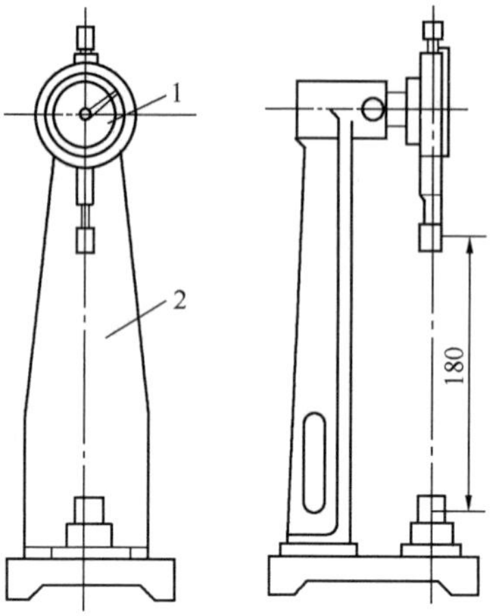

附图6　收缩仪（单位：mm）

1—千分表；2—支架

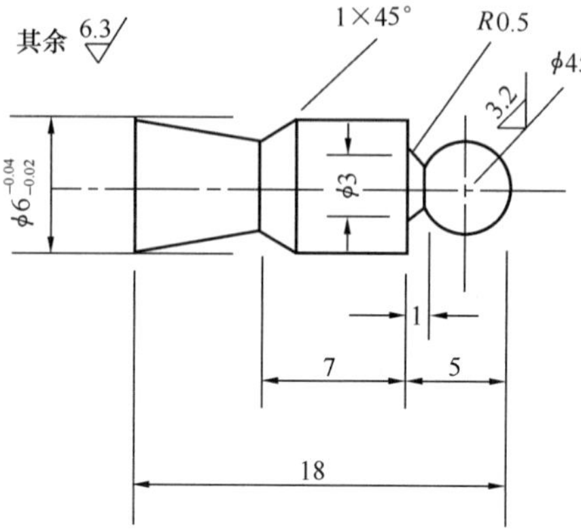

附图7　收缩头（单位：mm）

（3）试模：应采用40mm×40mm×160mm棱柱体，且在试模的两个端面中心，应各开一个ϕ6.5mm的孔洞。

2. 试验步骤

（1）应将收缩头固定在试模两端面的孔洞中，收缩头应露出试件端面（8±1）mm。

（2）应将拌和好的砂浆装入试模中，再用水泥胶砂振动台振动密实，然后置于（20±5）℃的室内，4h之后将砂浆表面抹平。砂浆应带模在标准养护条件［温度为（20±2）℃，相对湿度为90%以上］下养护7d后，方可拆模，并编号、标明测试方向。

（3）应将试件移入温度（20±2）℃、相对湿度（60±5）%的实验室中预置4h，方可按标明的测试方向立即测定试件的初始长度，测定前，应先采用标准杆调整收缩仪的百分表的原点。

（4）测定初始长度后，应将砂浆试件置于温度（20±2）℃、相对湿度为（60±5）%的室内，然后第7d、14d、21d、28d、56d、90d分别测定试件的长度，即为自然干燥后长度。

3. 数据处理

（1）砂浆自然干燥收缩值应按下式计算：

$$\varepsilon_{at}=\frac{L_0-L_t}{L-L_d}$$

式中　ε_{at}——相应为 td（7d、14d、21d、28d、56d、90d）时的砂浆试件自然干燥收缩值；

L_0——试件成型后 7d 的长度即初始长度（mm）；

L——试件的长度，160（mm）；

L_d——两个收缩头埋入砂浆中长度之和，即（20 ±2）mm；

L_t——相应为 td（7d、14d、21d、28d、56d、90d）时试件的实测长度（mm）。

（2）应取 3 个试件测值的算术平均值作为干燥收缩值。当一个值与平均值偏差大于 20% 时，应剔除；当有两个值超过 20% 时，该组试件结果应无效。

（3）每块试件的干燥收缩值应取两位有效数字，并精确至 1.0×10^{-6}。

（十）砂浆含气量试验

砂浆含气量的测定可采用仪器法和密度法。当发生争议时，应以仪器法的测定结果为准。

1. 仪器法

本方法可用于采用砂浆含气量测定仪（附图 8）测定砂浆含气量。

（1）操作步骤：

① 量钵应水平放置，并将搅拌好的砂浆分 3 次均匀地装入量钵内。每层应由内向外插捣 25 次，并应用木锤在周围敲数下。插捣上层时，捣棒应插入下层 10 ~20mm。

② 捣实后，应刮去多余砂浆，并用抹刀抹平表面，表面应平整、无气泡。

③ 盖上测定仪钵盖部分，卡扣应卡紧，不得漏气。

④ 打开两侧阀门，并松开上部微调阀，再用注水器通过注水阀门注水，直至水从排水阀流出。水从排水阀流出时，应立即关紧两侧阀门。

⑤ 应关紧所有阀门，并用气筒打气加压，再用微调阀调整指针为零。

⑥ 按下按钮，刻度盘读数稳定后读数。

⑦ 开启通气阀，压力仪示值回零。

⑧ 应重复本条的⑤ ~ ⑦步，对容器内试样再测一次压力值。

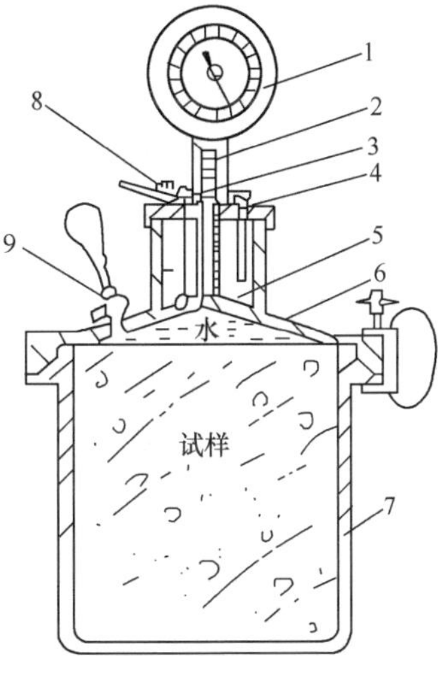

附图 8　砂浆含气量测定仪

1—压力表；2—出气阀；3—阀门杆；4—打气筒；5—气室；6—钵盖；7—量钵；8—微调阀；9—小龙头

（2）数据处理：

① 当两次测值的绝对误差不大于 0. 2% 时，应取两次试验结果的算术平均值

作为砂浆的含气量；当两次测值的绝对误差大于0.2%时，试验结果无效。

② 当所测含气量数值小于5%时，测试结果应精确到0.1%；当所测含气量数值大于或等于5%时，测试结果应精确到0.5%。

2. 密度法

本方法可用于根据一定组成的砂浆的理论表观密度与实际表观密度的差值确定砂浆中的含气量。

（1）操作步骤：

① 应通过砂浆中各组成材料的表观密度与配比计算得到砂浆理论表观密度。

② 应按本标准的规定测定砂浆实际表观密度。

（2）数据处理：

砂浆含气量应按下列公式计算：

$$A_c = \left(1 - \frac{\rho}{\rho_t}\right) \times 100\%$$

$$\rho_t = \frac{1 + x + y + W_c}{\frac{1}{\rho_c} + \frac{x}{\rho_s} + \frac{y}{\rho_p} + W_c}$$

式中 A_c ——砂浆含气量的体积分数（%），应精确至0.1%；

ρ ——砂浆拌合物的实测表观密度（kg/m^3）；

ρ_t ——砂浆理论表观密度（kg/m^3），应精确至$10kg/m^3$；

ρ_c ——水泥实测表观密度（g/cm^3）；

ρ_s ——砂的实测表观密度（g/cm^3）；

W_c ——砂浆达到指定稠度时的水灰比；

ρ_p ——外加剂的实测表观密度（g/cm^3）；

x ——砂子与水泥的质量比；

y ——外加剂与水泥用量之比，当y小于1%时，可忽略不计。

（十一）砂浆吸水率试验

本方法适用于测定砂浆的吸水率。

1. 仪器设备

（1）天平：称量应为1000g，感量应为1g；

（2）烘箱：0～150℃，精度±2℃。

（3）水槽：装入试件后，水温应能保持在（20±2）℃的范围内。

2. 试验步骤

（1）应按本标准立方体抗压强度试验中的规定成型及养护试件，并应在第28d取出试件，然后在（105±5）℃温度下烘干（48±0.5）h，称其质量m_0。

（2）应将试件成型面朝下放入水槽，用两根 ϕ10mm 的钢筋垫起。试件应完全浸入水中，且上表面距离水面的高度应不小于 20mm。浸水（48 ±0.5）h 取出，用拧干的湿布擦去表面的水，称其质量 m_1。

3. 数据处理

（1）砂浆吸水率应按下式计算：

$$W_x = \frac{m_1 - m_0}{m_0} \times 100\%$$

式中　W_x——砂浆吸水率（%）；

m_1——吸水后试件质量（g）；

m_0——干燥试件的质量（g）。

（2）应取 3 块试件测值的算术平均值作为砂浆的吸水率，并应精确至 1%。

（十二）抗渗性能试验

本方法用于测定砂浆的抗渗性能。

1. 仪器设备

（1）金属试模：应采用截头圆锥形带底金属试模，上口直径为 70mm，下口直径为 80mm，高度为 30mm。

（2）砂浆渗透仪。

2. 试验步骤

（1）应将拌和好的砂浆一次装入试模中，并用抹灰刀均匀插捣 15 次，再颠实 5 次，当填充砂浆略高于试模边缘时，应用抹刀以 45°角一次性将试模表面多余的砂浆刮去，然后用抹刀以较平的角度在试模表面反方向将砂浆刮平，应成型 6 个试件。

（2）试件成型后，应在室温(20 ±5)℃的环境下，静置(24 ±2)h 后再脱模。试件脱模后，应放入温度(20 ±2)℃、湿度 90% 以上的养护室养护至规定龄期。试件取出待表面干燥后，应采用密封材料密封装入砂浆渗透仪中进行抗渗试验。

（3）抗渗试验时，应从 0.2MPa 开始加压，恒压 2h 后增至 0.3MPa，以后每隔 1h 增加 0.1MPa。当 6 个试件中有 3 个试件表面出现渗水现象时，应停止试验，记下当时水压。在试验过程中，当发现水从试件周边渗出时，应停止试验，重新密封后再继续试验。

3. 数据处理

砂浆抗渗压力值应以每组 6 个试件中 4 个试件未出现渗水时的最大压力计量，并应按下式计算：

$$P = H - 0.1$$

式中　P——砂浆抗渗压力值（MPa），精确至 0.1MPa；

H——6 个试件中 3 个试件出现渗水时的水压力（MPa），精确至 0.1MPa。

附录2　预拌砂浆产品质量控制有关表格（供参考）

附表1　湿拌/干混砂浆出厂质量检验报告

<table>
<tr><td colspan="2">委托单位</td><td colspan="4"></td><td colspan="3">来样日期</td><td colspan="3"></td></tr>
<tr><td colspan="2">检验编号</td><td colspan="4"></td><td colspan="3">报告日期</td><td colspan="3"></td></tr>
<tr><td colspan="2">工程名称</td><td colspan="4"></td><td colspan="3">工程部位</td><td colspan="3"></td></tr>
<tr><td colspan="2">试样编号</td><td colspan="2">养护条件</td><td colspan="5">检验条件</td><td colspan="3">检验依据</td></tr>
<tr><td colspan="2"></td><td colspan="2">标准养护</td><td colspan="5">温度：　℃ 相对湿度：　%</td><td colspan="3">GB/T 25181—2019</td></tr>
<tr><td colspan="2">产品品种</td><td>强度等级</td><td>生产日期</td><td colspan="2">配比编号</td><td colspan="3">代表批量（t 或 m^3）</td><td colspan="3">生产批号</td></tr>
<tr><td colspan="2"></td><td></td><td></td><td colspan="2"></td><td colspan="3"></td><td colspan="3"></td></tr>
<tr><td colspan="12">砂浆原材料</td></tr>
<tr><td>名称</td><td>水泥</td><td>河砂</td><td>机制砂</td><td colspan="2">粉煤灰</td><td>石灰石粉</td><td colspan="2">外加剂 1</td><td colspan="2">外加剂 2</td><td>水</td></tr>
<tr><td>品种规格</td><td></td><td></td><td></td><td colspan="2"></td><td></td><td colspan="2"></td><td colspan="2"></td><td></td></tr>
<tr><td colspan="12"></td></tr>
<tr><td colspan="2">检验项目</td><td colspan="2">计量单位</td><td colspan="2">标准要求</td><td colspan="2">检验结果</td><td colspan="2">单项结论</td><td colspan="2">备注</td></tr>
<tr><td colspan="2">保水性</td><td colspan="2">%</td><td colspan="2"></td><td colspan="2"></td><td colspan="2"></td><td colspan="2"></td></tr>
<tr><td colspan="2">拌合物表观密度</td><td colspan="2">kg/m^3</td><td colspan="2"></td><td colspan="2"></td><td colspan="2"></td><td colspan="2"></td></tr>
<tr><td colspan="2">2h 稠度损失率</td><td colspan="2">%</td><td colspan="2"></td><td colspan="2"></td><td colspan="2"></td><td colspan="2"></td></tr>
<tr><td colspan="2">14d 拉伸粘结强度</td><td colspan="2">MPa</td><td colspan="2"></td><td colspan="2"></td><td colspan="2"></td><td colspan="2"></td></tr>
<tr><td colspan="2">28d 抗压强度</td><td colspan="2">MPa</td><td colspan="2"></td><td colspan="2"></td><td colspan="2"></td><td colspan="2"></td></tr>
<tr><td colspan="2"></td><td colspan="2"></td><td colspan="2"></td><td colspan="2"></td><td colspan="2"></td><td colspan="2">其他指标</td></tr>
<tr><td colspan="2"></td><td colspan="2"></td><td colspan="2"></td><td colspan="2"></td><td colspan="2"></td><td colspan="2">其他指标</td></tr>
<tr><td colspan="2"></td><td colspan="2"></td><td colspan="2"></td><td colspan="2"></td><td colspan="2"></td><td colspan="2">其他指标</td></tr>
<tr><td colspan="2"></td><td colspan="2"></td><td colspan="2"></td><td colspan="2"></td><td colspan="2"></td><td colspan="2">其他指标</td></tr>
<tr><td colspan="2">备注：</td><td colspan="10"></td></tr>
<tr><td colspan="2">检验结论</td><td colspan="10">所检项目符合 GB/T 25181—2019 的要求，检验合格</td></tr>
<tr><td colspan="12">检测单位：×××××××公司质检中心（章）

批准：　　　　　　审核：　　　　　　检验：</td></tr>
</table>

附表 2　湿拌或干混砂浆保水性/稠度损失率/表观密度检测原始记录表

砂浆品种		强度等级		检验依据	
生产日期		代表数量		试验温度和湿度	℃　　%

保水性（%）												
样品编号	成型日期	检测日期	样品龄期	稠度 mm	底不透水片与干燥试模质量 m_1（g）	15 片滤纸吸水前质量 m_2（g）	试模、底不透水片与砂浆总质量 m_3（g）	15 片滤纸吸水后质量 m_4（g）	烘干后砂浆样本的质量 m_5（g）	砂浆样本总质量 m_6（g）	砂浆含水率 α（%）	砂浆保水率 W（%）

2h 稠度损失率（%）					砂浆表观密度（kg/m³）			
样品编号	检测日期	初始稠度（mm）	2h 后稠度（mm）	2h 后稠度损失率（%）	容量桶质量（m/kg）	容量桶及砂浆试样质量（m/kg）	容量桶容积 V（L）	砂浆表观密度 ρ（kg/m³）

主检员：　　　　　　　　　　　　校核员：

附表 3　湿拌/干混砂浆凝结时间检测原始记录表

样品编号		环境温度	℃	环境湿度	%
检验依据		砂浆品种		强度等级	
初始时间 t_0		初始稠度	mm	生产日期	

贯入阻力 f_1（MPa）						贯入阻力 f_2（MPa）						凝结时间 t (h:min)
t_1	N_1 (N)	f_1 (MPa)	t_1	N_1 (N)	f_1 (MPa)	t_1	N_1 (N)	f_1 (MPa)	t_1	N_1 (N)	f_1 (MPa)	
												初凝时间
												终凝时间

砂浆样品编号	砂浆上墙初始时间 T_1（h：min）	砂浆上墙终凝时间 T_2（h：min）	砂浆硬化时间（h：min）	墙体周围环境		
				风速	温度	湿度

试验员：　　　　　　　　　　　　审核员：

附表 4　湿拌/干混砂浆拉伸粘结强度抗压强度检测原始记录表

样品编号		生产日期		试验环境	
砂浆品种		强度等级		稠度	
成型日期		14d 拉伸粘结强度检验日期		28d 抗压强度检验日期	

14d 拉伸粘结强度											
序号	计量单位	1	2	3	4	5	6	7	8	9	10
荷载	N										
粘结面积	mm^2										
强度	MPa										
平均强度	MPa										

28d 抗压强度				
项目	计量单位	单块 1	单块 2	单块 3
破坏荷载	kN			
实测强度 ×1.35	MPa			
平均强度	MPa		达到设计强度等级标准值%	

试验员：　　　　　　　　　　　　校核：

附表5　普通湿拌砂浆系列配合比记录表

序号	砂浆种类	强度等级	配合比编号	原材料用量（kg/m³）							
				水泥规格型号	河砂	机制砂	粉煤灰规格	石灰石粉规格	外加剂		水
									AD1	AD2	
1											
2											
3											
4											
5											
6											
7											
8											
9											
	备注：砂浆稠度控制在60～100mm，用水量根据季节和工程部位等适当变动										
	技术负责人：				编制：			审核：			

附表6　干混砂浆系列配合比记录表

序号	砂浆种类	强度等级	配合比编号	原材料用量（kg/t）							
				水泥规格型号	河砂	机制砂	粉煤灰规格	石灰石粉规格	外加剂		备注
									AD1	AD2	
1											
2											
3											
4											
5											
6											
7											
8											
9											
10											
	技术负责人：					编制：			审核：		

附表 7　湿拌/干混砂浆配合比通知单

配比编号						日期			
施工单位						产品品种			
工程名称						强度等级			
使用部位						生产数量		t	m^3
原材料	水泥	河砂	机制砂	粉煤灰	石灰石粉	外加剂 1	外加剂 2	水	其他
品种规格									
生产厂家									
进场日期									
试验编号									
砂浆配合比 kg/m^3或 kg/t									
项目	水泥	河砂	机制砂	粉煤灰	石灰石粉	外加剂 1	外加剂 2	水	其他
规格									
配合比									
每盘用量									
每吨用量									（干混）
每方用量									（湿拌）
计量误差	±2%								
备注	干混砂浆用砂含水率要低于 0.5%；干混砂浆混合搅拌时间不少于 3min，对预拌砂浆和掺有粉煤灰、外加剂、保水增稠材料等的砂浆，搅拌时间不得少于 180s								
技术负责人：			审核：			编制：			

附表 8　湿拌/干混砂浆配合比试验记录表

试配编号：	试配日期：	温度：　℃；湿度：　%

原材料	水泥	厂家：　等级：　3d 抗压强度：　MPa；28d 抗压强度　MPa
	河砂	产地：　细度模数 M_X：　含泥量：　%
	机制砂	产地：　模数 M_x：　级配：　粒型：　亚甲蓝值（MB 值）：
	粉煤灰	厂家：　规格：　活性指数：
	石灰石粉	厂家：45μm 方孔筛筛余%：　亚甲蓝值（MB 值）：
	外加剂 AD1	厂家：　品种规格：
	外加剂 AD2	厂家：　品种规格：

配合比	设计强度等级		稠度	mm	搅拌方法	机械/人工			
	试模尺寸	70.7×70.7×70.7			振捣方法	手动/自动			
	水泥	河砂	机制砂	粉煤灰	石灰石粉	AD1	AD2	水	kg/m³

检验项目

抗压强度	龄期	7d			28d		
	序号	1	2	3	1	2	3
	荷载（kN）						
	强度（MPa）						
	平均强度（MPa）						

保水性	试模质量（g）	吸水前滤纸质量（g）	砂浆烘干前质量（g）	含水率 %	保水性
	砂浆试模质量（g）	吸水后滤纸质量（g）	砂浆烘干后质量（g）		

凝结时间	加水时间	初凝时间（h：min）	终凝时间（h：min）
	上墙体时间	墙体砂浆终凝时间（h：min）	墙体周围：温度/湿度/风速

14d 拉伸粘结强度	序号	1	2	3	4	5	6	7	8	9	10
	荷载（N）										
	粘结面积（mm²）										
	强度（MPa）										
	平均值（MPa）										

密度	砂浆表观密度（kg/m³）	砂浆质量（kg）	砂浆的体积（L）	

技术负责人：　　　　校核：　　　　试验：

附表 9　干混砂浆产品合格证

产品合格证

产品名称　　　　商标：

产品品种：　　　　强度等级：

生产批次：

生产日期：　　年　　月　　日

供货数量：　　　t

本产品经检验符合国家标准 GB/T 25181—2019，产品质量合格。

质检员：

企业名称：（章）

地址：

年　　月　　日

第一联供方

产品合格证

产品名称　　　　商标：

产品品种：　　　　强度等级：

生产批次：

生产日期：　　年　　月　　日

供货数量：　　　t

本产品经检验符合国家标准 GB/T 25181—2019，产品质量合格。

质检员：

企业名称：（章）

地址：

年　　月　　日

附录3　国家相关部委政策文件

质检总局、住房城乡建设部 、工业和信息化部、国家认监委、国家标准委联合发布

《关于推动绿色建材产品标准、认证、标识工作的指导意见》

国质检认联〔2017〕544 号

各省、自治区、直辖市及计划单列市、新疆生产建设兵团质量技术监督局（市场监督管理部门）、住房城乡建设厅（委）、工业和信息化主管部门，各直属检验检疫局：

为全面贯彻落实党的十九大精神，进一步推进《生态文明体制改革总体方案》（中发〔2015〕25 号）、《中共中央 国务院关于开展质量提升行动的指导意见》（中发〔2017〕24 号）、《中共中央 国务院关于进一步加强城市规划建设管理工作的若干意见》（中发〔2016〕6 号）、《国务院办公厅关于建立统一的绿色产品标准、认证、标识体系的意见》（国办发〔2016〕86 号）、《国务院办公厅关于促进建材工业稳增长调结构增效益的指导意见》（国办发〔2016〕34 号）及《绿色建筑行动方案》（国办发〔2013〕1 号）的落实工作，健全绿色建材市场体系，增加绿色建材产品供给，提升绿色建材产品质量，推动建材工业和建筑业转型升级，现就推动绿色建材产品标准、认证、标识工作提出以下指导意见：

一、目标原则

（一）总体目标。

按照国务院要求，将现有绿色建材认证或评价制度统一纳入绿色产品标准、认证、标识体系管理。在全国范围内形成统一、科学、完备、有效的绿色建材产品标准、认证、标识体系，实现一类产品、一个标准、一个清单、一次认证、一个标识的整合目标，建立完善的绿色建材推广和应用机制，全面提升建材工业绿色制造水平。到 2020 年，绿色建材应用比率达到 40% 以上。

（二）基本原则。

1. 统一协调，共同实施。通过建立有效的协调机制，各有关部门共同推进绿色建材产品标准、认证、标识的采信和推广应用工作。

2. 稳步推进，平稳过渡。积极稳妥地整合现有绿色建材相关评价认证制度，结合实施情况，制定具体措施，确保政策平稳过渡。

3. 强化监督，多元共治。加强绿色建材产品标准、认证、标识诚信体系建设，完善监督机制，形成政府、行业组织、认证机构、生产企业多元共治的良性局面。

二、组织实施

（三）加强组织协调。质检总局、住房城乡建设部、工业和信息化部、国家认监委、国家标准委共同成立绿色建材产品标准、认证、标识推进工作组（简称五部门工作组），协调指导全国绿色建材产品标准、认证、标识工作。

各地应参照五部门模式成立本地绿色建材产品认证工作组，接受五部门工作组指导，负责本地绿色建材产品认证和推广应用工作，引导本地符合条件的机构申报绿色建材产品认证机构，参与绿色建材产品标准编制，监督管理本地绿色建材产品认证活动，审查、汇总、上报本地绿色建材产品认证结果。

（四）建立统一的产品标准体系。由国家标准委、工业和信息化部、住房城乡建设部构建绿色建材产品标准体系框架，组织研制满足工程建设要求的绿色建材产品评价标准，确定和统一发布绿色建材产品评价标准清单，动态管理绿色建材产品标准。

（五）建立统一的产品认证体系。由国家认监委、住房城乡建设部、工业和信息化部构建绿色建材产品认证体系框架，制定绿色建材产品认证目录、实施规则和证书式样；按照绿色产品认证机构能力要求确定绿色建材产品认证机构。

（六）推进绿色产品认证。积极稳妥地推动绿色建材评价向统一的绿色产品认证转变。

对于纳入统一的标准清单和认证目录的建材产品，符合相关要求的，按照统一的绿色产品认证体系进行绿色产品认证，已获得三星级绿色建材评价标识的建材产品在证书有效期内可换发绿色产品认证证书。

对于未纳入统一的标准清单和认证目录的建材产品，以及统一的标准清单和认证目录内已获得一星级、二星级绿色建材评价标识的建材产品，仍参照《绿色建材评价标识管理办法》（建科〔2014〕75 号）执行，按照分级认证的原则实施自愿性产品认证，由国家认监委批准的认证机构进行认证。

（七）加强机构能力建设。认证机构应具备从事绿色建材产品认证活动相适应的工作条件和技术能力，按照《认证机构管理办法》（质检总局令第 164 号）管理，由国家认监委批准，住房城乡建设部、工业和信息化部共同参与监督管理。

三、采信应用

（八）完善政策措施。质检总局、住房城乡建设部、工业和信息化部、国家认监委、国家标准委要制定完善相关政策，加强政策衔接，统筹绿色建材标准制定、产品认证、生产应用等环节，积极引导建材生产企业参与绿色建材产品认证，抓紧建立绿色建材采信和推广应用机制。结合深化“一带一路”等国家战略，推动建立绿色建材产品国际互认合作机制，推动中国产品和服务“走出去”。

（九）积极采信应用。各地要结合实际，制定本地绿色建材认证推广应用方案，明确发展目标、重点任务和保障措施，积极鼓励工程建设项目使用绿色建材，在政府投资工程、重点工程、市政公用工程等项目中率先采用绿色建材。建设一批绿色建材推广应用示范工程。将绿色建材产品认证和推广应用工作列入生态文明建设、城市规划建设管理工作、新型城镇化建设、节能减排等监督考核指标体系，加大考核力度。定期对各地开展绿色建材产品认证和推广应用进行检查。

四、监督保障

（十）加强监督检查。要强化对认证过程的监管，确保认证工作规范有序；遵循“双随机、一公开”原则，定期或不定期对认证机构和获证企业进行监督检查，对不符合认证要求的产品、企业进行处置，追究相关企业和认证机构责任。依法查处认证违法违规行为，建立违法违规的认证机构黑名单制度，向社会公布黑名单，并记入相关机构信用记录，纳入全国统一的信用信息共享交换平台。

（十一）强化社会共治。及时发布认证机构及获证企业相关信息，任何组织和个人有权对绿色建材产品认证中的违法违规行为进行举报，各地、各相关部门应当及时调查处理。绿色建材产品认证机构要主动公开认证产品标准、程序、方法、结果，自觉接受社会监督。建立认证机构、认证人员、获证企业、最终用户的关联制约机制、风险责任机制，依靠行政监管、认可约束、行业自律、社会监督，实现多元共治。

（十二）加强宣传引导。加强绿色建材产品标准、认证、标识相关政策解读。贴近群众、走进生活，开展多种形式的绿色建材产品宣介活动，向社会提供绿色建材产品认证信息查询、统计分析、结果发布等服务，引导消费者选材，强化公众绿色生产和消费理念，让广大消费者接受认证结果、信任认证制度。支持企业提品质、树品牌，促进建材工业提质升级。

质检总局 住房城乡建设部 工业和信息化部
国家认监委 国家标准委
2017 年 12 月 28 日

商务部文件《十三五散装水泥绿色产业发展指导意见》

“十二五”时期，我国散装水泥绿色产业快速发展，规模持续扩大，水泥散装率不断提高，经济和社会效益显著，为节能减排和提高建筑质量做出重要贡献。为进一步贯彻党中央、国务院关于生态文明建设、新型城镇化建设、供给侧结构性改革等战略部署，深入落实国家“十三五”发展规划关于节能减排和保护环境的总体要求，推动“十三五”时期散装水泥绿色产业健康发展，提出如下指导意见：

一、总体要求

（一）指导思想

全面贯彻落实党的十八大及十八届三中、四中、五中全会精神，以创新、协调、绿色、开放、共享五大发展理念为指导，以资源节约型和环境友好型社会建设为主线，以体制机制改革和科技创新为动力，以提高全国水泥散装化水平为目标，发挥政府引导作用，激发市场活力，推动散装水泥绿色产业加快发展。

（二）主要原则

坚持政府引导。发挥市场的资源配置作用，完善出台相关政策措施，引领社会资金投入绿色产业节能环保建设，鼓励企业根据市场原则进行兼并重组，形成优势互补，布局合理和有序发展的散装水泥绿色产业体系。

坚持环保优先。大力发展绿色建材，积极推广可替代原材料，采取有效措施，切实减少并逐步杜绝粉尘、废水和废渣的排放，推进散装水泥产业绿色发展。

坚持创新驱动。全面推进散装水泥行业技术创新，构建以企业为主体、市场为导向、产学研相结合的技术创新体系；加快新技术、新产品、新工艺研究和开发应用，加强技术集成和流通模式创新步伐，努力提高生产、现代物流及施工设备的技术水平，推进行业装备技术的标准化、系统化水平。

坚持统筹布局。推动散装水泥中转、预拌混凝土、预拌砂浆生产项目布局与国民经济与社会发展规划、城市总体规划、土地利用总体规划等相衔接，与新型城镇化建设要求相适应，与物流运输方式及产业布局等相协调，推进散装水泥绿色产业有序竞争、持续健康发展。

（三）发展目标

到2020年，全国水泥散装率达到65%，预拌混凝土使用量保持在18亿m^3左右，预拌砂浆使用量达到1亿t，农村散装水泥使用率达到55%，加快建成以散装水泥应用为核心的预拌混凝土、预拌砂浆、水泥预制构件一体化的绿色产业体系，散装水泥产业绿色、低碳、循环发展方式更加成熟，标准化、专业化和信息化水平进一步提高。

二、重点任务

（一）打造以散装水泥为核心的一体化产业体系。

促进预拌混凝土规范发展。针对部分地区预拌混凝土产能严重过剩现状，坚持以总量控制、优化结构为目标，科学规划，加强行业监管，调整供给结构。加快推进预拌混凝土广泛应用，尤其要加大中西部地区和农村地区推广力度；加快高性能混凝土应用，推动外加剂、掺合料等关键材料和泵送技术同步发展。鼓励行业内企业兼并重组，鼓励、引导和支持有实力的预拌混凝土生产企业投资预拌砂浆、水泥预制构件产业，实施一体化发展战略。

加大预拌砂浆推广力度。完善预拌砂浆标准体系，提高标准执行效率，加强监督检查，确保产品质量；鼓励具备条件的普通预拌砂浆企业生产特种砂浆，提高预拌砂浆行业供给能力。整合预拌砂浆生产、设备研制、建设施工等各方力量，通过完善使用设备、组建专业队伍、加强宣传培训等方式，着力提高机械化施工水平。鼓励预拌砂浆生产企业开展“生产施工一体化”服务，推广机械化泵送和喷浆等先进施工方法。加大执法力度，严格依法禁止现场搅拌砂浆（以下简称“禁现”）。

加快推进水泥预制构件生产。顺应建筑工业化、城市地下综合管廊和海绵城市等建设发展趋势，引导预拌混凝土生产企业延伸产业链条，向水泥预制构件生产环节拓展。扩大水泥预制构件在建筑工业化和相关基础设施等领域的应用范围，积极开展相关领域的示范性工程建设，推进装备式建筑发展。鼓励相关单位和企业开展预制构件的生产、使用技术、新产品研发及相关标准的制定工作。

（二）促进散装水泥产业绿色发展。

全面推进绿色清洁生产。以信息技术推动散装水泥相关企业进行节能减排技术改造，提高废水、粉尘回收利用能力，加强能耗网络化监测水平。加快实施绿色建材生产和应用行动方案，开展绿色建材生产和应用评定工作，编制评价指标体系和实施计划，制定相应的奖惩制度。按照“全封闭、无污染、零排放”的清洁生产目标，改造或淘汰一批环保不达标的混凝土搅拌站。

着力提高废弃物再利用水平。进一步促进建筑垃圾和工业尾矿等大宗固体废弃物的综合利用水平，逐步以机制砂石部分或全部取代天然砂石，作为混凝土、砂浆的粗细集料、掺合料。

（三）推进散装水泥行业创新转型。

加强设备和技术研发工作。鼓励散装水泥设备生产企业适应建筑施工机械化、自动化发展要求，推动散装水泥新材料、新工艺、新技术在建筑施工中应用，提升行业现代化水平。支持科研院所、大型建筑企业、科技开发型企业和成套设备生产企业进行散装水泥相关技术研发，构建产学研结合的技术研发体系。

加快行业信息化建设步伐。加快散装水泥、预拌混凝土、预拌砂浆和水泥制品生产企业信息化建设，与相关电子商务平台进行对接，提高企业网络行销能力。引导企业升级和完善企业资源计划（ERP）等信息管理系统，提高互联网、大数据等信息技术应用水平。加快建立散装水泥发展应用监管信息平台，全面提升数字化、信息化监管水平，形成规范化、常态化监管机制。

鼓励散装水泥物流方式创新。在行业中推广应用全球卫星定位系统（GPS）等技术，推动散装水泥生产与城市物流配送系统对接，提高车辆运输管理和资源调配能力。鼓励发展第三方物流，降低物流成本，提高物流效率。

（四）加快农村散装水泥推广应用。

创新农村推广应用散装水泥（以下简称“农村推散”）模式。支持有条件的水泥企业为农村小型混凝土搅拌站提供混凝土配比设计、检测等技术支持和服务。鼓励散装水泥、预拌混凝土和预拌砂浆生产企业采取直供销售方式，减少流通环节，满足农村市场需求。

完善农村散装水泥物流配送设施。尽快制定农村地区散装水泥基础设施布局规划，出台配套政策及行动方案，发挥规划引导作用。鼓励大型混凝土企业下乡，在主要集镇、中心乡镇建立中小型混凝土搅拌站，在村庄集中地区分片建设微型混凝土搅拌站，在偏远地区建立水泥制品专业市场。针对农村市场特征，加快研发更适合农村运输、装卸、施工的配套设备。

三、保障措施

加快法律法规与标准建设。完善促进散装水泥、预拌混凝土、预拌砂浆和水泥制品发展的相关法律法规；加快研究制定散装水泥、预拌混凝土、预拌砂浆和水泥制品生产、运输、施工等有关技术标准规范。

加大政策支持力度。重点支持相关企业开展绿色节能生产、废水废渣处理与回收利用、“农村推散”和物流方式创新等工作。积极拓宽融资渠道，推动解决企业融资难题。

搭建公共服务平台。构建散装水泥绿色产业动态监管数据库，搭建公共服务平台，实现政策咨询、信息发布、人才培训、宣传推广等各项功能的有机结合。完善行业统计制度，建立科学、全面的散装水泥统计和运行分析体系。

提高执法监管能力。着力构建散装水泥生产、流通、使用相互结合、共同促进的监管工作体系，完善检查监督制度，提高信息化监管水平。推动各级政府部门建立“禁现”工作目标责任制，完善日常巡查和考核制度，加大对设计、施工、监理等单位及相关企业的监督执法力度。

广泛开展社会宣传。围绕节能减排和提高建筑质量等主题，加大政策解读和宣传力度；积极利用报刊、广播电视、手机终端等平台，进行全方位、多角度地宣传，提高施工企业和广大消费者的认知度。加大“农村推散”宣传力度，推动建设一批典型工程、样本工程，提高农民使用散装水泥及预拌混凝土、预拌砂浆和水泥预制构件的积极性。

充分发挥各界力量。积极发挥各级行业协会的作用，全面提高服务水平，及时反映行业问题和企业诉求，加强行业自律，提高行业整体素质。充分发挥高等院校、科研院所以及咨询机构、服务中介的作用，组织开展行业内重大科技项目攻关，加强对行业重大和共性问题的研究。

中华人民共和国商务部
2016 年 9 月 19 日

住房城乡建设部 工业和信息化部关于印发《绿色建材评价标识管理办法实施细则》和《绿色建材评价技术导则（试行）》的通知

建科〔2015〕162 号

各省、自治区、直辖市住房城乡建设厅（委）、工业和信息化主管部门，新疆生产建设兵团建设局、工业和信息化委员会，计划单列市住房城乡建设委、工业和信息化主管部门，有关单位：

为切实落实《绿色建筑行动方案》和《促进绿色建材生产和应用行动方案》有关要求，推动绿色建筑和建材工业转型升级、推进新型城镇化，做好《绿色建材评价标识管理办法》的实施工作，住房城乡建设部、工业和信息化部制定了《绿色建材评价标识管理办法实施细则》和《绿色建材评价技术导则（试行)》(第一版)。现印发给你们，请结合本地实际，抓好贯彻落实。

附件：1.《绿色建材评价标识管理办法实施细则》

2.《绿色建材评价技术导则（试行)》(第一版)

中华人民共和国住房和城乡建设部
中华人民共和国工业和信息化部
2015 年 10 月 14 日

2015 年 10 月，住房和城乡建设部与工业和信息化部联合印发《绿色建材评价技术导则（试行)》(第一版)，制定了涵盖砌体材料、保温材料、预拌混凝土、建筑节能玻璃、陶瓷砖、卫生陶瓷和预拌砂浆等七类建材产品的评价技术要求。其中，针对“预拌砂浆”产品的绿色评价技术要求摘录如下：

11 预拌砂浆

11.1 控制项

11.1.1 预拌砂浆生产企业应符合表 11.1.1 的要求。

表 11.1.1 生产基本要求

项目	要求
大气污染物排放	《大气污染物综合排放标准》（GB 16297—1996），三级；或满足地方排放标准的最低要求
污水排放	《污水综合排放标准》（GB 8978—1996），二级
噪声排放	符合《工业企业厂界环境噪声排放标准》GB 12348—2008
工作场所环境	《工作场所有害因素职业接触限值 化学有害因素》GBZ 2.1—2007 《工作场所有害因素职业接触限值 物理有害因素》GBZ 2.2—2007
安全生产	不得使用含有亚硝酸盐、氯盐、邻苯二甲酸酯类成分的原材料；《企业安全生产标准化基本规范》（AQ/T 9006—2010），三级
管理体系	完备的质量、环境和职业健康安全管理体系

11.1.2 设备设施选配等全过程管理应满足当地预拌砂浆绿色（清洁化）生产管理的相关规定。

11.1.3 生产企业应具备详细、可行的应用技术文件。

11.1.4 普通砂浆、干混陶瓷砖粘结砂浆的性能应满足现行国家标准《预拌砂浆》（GB/T 25181—2019）的要求；EPS 外墙外保温系统用粘结砂浆、EPS 外墙外保温系统用抹面砂浆的性能应满足现行国家标准《模塑聚苯板薄抹灰外墙保温系统材料》（GB/T 29906—2013）的要求；其他预拌砂浆的性能应符合国家现行有关标准的规定。

11.2 评分项

11.2.1 评分项各指标权重见表 11.2.1。

表 11.2.1 评分项各指标权重

指标	权重	具体条文	权重
节能	0.15	11.2.2 原材料运输能耗	0.05
		11.2.3 单位产品能耗水平或碳排放	0.07
		11.2.4 能源管理体系认证	0.03

续表

指标	权重	具体条文	权重
减排	0.25	11.2.5　大气污染物（不含颗粒物）排放	0.05
		11.2.6　颗粒物排放	0.10
		11.2.7　普通砂浆散装率和特种砂浆袋装率	0.05
		11.2.8　产品认证或评价、环境产品声明（EPD）报告、碳足迹报告	0.05
安全	0.40	11.2.9　强度	0.12
		11.2.10　强度离散系数	0.12
		11.2.11　耐久性能	0.12
		11.2.12　安全生产标准化水平	0.02
		11.2.13　测量管理体系认证	0.02
便利	0.10	11.2.14　施工性能	0.05
		11.2.15　适用性与经济性	0.05
可循环	0.10	11.2.16　固体废弃物综合利用率	0.05
		11.2.17　灰料利用	0.05

Ⅰ　节　　能

11.2.2　原材料运输能耗。评分为以下两条得分之和，但总分不超过100分：

1. 累计运输半径不大于500km的原材料质量比率不小于60%但小于70%，得40分；不小于70%但小于80%，得60分；不小于80%但小于90%，得80分；不小于90%，得100分；

2. 500km以外的原材料采用铁路、轮船运输的质量比率不小于70%但小于80%，得20分；不小于80%但小于90%，得40分；不小于90%，得60分。

11.2.3　近3年单位产品能耗水平持续改进，评分为以下各条得分之和：

1. 有能源分级计量20分；
2. 能源计量器具具备在线采集、上传等功能20分；
3. 建立能效管理信息系统30分；
4. 根据能效管理信息系统分析结果进行持续改进30分。

11.2.4　通过GB/T 23331能源管理体系认证，得100分。

Ⅱ　减　　排

11.2.5　厂区二氧化硫排放符合《大气污染物综合排放标准》（GB 16297—1996）中表2规定的二级，得60分；符合大气污染物综合排放相关的各地方标准规定，得100分。

11.2.6　厂区大气颗粒物排放，评分为以下各条之和：

1. 有组织排放中，自排气筒排放的颗粒物符合《水泥工业大气污染物排放标准》（GB 4915—2013）中的规定，得40分；符合各地方标准对当地大气颗粒物排放规定，得60分；

2. 无组织排放中，大气颗粒污染物符合《水泥工业大气污染物排放标准》（GB 4915—2013）中的规定，得20分；符合各地方标准对当地大气颗粒物排放规定，得40分。

11.2.7 普通砂浆的散装率，特种砂浆的袋装率。评分规则如下：

1. 普通砂浆年度散装率达到70%，得60分；达到80%，得80分；达到90%，得100分；

2. 每吨特种砂浆对包装袋的平均消耗量不小于40个，得0分；不小于25个但小于40个，得60分；不小于20个但小于25个，得80分；小于20个，得100分。

11.2.8 通过产品认证或评价，提交环境产品声明（EPD）、碳足迹报告。评分为以下各条得分之和：

1. 通过产品认证或评价，总分40分，由专家评分；

2. 提交环境产品声明（EPD）报告，总分30分，由专家评分；

3. 提交产品碳足迹报告，总分30分，由专家评分。

Ⅲ 安 全

11.2.9 强度评分规则如下：

1. 普通砂浆抗压强度实测值与设计值的比值大于2.0，得50分；不小于1.0但小于1.15，或不小于1.5但小于2.0，得75分；不小于1.15但小于1.5，得100分；

2. EPS外墙外保温系统用粘结砂浆、EPS外墙外保温系统用抹面砂浆的原始拉伸粘结强度的实测值与设计值的比值不小于1.0但小于1.2，得50分；不小于1.8，得75分；不小于1.2但小于1.8，得100分；

3. 干混陶瓷砖粘结砂浆的原始拉伸粘结强度的实测值与设计值的比值不小于1.0但小于1.5，得50分；不小于2.5，得75分；不小于1.5但小于2.5，得100分。

11.2.10 连续10个批次产品强度的离散系数评分规则如下：

1. 不大于30%但大于20%，得40分；

2. 不大于20%但大于10%，得60分；

3. 不大于10%，得100分。

11.2.11 耐久性能评分规则如下：

1. 普通砂浆冻融循环后抗压强度损失率的设计值与实测值的比值不小于1.0但小于1.5，得50分；大于1.5但不大于2.0，得75分；大于2.0，得100分；

2. EPS外墙外保温系统用粘结砂浆、EPS外墙外保温系统用抹面砂浆、干混陶瓷砖粘结砂浆的耐水、耐冻融拉伸粘结强度实测值与设计值的比值不小于1.0但小于1.2，得50分；不小于1.8，得75分；不小于1.2但小于1.8，得100分。

11.2.12　安全生产标准化水平符合《企业安全生产标准化基本规范》（AQ/T 9006—2010）规定的二级，得80分；符合一级，得100分。

11.2.13　通过GB/T 19022—2003测量管理体系认证，得100分。

Ⅳ　便　　利

11.2.14　施工便利性评分规则如下：

1. 普通砂浆保水率的实测值与设计值比值不小于1.0但小于1.05，得50分；不小于1.10，得75分；不小于1.05但小于1.10，得100分；

2. EPS外墙外保温系统用粘结砂浆、EPS外墙外保温系统用抹面砂浆的可操作时间不小于1.5h时，拉伸粘结强度的实测值与设计值的比值不小于1.0但小于1.2，得50分；不小于1.8，得75分；不小于1.2但小于1.8，得100分；

3. 干混陶瓷砖粘结砂浆分别晾置20min后的拉伸粘结强度的实测值与设计值的比值不小于1.0但小于1.2，得50分；不小于1.8，得75分；不小于1.2但小于1.8，得100分。

11.2.15　适用性与经济性，评分为以下两条之和：

1. 与应用区域经济发展水平、环境、产业配套等相匹配，总分50分，由专家评分；

2. 与应用区域法律法规、标准规范等相匹配，总分50分，由专家评分。

Ⅴ　可　循　环

11.2.16　固体废弃物综合利用率评分规则如下：

1. 不小于30%但小于40%，得40分；
2. 不小于40%但小于50%，得55分；
3. 不小于50%但小于60%，得70分；
4. 不小于60%但小于70%，得85分；
5. 不小于70%，得100分。

11.2.17　消纳生产过程产生的灰料。配备自动回灰设备、计量配料系统，可操作性强，回收利用合理，总分100分，由专家评分。

工业和信息化部 住房城乡建设部关于印发《促进绿色建材生产和应用行动方案》的通知

工信部联原〔2015〕309号

各省、自治区、直辖市及计划单列市、新疆生产建设兵团工业和信息化主管部门、住房城乡建设主管部门：

为贯彻落实《中国制造2025》《国务院关于化解产能严重过剩矛盾的指导意见》和《绿色建筑行动方案》，促进绿色建材生产和应用，推动建材工业稳增长、调结构、转方式、惠民生，更好地服务于新型城镇化和绿色建筑发展，我们制定了《促进绿色建材生产和应用行动方案》。现印发给你们，请结合实际，认真贯彻落实。

工业和信息化部
住房城乡建设部
2015年8月31日

促进绿色建材生产和应用行动方案

绿色建材是指在全生命期内减少对自然资源消耗和生态环境影响，具有“节能、减排、安全、便利和可循环”特征的建材产品。我国建材工业资源能源消耗高、污染物排放总量大、产能严重过剩、经济效益下滑，绿色建材发展滞后、生产占比低、应用范围小。促进绿色建材生产和应用，是拉动绿色消费、引导绿色发展、促进结构优化、加快转型升级的必由之路，是绿色建材和绿色建筑产业融合发展的迫切需要，是改善人居环境、建设生态文明、全面建成小康社会的重要内容。为加快绿色建材生产和应用，制定本行动方案。

总体要求：以党的十八大和十八届三中、四中全会精神为指导，贯彻落实《中国制造2025》《国务院关于化解产能严重过剩矛盾的指导意见》和《绿色建筑行动方案》等要求，以新型工业化、城镇化等需求为牵引，以促进绿色生产和绿色消费为主要目的，以绿色建材生产和应用突出问题为导向，明确重点任务，开展专项行动，实现建材工业和建筑业稳增长、调结构、转方式和可持续发展，大力推动绿色建筑发展、绿色城市建设。

行动目标：到2018年，绿色建材生产比重明显提升，发展质量明显改善。绿色建材在行业主营业务收入中占比提高到20%，品种质量较好满足绿色建筑需要，与2015年相比，建材工业单位增加值能耗下降8%，氮氧化物和粉尘排放总量削减8%；绿色建材应用占比稳步提高。新建建筑中绿色建材应用比率达到30%，绿色建筑应用比率达到50%，试点示范工程应用比率达到70%，既有建筑改造应用比率提高到80%。

一、建材工业绿色制造行动

（一）全面推行清洁生产。支持现有企业实施技术改造，提高绿色制造水平。推广应用建材窑炉烟气脱硫脱硝除尘、煤洁净气化以及建材智能制造、资源综合利用等共性技术，优先支持建筑卫生陶瓷行业清洁生产技术改造。平板玻璃行业限制高硫石油焦燃料。引导北方采暖区水泥企业在冬季供暖期开展错峰生产，节能减排，减少雾霾。

推广新型耐火材料。全面推广无铬耐火材料，从源头消减重金属污染。开发推广结构功能一体化、长寿命及施工便利的新型耐火材料和微孔结构高效隔热材料。

（二）强化综合利用，发展循环经济。支持利用城市周边现有水泥窑协同处置生活垃圾、污泥、危险废物等。支持利用尾矿、产业固体废弃物，生产新型墙体材料、机制砂石等。以建筑垃圾处理和再利用为重点，加强再生建材生产技术和工艺研发，提高固体废弃物消纳量和产品质量。

（三）推进两化融合，发展智能制造。引导建材生产企业提高信息化、自动化水平，重点在水泥、建筑卫生陶瓷等行业推进智能制造并提升水平。深化电子商务应用，利用二维码、云计算等技术建立绿色建材可追溯信息系统，提高绿色建材物流信息化和供应链协同水平。开发推广工业机器人，在建筑陶瓷、玻璃、玻纤等行业开展“机器代人”试点。

二、绿色建材评价标识行动

（四）开展绿色建材评价。按照《绿色建材评价标识管理办法》，建立绿色建材评价标识制度。抓紧出台实施细则和各类建材产品的绿色评价技术要求。开展绿色建材星级评价，发布绿色建材产品目录。指导建筑业和消费者选材，促进建设全国统一、开放有序的绿色建材市场。

（五）构建绿色建材信息系统。建立绿色建材数据库和信息采集、共享制度。利用“互联网+”等信息技术构建绿色建材公共服务系统，发布绿色建材评价标识、试点示范等信息，普及绿色建材知识。构建绿色建材选用机制，疏通建筑工程绿色建材选用通道，实现产品质量可追溯。研究建立绿色建材第三方信息发布平台。

（六）扩大绿色建材的应用范围。围绕绿色建筑需求和建材工业发展方向，重点开展通用建筑材料、节能节地节水节材与建筑室内外环境保护等方面材料和产品的绿色评价工作。在推进绿色建筑发展和开展绿色建筑评价工作中强化对绿色建材应用的相关要求。在工业和信息化部、住房城乡建设部各类试点示范工程和推广项目中，进一步明确对绿色建材使用的规定。

三、水泥与制品性能提升行动

（七）发展高品质和专用水泥。制修订水泥产品标准，完善产品质量标准体系，鼓励生产和使用高标号水泥、纯熟料水泥。优先发展并规范使用海工、核电、道路等工程专用水泥。支持延伸产业链，完善混凝土掺合料标准，加快机制砂石工业化、标准化和绿色化。

（八）推广应用高性能混凝土。鼓励使用 C35 及以上强度等级预拌混凝土，推广大掺量掺合料及再生集料应用技术，提升高性能混凝土应用技术水平。研究开发高性能混凝土耐久性设计和评价技术，延长工程寿命。

（九）大力发展装配式混凝土建筑及构配件。积极推广成熟的预制装配式混凝土结构体系，优化完善现有预制框架、剪力墙、框架－剪力墙结构等装配式混凝土结构体系。完善混凝土预制构配件的通用体系，推进叠合楼板、内外墙板、楼梯阳台、厨卫装饰等工厂化生产，引导构配件产业系列化开发、规模化生产、配套化供应。

四、钢结构和木结构建筑推广行动

（十）发展钢结构建筑和金属建材。在文化体育、教育医疗、交通枢纽、商业仓储等公共建筑中积极采用钢结构，发展钢结构住宅。工业建筑和基础设施大量采用钢结构。在大跨度工业厂房中全面采用钢结构。推进轻钢结构农房建设。鼓励生产和使用轻型铝合金模板和彩铝板。

（十一）发展木结构建筑。促进城镇木结构建筑应用，推动木结构建筑在政府投资的学校、幼托、敬老院、园林景观等低层新建公共建筑，以及城镇平改坡中使用。推进多层木－钢、木－混凝土混合结构建筑，在以木结构建筑为特色的地区、旅游度假区重点推广木结构建筑。在经济发达地区的农村自建住宅、新农村居民点建设中重点推进木结构农房建设。

（十二）大力发展生物质建材。促进木材加工和保护产业发展，支持利用农作物秸秆、竹纤维、木屑等发展生物质建材，优先发展和使用生物质纤维增强的木塑、新型镁质建材等围护用和装饰装修用产品。鼓励在竹资源丰富地区，发展竹制建材和竹结构建筑。

五、平板玻璃和节能门窗推广行动

（十三）大力推广节能门窗。实施建筑能效提升工程，建设高星级绿色建筑，发展超低能耗、近零能耗建筑。新建公共建筑、绿色建筑和既有建筑节能改造应使用低辐射镀膜玻璃、真（中）空玻璃、断桥铝合金等节能门窗，带动平板玻璃和铝型材生产线升级改造。

（十四）严格使用安全玻璃。加强安全玻璃生产和使用监督检查，适时修订《建筑安全玻璃管理规定》，切实规范建筑安全玻璃生产、流通、设计、使用和安装管理，防止以次充好，消除玻璃门窗和幕墙安全隐患。

（十五）发展新型和深加工玻璃产品。鼓励太阳能光热、光伏与建筑装配一体化，带动光热光伏玻璃产业发展。支持发展电子信息用屏显玻璃基板、防火玻璃、汽车和高铁等用风挡玻璃基板等新产品，提高深加工水平和产品附加值。

六、新型墙体和节能保温材料革新行动

（十六）新型墙体材料革新。重点发展本质安全和节能环保、轻质高强的墙体和屋面材料，引导利用可再生资源制备新型墙体材料。推广预拌砂浆，研发推广钢结构等装配式建筑应用的配套墙体材料。

（十七）发展高效节能保温材料。鼓励发展保温、隔热及防火性能良好、施工便利、使用寿命长的外墙保温材料，开发推广结构与保温装饰一体化外墙板。

七、陶瓷和化学建材消费升级行动

（十八）推广陶瓷薄砖和节水洁具。推广使用大型化、薄型化的陶瓷砖，节水、轻量的座便器（小便器）。开发新型水龙头、马桶盖等智能卫浴用品，促进卫生陶瓷人性化、智能化生产，更好满足个性化消费。发展透水砖等城镇道路建设材料及集水系统，支撑海绵城市建设。

（十九）提升管材和型材品质。大力推广应用耐腐蚀、密封性好、保温节能的新型管材和型材，提高使用寿命和耐久性。支持生产和推广使用大口径、耐腐蚀、长寿命、低渗漏、免维护的高分子材料或复合材料管材、管件，支撑地下管廊建设。

（二十）推广环境友好型涂料、防水和密封材料。支持发展低挥发性有机化合物（VOCs）的水性建筑涂料、建筑胶粘剂，推广应用耐腐蚀、耐老化、使用寿命长、施工方便快捷的高分子防水材料、密封材料和热反射膜。

八、绿色建材下乡行动

（二十一）支持绿色农房建设。结合新农村建设、绿色农房建设需要，落实《关于开展绿色农房建设的通知》，引导各地因地制宜生产和使用绿色建材，编制绿色农房用绿色建材产品目录，重点推广应用节能门窗、轻型保温砌块、预制部品部件等绿色建材产品，提高绿色农房防灾减灾能力。

（二十二）支持现代设施农业发展。围绕现代设施农业，积极发展和推广安全性好、性价比高、使用便利的玻璃、岩棉等产品。

九、试点示范引领行动

（二十三）工程应用示范。制定绿色建材应用试点示范申报、评审和验收等办法。结合绿色建筑、保障房建设、绿色生态城区、既有建筑节能改造、绿色农房、建筑产业现代化等工作，明确绿色建材应用的相关要求。选择典型城市和工程项目，开展钢结构、木结构、装配式混凝土结构等建筑应用绿色建材试点示范。

（二十四）产业园区示范。在绿色建材发展基础好的地区，依托优势企业，整合要素资源，完善研发设计、检测验证、现代物流、电子商务等公共服务体系，支持建设以绿色建材为特色的产业园区。

（二十五）协同处置示范。按照《关于促进生产过程协同资源化处理城市和产业废弃物工作的意见》，持续开展好水泥窑协同处置城市生活垃圾等废弃物的试点示范。开展固体废弃物再生建材综合利用示范，建立再生建材工程应用长期监测机制，积累再生建材应用安全性技术资料。

十、强化组织实施行动

（二十六）加强组织领导。建立由工业和信息化部、住房城乡建设部牵头，相关部门参加的绿色建材生产和应用协调机制。加强绿色建材生产应用与绿色建筑发展、绿色城市建设的内在联系，统筹绿色建材生产、使用、标准、评价等环节，加强政策衔接，强化部门联动，组织实施相关行动，督促落实重点任务，协调完善推进措施。

（二十七）研究制定配套政策。利用现有渠道，引导社会资本，加大对共性关键技术研发投入，支持企业开展绿色建材生产和应用技术改造。研究制定财税、价格等相关政策，激励水泥窑协同处置、节能玻璃门窗、节水洁具、陶瓷薄砖、新型墙材等绿色建材生产和消费。支持有条件的地区设立绿色建材发展专项资金，对绿色建材生产和应用企业给予贷款贴息。将绿色建材评价标识信息纳入政府采购、招投标、融资授信等环节的采信系统。研究制定建材下乡专项财政补贴和钢结构部品生产企业增值税优惠政策。

（二十八）完善标准规范。进一步修改完善行业规范和准入标准，公告符合规范条件的企业和生产线名单。强化环保、能耗、质量和安全标准约束，构建强制性标准和自愿采用性标准相结合的标准体系。加强建筑工程设计规范与绿色建材产品标准的联动。取消复合水泥32.5等级标准，大力推进特种和专用水泥应用。

（二十九）搭建创新平台。依托大型企业集团、科研院所、大专院校等单位，构建完善产学研用相结合的产业发展创新体系。创建一批以绿色建材为特色的技术中心、工程中心或重点实验室，完善产业发展所需公共研发、技术转化、检验认证等平台。加强建材生产与建筑设计、工程建造等上下游企业互动，组建绿色建材产业发展联盟。依托尾矿、建筑废弃物等资源建设新型墙体材料、机制砂石生产基地。

（三十）开展宣传教育和检查。加大培训力度，开展绿色建材生产和应用的培训。开展形式多样的绿色建材宣传活动，强化公众绿色生产和消费理念，提高对绿色建材政策的理解与参与，使绿色建材的生产与应用成为全行业和社会各界的自觉行动。开展绿色建材行动检查，对不执行绿色建材生产和使用有关规定的，要加强舆论监督和通报批评。

各地要结合本地建材工业和建筑业发展实际，尽快制定本地区绿色建材发展实施方案，明确主体责任，扎实推进本地区绿色建材生产和应用各项工作。

国务院办公厅转发住房城乡建设部关于完善质量保障体系提升建筑工程品质指导意见的通知

国办函〔2019〕92号

各省、自治区、直辖市人民政府，国务院有关部门：

住房城乡建设部《关于完善质量保障体系提升建筑工程品质的指导意见》已经国务院同意，现转发给你们，请认真贯彻落实。

国务院办公厅

2019年9月15日

（此件公开发布）

关于完善质量保障体系提升建筑工程品质的指导意见

住房城乡建设部

建筑工程质量事关人民群众生命财产安全，事关城市未来和传承，事关新型城镇化发展水平。近年来，我国不断加强建筑工程质量管理，品质总体水平稳步提升，但建筑工程量大面广，各种质量问题依然时有发生。为解决建筑工程质量管理面临的突出问题，进一步完善质量保障体系，不断提升建筑工程品质，现提出以下意见。

一、总体要求

以习近平新时代中国特色社会主义思想为指导，全面贯彻党的十九大和十九届二中、三中全会以及中央城镇化工作会议、中央城市工作会议精神，按照党中央、国务院决策部署，坚持以人民为中心，牢固树立新发展理念，以供给侧结构性改革为主线，以建筑工程质量问题为切入点，着力破除体制机制障碍，逐步完善质量保障体系，不断提高工程质量抽查符合率和群众满意度，进一步提升建筑工程品质总体水平。

二、强化各方责任

（一）突出建设单位首要责任。建设单位应加强对工程建设全过程的质量管理，严格履行法定程序和质量责任，不得违法违规发包工程。建设单位应切实落实项目法人责任制，保证合理工期和造价。建立工程质量信息公示制度，建设单位应主动公开工程竣工验收等信息，接受社会监督。（住房城乡建设部、发展改革委负责）

（二）落实施工单位主体责任。施工单位应完善质量管理体系，建立岗位责任制度，设置质量管理机构，配备专职质量负责人，加强全面质量管理。推行工程质量安全手册制度，推进工程质量管理标准化，将质量管理要求落实到每个项目和员工。建立质量责任标识制度，对关键工序、关键部位隐蔽工程实施举牌验收，加强施工记录和验收资料管理，实现质量责任可追溯。施工单位对建筑工程的施工质量负责，不得转包、违法分包工程。（住房城乡建设部负责）

（三）明确房屋使用安全主体责任。房屋所有权人应承担房屋使用安全主体责任。房屋所有权人和使用人应正确使用和维护房屋，严禁擅自变动房屋建筑主体和承重结构。加强房屋使用安全管理，房屋所有权人及其委托的管理服务单位要定期对房屋安全进行检查，有效履行房屋维修保养义务，切实保证房屋使用安全。（住房城乡建设部负责）

（四）履行政府的工程质量监管责任。强化政府对工程建设全过程的质量监管，鼓励采取政府购买服务的方式，委托具备条件的社会力量进行工程质量监督检查和抽测，探索工程监理企业参与监管模式，健全省、市、县监管体系。完善日常检查和抽查抽测相结合的质量监督检查制度，全面推行“双随机、一公开”检查方式和“互联网+监管”模式，落实监管责任。加强工程质量监督队伍建设，监督机构履行监督职能所需经费由同级财政预算全额保障。强化工程设计安全监管，加强对结构计算书的复核，提高设计结构整体安全、消防安全等水平。（住房城乡建设部、发展改革委、财政部、应急部负责）

三、完善管理体制

（一）改革工程建设组织模式。推行工程总承包，落实工程总承包单位在工程质量安全、进度控制、成本管理等方面的责任。完善专业分包制度，大力发展专业承包企业。积极发展全过程工程咨询和专业化服务，创新工程监理制度，严格落实工程咨询（投资）、勘察设计、监理、造价等领域职业资格人员的质量责任。在民用建筑工程中推进建筑师负责制，依据双方合同约定，赋予建筑师代表建设单位签发指令和认可工程的权利，明确建筑师应承担的责任。（住房城乡建设部、发展改革委负责）

（二）完善招标投标制度。完善招标人决策机制，进一步落实招标人自主权，在评标定标环节探索建立能够更好满足项目需求的制度机制。简化招标投标程序，推行电子招标投标和异地远程评标，严格评标专家管理。强化招标主体责任追溯，扩大信用信息在招标投标环节的规范应用。严厉打击围标、串标和虚假招标等违法行为，强化标后合同履约监管。（发展改革委、住房城乡建设部、市场监管总局负责）

（三）推行工程担保与保险。推行银行保函制度，在有条件的地区推行工程担保公司保函和工程保证保险。招标人要求中标人提供履约担保的，招标人应当同时向中标人提供工程款支付担保。对采用最低价中标的探索实行高保额履约担保。组织开展工程质量保险试点，加快发展工程质量保险。（住房城乡建设部、发展改革委、财政部、人民银行、银保监会负责）

（四）加强工程设计建造管理。贯彻落实“适用、经济、绿色、美观”的建筑方针，指导制定符合城市地域特征的建筑设计导则。建立建筑“前策划、后评估”制度，完善建筑设计方案审查论证机制，提高建筑设计方案决策水平。加强住区设计管理，科学设计单体住宅户型，增强安全性、实用性、宜居性，提升住区环境质量。严禁政府投资项目超标准建设。严格控制超高层建筑建设，严格执行超限高层建筑工程抗震设防审批制度，加强超限高层建筑抗震、消防、节能等管理。创建建筑品质示范工程，加大对优秀企业、项目和个人的表彰力度；在招标投标、金融等方面加大对优秀企业的政策支持力度，鼓励将企业质量情况纳入招标投标评审因素。（住房城乡建设部、发展改革委、工业和信息化部、人力资源社会保障部、应急部、人民银行负责）

（五）推行绿色建造方式。完善绿色建材产品标准和认证评价体系，进一步提高建筑产品节能标准，建立产品发布制度。大力发展装配式建筑，推进绿色施工，通过先进技术和科学管理，降低施工过程对环境的不利影响。建立健全绿色建筑标准体系，完善绿色建筑评价标识制度。（住房城乡建设部、发展改革委、工业和信息化部、市场监管总局负责）

（六）支持既有建筑合理保留利用。推动开展老城区、老工业区保护更新，引导既有建筑改建设计创新。依法保护和合理利用文物建筑。建立建筑拆除管理制度，不得随意拆除符合规划标准、在合理使用寿命内的公共建筑。开展公共建筑、工业建筑的更新改造利用试点示范。制定支持既有建筑保留和更新利用的消防、节能等相关配套政策。（住房城乡建设部、发展改革委、工业和信息化部、应急部、文物局负责）

四、健全支撑体系

（一）完善工程建设标准体系。系统制定全文强制性工程建设规范，精简整合政府推荐性标准，培育发展团体和企业标准，加快适应国际标准通行规则。组织开展重点领域国内外标准比对，提升标准水平。加强工程建设标准国际交流合作，推动一批中国标准向国际标准转化和推广应用。（住房城乡建设部、市场监管总局、商务部负责）

（二）加强建材质量管理。建立健全缺陷建材产品响应处理、信息共享和部门协同处理机制，落实建材生产单位和供应单位终身责任，规范建材市场秩序。强化预拌混凝土生产、运输、使用环节的质量管理。鼓励企业建立装配式建筑部品部件生产和施工安装全过程质量控制体系，对装配式建筑部品部件实行驻厂监造制度。建立从生产到使用全过程的建材质量追溯机制，并将相关信息向社会公示。（市场监管总局、住房城乡建设部、工业和信息化部负责）

（三）提升科技创新能力。加大建筑业技术创新及研发投入，推进产学研用一体化，突破重点领域、关键共性技术开发应用。加大重大装备和数字化、智能化工程建设装备研发力度，全面提升工程装备技术水平。推进建筑信息模型（BIM）、大数据、移动互联网、云计算、物联网、人工智能等技术在设计、施工、运营维护全过程的集成应用，推广工程建设数字化成果交付与应用，提升建筑业信息化水平。（科技部、工业和信息化部、住房城乡建设部负责）

（四）强化从业人员管理。加强建筑业从业人员职业教育，大力开展建筑工人职业技能培训，鼓励建立职业培训实训基地。加强职业技能鉴定站点建设，完善技能鉴定、职业技能等级认定等多元评价体系。推行建筑工人实名制管理，加快全国建筑工人管理服务信息平台建设，促进企业使用符合岗位要求的技能工人。建立健全与建筑业相适应的社会保险参保缴费方式，大力推进建筑施工单位参加工伤保险，保障建筑工人合法权益。（住房城乡建设部、人力资源社会保障部、财政部负责）

五、加强监督管理

（一）推进信用信息平台建设。完善全国建筑市场监管公共服务平台，加强信息归集，健全违法违规行为记录制度，及时公示相关市场主体的行政许可、行政处罚、抽查检查结果等信息，并与国家企业信用信息公示系统、全国信用信息共享平台等实现数据共享交换。建立建筑市场主体黑名单制度，对违法违规的市场主体实施联合惩戒，将工程质量违法违规等记录作为企业信用评价的重要内容。（住房城乡建设部、发展改革委、人民银行、市场监管总局负责）

（二）严格监管执法。加大建筑工程质量责任追究力度，强化工程质量终身责任落实，对违反有关规定、造成工程质量事故和严重质量问题的单位和个人依法严肃查处曝光，加大资质资格、从业限制等方面处罚力度。强化个人执业资格管理，对存在证书挂靠等违法违规行为的注册执业人员，依法给予暂扣、吊销资格证书直至终身禁止执业的处罚。（住房城乡建设部负责）

（三）加强社会监督。相关行业协会应完善行业约束与惩戒机制，加强行业自律。建立建筑工程责任主体和责任人公示制度。企业须公开建筑工程项目质量信息，接受社会监督。探索建立建筑工程质量社会监督机制，支持社会公众参与监督、合理表达质量诉求。各地应完善建筑工程质量投诉和纠纷协调处理机制，明确工程质量投诉处理主体、受理范围、处理流程和办结时限等事项，定期向社会通报建筑工程质量投诉处理情况。（住房城乡建设部、发展改革委、市场监管总局负责）

（四）强化督促指导。建立健全建筑工程质量管理、品质提升评价指标体系，科学评价各地执行工程质量法律法规和强制性标准、落实质量责任制度、质量保障体系建设、质量监督队伍建设、建筑质量发展、公众满意程度等方面状况，督促指导各地切实落实建筑工程质量管理各项工作措施。（住房城乡建设部负责）

六、抓好组织实施

各地区、各相关部门要高度重视完善质量保障体系、提升建筑工程品质工作，健全工作机制，细化工作措施，突出重点任务，确保各项工作部署落到实处。强化示范引领，鼓励有条件的地区积极开展试点，形成可复制、可推广的经验。加强舆论宣传引导，积极宣传各地的好经验、好做法，营造良好的社会氛围。

参考文献

[1] 中华人民共和国国家质量监督检验检疫总局，中国国家标准化管理委员会. 预拌砂浆：GB/T 25181—2010[S]. 北京：中国标准出版社，2010.

[2] 傅德海，赵四渝，徐洛屹. 干粉砂浆应用指南[M]. 北京：中国建材工业出版社，2006.

[3] 李从波，陈均侨. 湿拌砂浆生产与应用技术指南[M]. 北京：中国建材工业出版社，2016.

[4] 张秀芳，赵立群，王甲春. 建筑砂浆技术解读 470 问[M]. 北京：中国建材工业出版社，2009.

[5] 李舒瑶，张正亚. 土木工程材料[M]. 北京：中国水利水电出版社，2015.

[6] 刘秀晨，安成强. 金属腐蚀学[M]. 北京：国防工业出版社，2002.

[7] 卞立波，宋少民，李飞. 海砂混凝土耐久性能研究[J]. 混凝土与水泥制品，2012(02)，11-13.

[8] 赵明利，王平，谢健，等. 珠江口采砂海域使用权挂牌管理实践及建议[J]. 海洋开发与管理，2012.3：38-39.

[9] 张伟，刘丹，徐世君. 提高机制砂石的颗粒球形度是混凝土用集料高品质化的关键[J]. 商品混凝土，2015(2).

[10] 石永良，王玉麟. 机制砂湿拌砂浆配合比优化试验研究[J]. 混凝土与水泥制品，2016(9).

[11] 严瑞瑄. 水溶性高分子[M]. 北京：化学工业出版社，1998.

[12] 朱庆文，张伟，赵洪义，等. 湿拌水泥基抹面砌筑砂浆及其关键技术外加剂研究[J]. 混凝土世界，2018(07)：84-87.

[13] 中华人民共和国住房和城乡建设部. 预拌砂浆应用技术规程：JGJ/T 223—2010[S]. 北京：中国建筑工业出版社，2010.

[14] 朱首明，刘平平. 土木工程材料[M]. 北京：中国建筑工业出版社，2011.04：p170.

[15] 王新友，吴科如. 聚合物水泥砂浆与混凝土黏结界面的断裂性能研究[J]. 混凝土与水泥制品，1995(1)：8-10.

[16] 预拌砂浆应用技术规程：JGJ/T 223—2010[S]. 北京：中国建筑工业出版社，2010.

[17] 抹灰砂浆技术规程：JGJ/T 220—2010[S]. 北京：中国建筑工业出版社，2010.

[18] 预拌砂浆生产与应用技术规程：DB51/T 5060—2013[S]. 成都：西南交通大学出版社，2013.

[19] 王培铭，李东旭. 商品砂浆的理论与实践[M]. 北京：化学工业出版社，2014.

[20] 徐伟，苏宏阳，金福安. 土木工程施工手册[M]. 北京：中国计划出版社，2003.

[21] 朱维益，刘宪文，张玉凤. 建筑施工便携手册[M]. 北京：机械工业出版社，2003.

[22] CECSXXX2011(中国工程建设协会标准)砌体结构专用砂浆应用技术规范(送审稿)[S]. 北京：中国城市出版社，2011.

[23] 聚合物水泥防水砂浆：JC/T 984—2011[S]. 北京：中国建材工业出版社，2012.
[24] 詹镇峰，刘志勇. 聚合物水泥砂浆性能试验研究[J]. 绿色建筑，2003，19(6)：55-58.
[25] 贺行洋，秦景燕，等. 防水涂料[M]. 北京：化学工业出版社，2012.
[26] 杜红秀，周梅. 土木工程材料[M]. 北京：机械工业出版社，2012.
[27] 高琼英. 建筑材料[M]. 3 版. 武汉：武汉理工大学出版社，2006.
[28] 王栋民，张琳. 干混砂浆原理与配方指南[M]. 北京：化学工业出版社，2010.
[29] 王新民. 干粉砂浆添加剂选用[M]. 北京：中国建筑工业出版社，2007.
[30] Jakob，Wolfisberg，张量. 用于干拌砂浆产品的添加剂和可再分散聚合物粉末的作用[J]. 广东建材，2005(4).
[31] 鞠丽艳，张雄. 干粉砂浆的组分及其作用机理[J]. 混凝土，2002(1).
[32] 徐志芳，卢迪芬. 用于干粉砂浆中的添加剂[J]. 广东建材，2007(12)：32-35.
[33] 郭和平. 干粉砂浆中常用添加剂及作用[J]. 山西建筑，2009，35(2)：176-177.
[34] 陈苗苗，冯春花，陈璐，等. 掺合料在干粉砂浆中的应用研究[C]. 中国硅酸盐学会水泥分会全国水泥和混凝土化学及应用技术会议. 2011.
[35] 张小茹，江山. 淀粉醚在粉体建材中的应用[J]. 中国粉体工业，2007(4)：28-29.
[36] 张伟. 高性能水泥基材料应用技术[M]. 北京：中国建材工业出版社，2017.
[37] 王培铭. 商品砂浆[M]. 北京：化学工业出版社，2008.
[38] 黄定华. 普通地质学[M]. 北京：高等教育出版社，2004.
[39] 汪建平，张本山，屈哲辉. 建筑内墙腻子研究现状[J]. 广东化工，2014(21).
[40] 吴军，杨永强. 灰钙在内墙耐水腻子中的应用研究[J]. 新型建筑材料，2013(02).
[41] 张汇娟. 内墙柔性腻子[J]. 涂料工业，2003(05).
[42] 张朝辉，王沁芳，张菁燕，等. 内墙膏状腻子的研制[J]. 化学建材，2009(03).
[43] 徐玉华，张镇雄，赵志水，等. 内墙建筑腻子的研制[J]. 江西建材，2004(04).
[44] 徐峰，王琳. 新型粉状内墙腻子的研制[J]. 新型建筑材料，2003(01).
[45] 李芝华，郑子樵. 高性能外墙涂料研究开发进展[J]. 涂料工业，1999(7)：34-36.
[46] 汤建新，陈洪，谭美军. 新型复合水性建筑外墙涂料的研制[J]. 精细化工中间体，2001，31(3)：40-42.
[47] 丁琰，莫群速. 有机硅改性丙烯酸树脂外墙涂料[J]. 涂料工业，1998(4)：12-13.
[48] 马禾. 真石漆的研制与应用[J]. 中国涂料，2002(4)：41-43.
[49] 杨士珏，章国金. 外墙真石漆喷涂施工技术[J]. 浙江建筑，2012，29(11)：37-40.
[50] 查玲. 真石漆的配制与性能研究[D]. 重庆大学，2012.
[51] 肖辉. 建筑工程外墙真石漆施工工艺及质量控制[J]. 工程建设与设计，2018，384(10)：213-214.
[52] 王新强. 彩色透水胶粘石路面工艺及应用[J]. 工程技术(文摘版)，2017(03).
[53] 高庆强. 发光透水胶粘石的制备与性能研究[J]. 新型建筑材料，2018，45(5)：53-56.
[54] 陆冬贞，孙杰. 我国聚氨酯胶粘剂的发展现状及趋势[J]. 聚氨酯工业，2006，21(4)：1-6.
[55] 肖卫东，何培新，胡高平. 聚氨酯胶黏剂[M]. 北京：化学工业出版社，2009.